青少年价值观培养与德育变革策略

付燕 主编

辽宁师范大学出版社
·大连·

© 付燕 2021

图书在版编目(CIP)数据

青少年价值观培养与德育变革策略/付燕主编. -- 大连：辽宁师范大学出版社，2021.9
（"世界基础教育改革与发展最新研究"丛书/顾明远，鲍东明主编）
ISBN 978-7-5652-3472-9

Ⅰ.①青… Ⅱ.①付… Ⅲ.①人生观—青少年教育 ②德育—青少年教育 Ⅳ.① B821-4 ② G41

中国版本图书馆 CIP 数据核字(2021)第 110930 号

QINGSHAONIAN JIAZHIGUAN PEIYANG YU DEYU BIANGE CELÜE
青 少 年 价 值 观 培 养 与 德 育 变 革 策 略

出 版 人：王　星
责任编辑：杨人格
责任校对：李　鹏
装帧设计：宇雯静

出 版 者：辽宁师范大学出版社
地　　址：大连市黄河路850号
网　　址：http://www.lnnup.net
　　　　　http://www.press.lnnu.edu.cn
邮　　编：116029
营销电话：（0411）82159126　82159915　82159912（教材）
印 刷 者：大连图腾彩色印刷有限公司
发 行 者：辽宁师范大学出版社

幅面尺寸：185mm×260mm
印　张：15
字　数：383千字

出版时间：2021年9月第1版
印刷时间：2021年9月第1次印刷
书　号：ISBN 978-7-5652-3472-9

定　价：68.00元

教育要在扎根本土基础上开放、交流与互鉴

21世纪以来的20年,是世界教育改革最频繁的20年。自从联合国教科文组织于1996年发表《教育——财富蕴藏其中》(Learning: The Treasure Within),各国对教育的发展充满了期望。知识经济的到来、经济全球化,以及科学技术的发展都催生着教育的改革。教育如何适应这种变化,是大家都在思考的问题。信息技术的发展、互联网的产生都给教育改革提供了契机。教育的目标需要改变,教育内容和教育方式方法需要改革,于是新一轮基础教育课程改革应运而生。课程改革以提高质量、培养创新思维和实践能力、形成价值观为目标。我国新一轮基础教育课程改革也是在本世纪初启动的。

2001年,发生在美国的"9·11"恐怖袭击事件震惊了全世界,给20世纪末的那种乐观主义情绪以沉重的打击。教育应何去何从?教育界都在重新考虑培养什么样的人的问题。2013年联合国教科文组织和美国著名智库机构布鲁金斯学会联合发布了"学习指标专项任务"的研究报告《向普及学习迈进——每个孩子应该学什么》(Towards Universal Learning: What Every Child Should Learn),提出了核心素养的概念。2015年,联合国教科文组织又发布了《反思教育:向"全球共同利益"的理念转变?》(Rethinking Education: Towards a Global Common Good?)的报告,提出:"应将以下人文主义价值观作为教育的基础和宗旨:尊重生命和人格尊严,权利平等和社会正义,文化和社会多样性,以及为建设我们共同的未来而实现团结和共担责任的意识。"强调培养人的健全人格、积极社会情绪,反对功利主义和经济主义。不少国际组织都在研究教育的全球治理策略,许多国家也在进行深入的教育改革。特别是经济合作与发展组织举行的中学生能力测量竞赛,牵动了各国教育界,国际交流越来越频繁。

《比较教育研究》期刊始终关注着世界各国基础教育改革的动向,不断介绍各国基础教育改革的政策和经验,但这些内容分散在各期当中。现在期刊编辑部将其分类编辑成册,这就是"世界基础教育改革与发展最新研究"丛书。包括:《21世纪核心素养与课程教学改革》《基础教育治理模式创新与学校变革》《考试招生制度与教育评价新趋势》《青少年价值观培养与德育变革策略》。这样便于读者按照主题搜索查找。这些论文都是作者对20世纪末和21世纪以来教育改革研究的优秀成果，反映了世界各国在基础教育改革方面的动向和经验。

现代教育是一个国际现象，是在互相交流、互相学习、互相融合中发展起来的。教育又是一个民族现象，各国的教育都是在本民族文化的基础上发展起来的。教育在扎根本土的基础上，要在开放中交流、互鉴。今天，中国教育正在迈向现代化，我们需要在继承中华民族优秀教育传统的基础上，吸收世界各国教育改革的优秀经验，提高教育质量，提升教育为社会主义建设服务的能力，为早日实现教育现代化而努力。我希望这套丛书能够给广大教师提供一个广阔的视野，对其在教育创新和提高教育质量上有所裨益。

是为序。

（顾明远，北京师范大学资深教授，国家教育咨询委员会委员，中国教育学会名誉会长。）

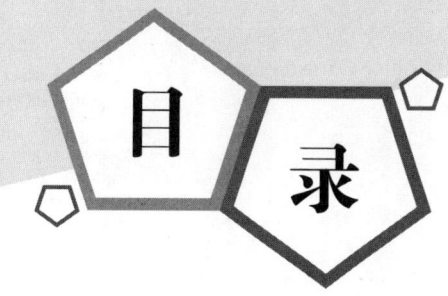

目 录

第一章 21世纪国家核心价值观教育范例

- 普京时代俄罗斯核心价值观建构及价值观教育　2
- 新加坡学校价值观教育：路径、特点及经验　9
- 试析德国核心价值观体系与价值观教育　17
- 多元文化、世俗性与价值观教育
  ——法国中小学复设"世俗道德教育"课程解析　24
- 澳大利亚学校价值观教育实效性评价实践　29

第二章 爱国主义与道德教育新探索

- 21世纪俄罗斯推进公民爱国主义教育发展特点研究　38
- 俄罗斯重编历史教科书：建构苏联记忆与实施国家认同教育的策略　46
- 21世纪俄罗斯青少年国防教育的新发展　54
- 俄罗斯宗教文化与世俗伦理基础课程透视　61
- 俄罗斯学校精神道德教育重建之路　68
- 从当代品格教育到发展性品格教育
  ——21世纪美国价值教育的转变与实践　76

第三章 生态文明教育理论与实践

- 气候变化教育：联合国行动框架及其启示　88
- 北欧国家生态文明教育的三维向度　99
- 欧洲生态学校：理论、政策与实践创新　108
- 面向可持续发展：法国中小学环境教育的政策与实践探析　116
- 以色列中小学环境教育多元化途径探析　125

第四章 公民教育变革策略

- 国际视域下学前儿童公民教育：理念嬗变与发展趋势　　136
- 数字公民教育：亚太地区的政策与实践　　146
- 美国公民教育的理论困境与实践局限　　155
- 公民行动：美国学校公民教育的新模式　　164
- 意大利公民教育发展的历程、实践与思考　　172
- 生命历程法下社会科课程实施的个体探索
　　——对一位加拿大小学教师的教学实践研究　　180
- 新加坡"品格与公民教育"中家庭教育环节的特点研究
　　——基于小学《好品德好公民》教科书的文本分析　　189

第五章 全球公民教育困惑与争议

- 多元话语与实践：西方全球公民教育述评　　198
- 国际环境政治与全球公民教育的批判路径　　207
- 全球公民教育：困惑及其澄清　　216
- 西方关于全球公民教育内涵、价值和途径的争论　　224

第一章 21世纪国家核心价值观教育范例

普京时代俄罗斯核心价值观建构及价值观教育

雷蕾，［俄］叶·弗·布蕾兹卡琳娜

导读：伴随着全球化与文化多元化的发展趋向，越来越多的国家向核心价值观建构及价值观教育投以关注。俄罗斯自2000年进入"普京时代"以来，社会各界力量通力协作，积极建构有效融合俄罗斯民族文化、传统价值理念与时代要素的俄罗斯核心价值观，并通过聚焦"德育空间"建构、国家政策建设、传统教育载体复归助推价值观教育发展。

在全球化与多元文化发展的时代背景下，建构国家核心价值观以及面向社会成员实施价值观教育，在当今世界各国意识形态建设、国家安全维护以及国家文化软实力建设领域日益彰显其不可替代的价值和使命。这是因为任何国家的核心价值观不仅投射出这一国家的自我理解、自我认识和自我建构，同时还引领着其所属社会的价值秩序，凝聚着社会成员的价值共识，塑造着本民族的文化自信。自2000年普京正式就任俄罗斯总统开启"普京时代"以来，俄罗斯政府基于"本土价值和本民族的特有精神传统"[1]，积极探索符合国家发展需要且代表"社会统一价值观和思想倾向"[2]的俄罗斯核心价值观，从国家战略上高度重视价值观教育。

一、普京时代俄罗斯核心价值观建构的时代背景

苏联解体后，经历了巨大政治体制变革的俄罗斯遭遇着不同领域的转型困境，这些困境既加剧了人们对苏联时期意识形态集权化的抵触情绪，也让人们更清楚地认识到以美国为首的西方国家所倡议的经济援助和所倡导的价值理念的不可信任性。这不仅使共产主义思想彻底退出了俄罗斯的历史舞台，也使俄罗斯原本计划追随西方自由主义意识形态的国家思想转型之路无法继续。1993年，俄罗斯颁布的第一部宪法明确规定"俄罗斯联邦承认意识形态多样性""任何意识形态不得被确立为国家的或必须遵守的意识形态"[3]，以国家最高级别法律形式对意识形态建设进行了限定，从而导致俄罗斯在很长一段时间内保持着意识形态领域的"真空"现象。然而，意识形态的"真空"带给俄罗斯社会的仅仅是短暂的欣喜。"20世纪90年代，俄罗斯国内生产总值下降56%，工业生产下降70%，人均实际收入下降50%，肉牛和奶牛产量下降75%，粮食生产下降55%，投资减少75%；内外债累积一度达到2250亿美元[4]。"国内生活水平的不断下降引发了俄罗斯社会广泛的心理变化和强烈的政府信任危机，社会各领域矛盾不断呈现。据统计，"1992年至1997年每年登记的犯罪案件都超过230万件"[5]。如何重塑俄罗斯社会的稳固基石，如何提升全体社会成员的向心力和凝聚力成为俄罗斯政府亟待解决的现实问题。1996年，叶利钦提出了"俄罗斯知识精英要创造出新的俄罗斯思想和国家意识形态"[6]

的倡议，这一倡议得到了俄罗斯社会的不同回应。一部分民众表示支持思想领域建设，认为统一的俄罗斯思想能够促进社会秩序恢复，有助于解决社会问题，并促进社会政治、经济等各领域的稳定发展；但也有一部分民众出于对重归苏联轨迹的担忧以及对国家发展道路不明确性的迷茫而极力反对。诸多不可协调性因素使得"新的俄罗斯思想和国家意识形态"在叶利钦时代并没有取得实质性的建设和进展。尽管如此，关于意识形态建设的问题还是在俄罗斯社会引起了广泛关注。

二、普京时代俄罗斯核心价值观建构的现实进展

从冲破意识形态的"真空"转向核心价值观的凝塑与建构，是普京时代俄罗斯政府在意识形态领域建设取得的重要进展。这不仅集中反映了转型时期俄罗斯社会发展的现实需要，而且也是普京实现"俄罗斯由乱到治的转变"[7]的重要国家治理战略。与叶利钦时代照搬西方模式和相对激进的改革节奏相比，普京时代俄罗斯社会各领域的建设与发展更富民族化、本土化和循序性等时代特征。其中也包括意识形态领域的建设，体现了在遵循"将市场经济和民主制的普遍原则与俄罗斯的现实有机结合起来"[8]的客观规律的基础上的审慎践行。虽然俄罗斯时至今日仍处于"寻找新的意识形态"[9]阶段，但客观来看，在努力探索和构建国家核心价值观进程中，今天的俄罗斯已经取得了以下三个方面的进展。

（一）总统普京强力助推以爱国主义为核心的俄罗斯核心价值观建设

2000年，叶利钦提出辞去俄罗斯总统职务，由时任总理普京出任代总统。客观来看，当时的俄罗斯面临着社会各领域建设亟待推进、社会秩序亟待恢复、民族凝聚力亟待提升等现实困境，迫切需要进行"富有成效的建设性工作"，然而"公民不和睦，社会不团结"等客观存在的社会问题使得改革进程"艰难而缓慢"[10]。历史表明，作为国家治理的合法性投资，在国家层面开展价值观整合是社会完成一切建设任务、达成社会共识和推动社会发展的必要性前提。虽然宪法规定了"俄罗斯联邦承认意识形态多样性"，但这并不意味着国家不需要建构用以凝聚民众的精神力量。普京在就任代总统时的演讲《世纪之交的俄罗斯》中指出，"国家迫切需要进行富有成效的建设性工作，在一个四分五裂、一盘散沙似的社会是不可能进行的。在一个基本阶层和主要政治力量信奉不同的价值观和不同的思想倾向的社会里也是不可能进行的"，"目前有利于俄罗斯社会团结统一的主要问题是意识形态方面的，确切地说是思想领域、精神领域和道德领域的问题"[11]。为此，普京果断聚焦意识形态领域统一价值取向的建构问题，提出了以爱国主义、强国意识、国家观念、社会团结为核心的"俄罗斯新思想"。从内容结构来看，"俄罗斯新思想"四个要素集中体现了俄罗斯民族文化、传统价值理念与时代要素的有机融合，既满足了建设"统一的价值观和思想倾向"的社会需要，也契合了社会成员思想深处的共识性价值观念，且使"俄罗斯新思想"兼具了思想共鸣性、普遍接受性与广泛传播性。作为具有划时代意义的思想产物，"俄罗斯新思想"的提出标志着普京时代意识形态领域建设帷幕的开启。在"俄罗斯新思想"四部分结构中，爱国主义是第一要义，也是普京面向俄罗斯社会民众大力建设的核心价值观。为巩固爱国主义的核心价值观地位，俄罗斯联邦政府自2001年起连续颁布了4份公民爱国主义教育国家纲要，普京本人也多次在公开场合谈及和宣传爱国主义，并赋予其不可替代的时代地位——"除爱国主义之外，我们没有也不能有任何其他的统一思想"[12]。

（二）国家政策从不同视角探索和提出俄罗斯核心价值观

普京时代的俄罗斯核心价值观仍处于建构阶段，虽无法在国家官方文件中找到关于俄罗斯核心价值观的统一说法，但不同领域的国家政策已经基于其所属领域的现实问题与发展需求，触及了当代俄罗斯核心价值观的探索与建构。2015年最新修订的《俄罗斯联邦国家安全战略》指出，保护传统精神道德价值观是确保俄罗斯国家安全的重要条件之一。所谓"俄罗斯传统精神道德价值观"，具体包括"精神优先物质，保护人的生命、权利和自由，家庭，创造性劳动，服务祖国，道德准则和道德性，人道主义，仁慈，公平，互助，集体主义，俄罗斯民族的历史统一性，祖国历史的继承性"[13]。同年颁布的《2025年前俄罗斯联邦德育发展战略》强调了俄罗斯联邦德育发展战略应该遵循的精神道德价值体系，即衍生和形成于俄罗斯文化发展进程的"仁慈，公正，荣誉，良心，毅力，自尊心，相信善良并追求履行对自己、家庭和祖国的道德义务"[14]。在外交政策领域，2016年最新颁布的《俄罗斯联邦外交政策构想》提出，包括俄罗斯在内的国际社会各方力量，有必要形成开展联合行动的价值基础，这一价值基础不仅包括宗教的精神道德潜力，还应包括具体原则，如"追求和平与公正，尊严，自由，责任，诚实，仁慈和勤劳"[15]等。在民族政策领域，2012年颁布的《2025年前俄罗斯联邦国家民族政策战略》围绕未成年一代的教育问题提出要培养儿童和青年的"全俄公民意识""爱国主义情感""公民责任"和"国家历史自豪感"[16]。上述以国家法律形式提出的具有代表性的俄罗斯价值观，源于不同领域国家政策对解决自身领域现实问题的针对性思考与理论判断，尽管领域不同，却可在这些价值观和价值体系内部寻觅到强烈的共通性。这既代表了俄罗斯社会各领域对核心价值观共识性认识的进一步发展，同时也对俄罗斯核心价值观的提出与确立提供了重要的参考依据。目前，有俄罗斯学者指出，"参与过俄罗斯现行宪法起草的专家认为，俄罗斯宪法中关于禁止确立国家意识形态和承认政治多元化的规定不利于俄罗斯传统价值观的复兴"，"将俄罗斯新的国家意识写入宪法已经成为部分精英人士的政治诉求"[17]。

（三）理论界积极围绕俄罗斯核心价值观进行学术建构

围绕价值观相关命题的探讨是当代俄罗斯社会学、心理学和哲学等学科共同关注的问题。在社会学领域，学者集中聚焦了不同社会群体的具体价值取向，并尝试对价值观的结构和功能进行分析。近些年来，全俄社会舆论研究中心、列瓦达舆情调查中心、俄罗斯民意基金会等民意调查机构汇集了大批社会学家、政治学家、经济学家，重点围绕俄罗斯社会各领域现实问题，面向俄罗斯民众开展了大量的社会舆情调查工作。虽然这些研究很少探讨价值观的本质，也很少关注个体掌握价值观的动机，但所得数据能够为不同领域的专家学者进一步探讨价值观及其教育问题提供重要帮助。与社会学家相比，心理学领域的专家则更为强调个体在价值观形成过程中的积极作用。如列昂季耶夫心理学派认为，个体价值观的形成是个体与世界积极作用的结果，具体表现为个体对待世界、社会和自己的态度。人们对价值体系结构和序列等级的认识程度，是由个体的积极活动决定的，因而通常存在差异。从本质上说，对于个体而言，价值观是个体的心理产物[18]。相比而言，俄罗斯哲学家倾向于探讨价值观的本质问题，思考价值观的社会作用及其对个体的影响。卡·哈·莫姆江（К. Х. Момджян）认为，与其说价值观是社会的产物，不如将其理解为综合产物，且与人的自然本质和社会本质具有更为密切的关系[19]。

基于不同学科围绕价值观开展的理论研究与实践探讨，部分俄罗斯学者尝试思考当代俄罗斯核心价值观的具体表现形式，目前形成了两类具有代表性的学术观点：一是俄罗斯教育科学院通讯院士阿·雅·丹尼柳克（А. Я. Данилюк），阿·米·孔达科夫（А. М. Кондаков）以及著名历史学家、社会学家瓦·阿·季什科夫（В. А. Тишков）3位学者在研究俄罗斯公民个体精神道德发展问题时提出了新时期"俄罗斯基本民族价值观念"，具体包括"爱国主义、社会团结、公民性、家庭观念、劳动与创造、科学精神、传统俄罗斯宗教观念、艺术和文化观念、生态观念、人类性"[20]；二是原俄罗斯教育科学院家庭与德育研究所所长谢·弗·达尔莫杰辛院士（С. В. Дармодехин）提出的"普遍接受的世界观、价值观"，具体包括"祖国、公民性、爱国主义、家庭、个体、社会公正、法治责任、文化、科学、创新发展"等价值取向[21]。从本质上看，"基本民族价值观念"和"普遍接受的世界观、价值观"既共同关照了俄罗斯的传统价值观，同时也有效地结合了当代俄罗斯社会发展所需遵循的价值规范。这些研究为普京时代俄罗斯核心价值观的塑造提供了积极的智力支持。

三、普京时代俄罗斯价值观教育的聚焦问题

虽然俄罗斯核心价值观仍处于积极建构阶段，但与之密切相关的价值观教育并没有因此遭遇停滞。相反，俄罗斯学校、社会、家庭等各方力量积极承担起价值观教育的重任，在爱国主义教育、公民教育、精神道德教育等具体教育实践活动中，发挥着公民价值观塑造与培育的重要作用。总体来看，普京时代俄罗斯价值观教育重点关注了以价值观教育为核心的"德育空间"建构、保障价值观教育普及性的国家政策建设以及传统价值观教育的当代复归。

（一）聚焦以价值观教育为核心的"德育空间"建构

在俄罗斯社会的教育文化环境下，德育（воспитание）是关乎人的道德养成与发展、价值观塑造与培育等实践活动的相对广义的学术概念。2015年，俄罗斯联邦政府颁布了《2025年前俄罗斯联邦德育发展战略》，首次以国家文件形式赋予"德育"清晰、具体的内在结构，明确提出将基于俄罗斯现代科学成就和国家传统，在公民教育、爱国主义教育与俄罗斯同一性塑造、基于俄罗斯传统价值观的精神道德教育、帮助儿童了解和熟悉文化遗产、普及科学知识、体育教育和健康文化塑造、劳动教育和职业自决、生态教育等方面促进德育进程的创新发展，并指出德育领域的首要任务在于促进儿童"发展个体较高的道德水平、掌握俄罗斯传统精神价值观、掌握为现实需要的知识与能力、有能力在现代社会实现个人潜力，并时刻准备着以和平的方式建设祖国和保卫祖国"[22]。在某种意义上说，这是俄罗斯当代德育研究的又一理论突破，巩固了德育对其他相对分散的教育实践活动的统合作用，并明确其核心是指向人的高尚品质与价值观的全面塑造。

近年来，俄罗斯学者基于对教育环境多样性、主客体关系多元化以及主体价值观形成复杂性等问题的思考，提出了"德育空间"（воспитательное пространство）的建构问题，以此探讨德育活动如何实现系统性与一体化发展，如何更好地服务于人的发展与价值观塑造。所谓德育空间，学者将其视为德育工作的理想状态：一方面，强调德育空间具有建构性。有俄罗斯学者将德育空间喻为"环绕于儿童个体和儿童群体（班级、学校、家庭、社区、村镇、大型小型城市、州）身边的、有组织的教育环境"，但与一般的自然环境不同，德育空间的建构是以人的个体发展为目标的有意识创造[23]。另一方面，又强调德育空间的主体协力。"德育空间体现了由社会主体（集体和个体）协力创造的教育情境（педагогические событиия）的相互作用，致力于通过合力促进成人和儿童的全面发展"[24]。其中，集体主体包括职业社团、学校、剧院、图书

馆、教育补充机构等以德育为目的的组织和机构，个体主体包括教育者、家长、儿童、大学生、医生、律师等能够在教育事件中发挥教育作用的人。换言之，"于德育空间之中能够体现全部德育要素以及其他空间要素（生活、物质、社会文化等）对个性形成、发展及自我实现的影响"[25]。德育领域的理论探索及其相关理念的学术建构丰富了人们对价值观教育的理论认知，为价值观教育的实践路径、建设原则以及主体协同发展提供了基本遵循。

（二）聚焦保障价值观教育普及性的国家政策建设

普京时代俄罗斯价值观教育强调社会普及性，制定和实施与价值观教育相关的国家政策成为俄罗斯政府从国家层面保障价值观教育获得普及化发展的重要路径。具体来看，这一类国家政策具有较强的社会群体针对性，既有面向全体社会公民的教育纲要，如俄罗斯政府自2001年以来颁布了4份公民爱国主义教育国家纲要，致力于在俄罗斯社会构建公民爱国主义教育体系，全面塑造和提升全体公民的爱国主义精神。同时，俄罗斯还颁布了面向儿童和青少年群体旨在促其全面发展、保障其基本权利的《"为了儿童"国家行动战略（2012—2017年）》《2025年前俄罗斯联邦德育发展战略》《儿童时代的十年》等国家政策和纲要。此外，俄联邦政府还先后颁布了针对俄罗斯青年（14~30岁）教育与发展的《俄联邦国家青年政策战略》《2025年前俄联邦国家青年政策准则》等文件，旨在全力培养"具有独立思维、创新思想和观念、较高职业技能、文化素质（包括开展国际对话和交流的能力），且有责任心和有能力作出独立决断、关注国家、民族、家庭福祉"[26]的青年一代。

客观来看，俄罗斯政府和相关部门近年来相继颁布的一系列具有针对性、覆盖性和长效性的教育政策和纲要，不仅提高了普京时代俄罗斯价值观教育的群体针对性，同时也扩大和保障了价值观教育的社会普及范围。

（三）聚焦传统价值观教育的当代复归

普京时代价值观教育的另一显著特征是对苏联时期价值观教育的客观评价与理性借鉴。众所周知，少先队组织是苏联时期少年儿童价值观教育的重要力量，苏联解体后少先队组织也随之宣布解散，而后俄罗斯也未再成立相似的儿童组织。直至2015年10月，总统普京签署命令成立了全国性青少年非政治组织——"俄罗斯学生运动"（Российское движение школьников）。虽然"俄罗斯学生运动"在成立之初即强调了自身的全社会性、非政治性以及成员加入组织的自愿性，但俄罗斯社会普遍将其视为苏联少先队组织的复苏与重现。俄罗斯联邦共产党主席根·久加诺夫曾公开表示："'俄罗斯学生运动'是苏联少先队和共青团优良传统的复兴，将为祖国培养出真正的爱国者和合格公民[27]。"按照规定，"俄罗斯学生运动"由俄罗斯联邦青年事务署负责管理，主要招募8周岁以上中小学生，旨在"促进青少年掌握俄罗斯社会固有的价值体系，并在此基础上发展青少年个性"[28]。"俄罗斯学生运动"成立以来得到俄罗斯社会各界的广泛关注。2016年5月，"俄罗斯学生运动"第一次代表大会在莫斯科大学召开，出席大会的有俄罗斯各联邦地区教育部代表、中小学校长和主管德育工作的副校长、各领域学者、学生代表等。莫斯科师范大学校长阿·科尔舒诺夫在会上表示："莫斯科师范大学将作为主导'俄罗斯学生运动'教育模块制定的主要科学方法中心[29]。""俄罗斯学生运动"自2016年9月1日起正式启动相关工作，已成立的250余个"俄罗斯学生运动"地区分部主要按照"个性发展""军事爱国主义""公民积极性""传媒信息"四个领域举行各类竞赛、讲座、艺术节等活动，"俄罗斯学生运动"的成员结合个人兴趣选择活动领域。按照规划，俄罗斯联邦各个地区在2018年年底之前要确保组建"俄罗斯学生运动"的地区分部,各地区的青少年中心、专家学者有义务加强协作,发挥合力育人的积极作用,以此保证各类教育实践活动的顺利推进。总体来看,普京时代俄罗斯核心价值观仍处于社会各界力量协同探索的建构阶段。在此过程中,俄罗斯传统文化蕴含的价值观念以及《俄罗斯联邦宪法》表明的"人权与自由""公民和睦与和谐""维护历史形成的国家统一""民族平等与民族自决"[30]等基本价值取向,成为其建构的根本遵循。同时,普京时代价值观教育并未因核心价值观还处于建构阶段就被弱化。相反,在构建俄罗斯一体化德育空间的文化语境下,其价值观教育正不断实现自身系统性、协同性和普及化发展。由此可以预见,普京时代俄罗斯的价值观教育将伴随着核心价值观的建构而愈加鲜活。

参考文献:

[1]冯绍雷.俄罗斯大选与普京时代[J].国际观察,2000(2):1-3.

[2]邱芝,范建中.俄罗斯权威主义政治的合法性分析[J].俄罗斯中亚东欧研究,2009(1):7-12.

[3][30]Конституция Российской Федерации[EB/OL].(2020-03-14)[2021-06-11]. http://constrf.ru/.

[4]张传鹤.民主社会主义理想与现实的反差——前苏联解体十七年祭[J].理论学习,2008(10):61-63.

[5]俞遂,许新,潘德礼.普京:能使俄罗斯振兴吗[M].江苏:江苏人民出版社,2002:117.

[6][9]尤莉娅·西涅奥卡娅.20—21世纪之交俄罗斯的国家认同[J].社会科学战线,2015(12):247-252.

[7]左凤荣.普京:强人治理大国的逻辑[J].中国领导科学,2018(1):111-116.

[8][10][11]Владимир Путин. Россия на рубеже тысячелетия[N]. Независимая газета,1999-12-30.

[12]普京:俄罗斯的国家思想就是爱国主义[EB/OL].(2016-02-04)[2018-03-26]. http://news.xinhuanet.com/world/2016-02/03/c_128700224.htm.

[13]Стратегия национальной безопасности Российской Федерации[EB/OL].(2015-12-31)[2018-04-22]. http://www.kremlin.ru/acts/bank/40391.

[14][22]Стратегия развития воспитания в Российской Федерации на период до 2025 года[EB/OL].(2015-05-29)[2018-04-22]. http://static.government.ru/media/files/f5Z8H9tgUK5Y9qtJ0tEFnyHlBitwN4gB.pdf.

[15]Концепция внешней политики Российской Федерации[EB/OL].(2016-12-01)[2018-04-30]. http://www.mid.ru/foreign_policy/news/-/asset_publisher/cKNonkJE02Bw/content/id/2542248.

[16]О Стратегии государственной национальной политики Российской Федерации на период до 2025 года[EB/OL].(2012-12-19)[2018-04-30]. https://www.garant.ru/products/ipo/prime/doc/70184810/.

[17]戴桂菊.当代俄罗斯核心价值观的建构及成因探究[J].俄罗斯学刊,2017(6):64-71.

[18]Буякас Т. М. Становление стойкого интереса к профессиональной деятельности[J]. Вестник Московского университета. Серия 14:Психология,2010(2):75-82.

[19]Момджян К. Х. О дисциплинарном соотношении социальной философии и

социологии[J]. Вопросы философии, 2016(1): 41-45.

[20] Данилюк А. Я., Кондаков А. М., Тишков В. А. Концепция духовно-нравственного развития и воспитания личности гражданина России[M]. М.: Просвещение, 2009: 18-19.

[21] Дармодехин С. В. Национальная стратегия воспитания[M]. М.: ФГБНУ«ИСВ РАО», 2014: 8.

[23] Караковский В. А., Новикова Л. И., Селиванова Л. Н. Воспитание? Воспитание... Воспитание! Теория и практика школьных воспитательных систем[M]. М.: Педагогическое общество России, 2000: 35.

[24] Григорьев Д. В. Школьник как субъект воспитания: Модель становления и развития внутришкольного детского самоуправления[J]. Классный руководитель, 2002(2): 10–15.

[25] Зимняя И. А. Стратегия воспитания в образовательной системе в России[M]. М.: Изд-во «Сервис», 2004: 480.

[26] Основы государственной молодежной политики Российской Федерации на период до 2025 года[EB/OL].(2014-11-29)[2017-05-07]. https://www.garant.ru/products/ipo/prime/doc/70184810/.

[27] Накопился очень хороший багаж ценностей[EB/OL].(2015-10-30)[2021-06-11].https://www.kommersant.ru/doc/2843154.

[28] О создании Общероссийской общественно-государственной детско-юношеской организации «Российское движение школьников»[EB/OL]. (2015-10-29)[2018-05-14]. http://kremlin.ru/acts/bank/40137.

[29] Начал работу Съезд «Российского движения школьников»[EB/OL].(2016-05-18)[2018-05-14]. https://fadm.gov.ru/news/29667.

[作者雷蕾系武汉大学马克思主义学院博士后研究员，东北师范大学思想政治教育研究中心副教授；叶·弗·布蕾兹卡琳娜（Е. В. Брызгалина）系俄罗斯莫斯科大学哲学系教育哲学教研室主任，副教授，博士生导师。]

新加坡学校价值观教育：路径、特点及经验

杨茂庆，岑宇

导读： 作为移民国家，新加坡中小学在建立学生一致认同的学校价值观和具有自身特色的道德规范体系时，采取法治约束与德治教化相结合，显性课程传授与隐性课程涵养相融合，学校、家庭与社会三位一体化共育的实现路径，有效解决各民族所固有的不同价值观之间的冲突。新加坡学校价值观教育的特点具体表现为加强国家主权意识教育、进行全面的法治教育、改造传统儒家伦理思想、巩固道德教育核心地位和注重多元民族和谐教育。"德法并举"提高价值观教育实效性；学科间相互配合形成价值观教育合力；学校、家庭与社会融为一体构建全方位价值观教育网络是新加坡的实践经验。

新加坡是移民国家，呈现出多元的价值体系，多元价值体系会导致价值观冲突和道德相对主义，这使学校价值观教育面临难题。新加坡于2014年全面推出新品格与公民教育课程，以"建设合适的学校文化、根据学生实际状况确定课程内容、对教师专业素养的培养等"为指导方针，并通过身份（Identity）、人际关系（Relationships）和抉择（Choices）三大概念，从认知、技能和态度三个层面向学生传递尊重、责任感、正直、关怀、应变能力、和谐六个核心价值观[1]，为学校价值观教育指明方向，形成一套具有新加坡特色的学校价值观教育模式。

一、新加坡学校价值观教育实现路径

新加坡学校采用法治约束与德治教化结合，显性课程传授与隐性课程涵养融合，学校、家庭与社会三位一体化共育等价值观教育手段传授价值观教育内容，促使学生形成既适应社会发展要求，又有利于自身长远发展的价值观。

（一）法治约束与德治教化结合

新加坡学校价值观教育的成功，得益于其完善的法律体系和明晰的法律条目，法律明确品格与公民道德教育为学校必修课，保障了公民道德教育实施。新加坡的法律涉及生活方方面面，学校也有严格的规章制度且可操作性强。学生入学首先要学习校规校纪，教师亦利用每周班会强调校规校纪并对学生的课堂行为、课外表现、是否遵守日常行为准则进行评价，学生之间也进行互评。表现欠佳的学生轻则会受到训话、参加特定辅导课学习、为社区义务服务等惩戒，重则会受到鞭笞、停课、开除的处罚[2]。学校在严格贯彻规章制度的同时，注重培养学生的法律意识，使其养成遵纪守法的行为习惯。如小学阶段，学校定期开展法治小游戏、小活动，激发学生学习法治知识的积极性和主动性。中学阶段，学校定期邀请当地司法机关工作人员、律师参与学校法治教育活动，如作为点评人参与模拟法庭活动等。学校教育学生在学校里的生活如同社会一样，违背规章制度将会承担相应责任，这有助于学生进一步提高法治意识。

新加坡一直把学校的价值观教育作为民族振兴的重要措施，2006年，设立"道德培育奖"和"杰出道德培育奖"，鼓励学校加强价值观教育[3]。政府以学校为主阵地，开设贯穿小学至大学的公民道德教育课程，遵循"同心圆扩大法"原则，从个人、家庭、学校、社会、国家、世界这六个层次科学规划不同学习阶段的价值观教育具体内容，尤其重视儒家的道德传统和道德观念教育，在价值观教育教材中渗透儒家伦理道德观，内容涵盖仁、义、礼、智、信等。从1979年开始，新加坡每年开展一次礼貌运动作为学校价值观教育的补充[4]。此外，还有敬老周、睦邻周等品德教育活动，旨在通过各式各样的社会活动，将德育植根于社会的方方面面。借助良好的社会环境，学生理解学校"所教"与社会"所示"相契合，学校"所教"更具可信度与说服力。

为了使学校价值观获得师生广泛认同并保持稳定性，新加坡有意识地将学校价值观理念纳入法律中，运用法律强制力推行学校价值观教育，把社会道德内化为学生的价值取向，通过法治教育，把法律规范外化为学生的行为习惯，使新加坡呈现出道德法律化的现象。使学生从小养成依法办事和严于律己的良好品性。

（二）显性课程传授与隐性课程涵养相融合

显性课程是学校价值观教育的主体，承担价值观教育的重任，最主要特征是具有计划性和连贯性。在教材方面，新加坡规定从幼儿园至中学，每一阶段都必须设有专门的价值观教育课程并配套相应教材。幼儿园使用的教材是《礼仪能量》，教授儿童必备的58种礼仪常识；小学的指定教材为《好品德好公民》《级任教师辅导课》《品格与公民教育校本课程》和《品格与公民教育指导单元》；中学的教材比小学教材减少了《级任教师辅导课》[5]。在课程内容方面，内容具体化，可操作性强。例如同是"责任"，小学要求学生保护校园环境、维护社会设施，中学要求学生了解服兵役是每个国民的责任，明晰军人和警察的职责。总体来说，低年级的课程偏重个人修养提升，高年级的课程偏重培养公民意识和社会意识，由浅入深，层层递进，易于学生理解与运用。在教学方面，学校为了更好地引导学生将价值观内化于心，构建了一套适应青少年发展的教学方法，主要有理论灌输法、价值澄清法、设身处地考虑法和道德认知发展法等。为了达到最优的教学效果，教师根据教学内容和学生的认知发展水平，在课程教学实践中不断开拓新的价值观教育方法，将学科教学与价值观养成相结合。例如，创设情境是教授低年级的常用策略，通过采用道德两难法提升学生的价值判断能力，引导学生针对现实或假设的道德两难情境做出正确决定，从而帮助学生从个人主观层次提升至以社会和世界为主的更高层次。参与度高和探究性强的方式更适合高年级，资源整合是教授高年级的常用策略。例如，通过采用实地考察法对学生进行爱国教育，充分利用展览馆和纪念馆等教育资源，让学生在课外实践中真切感受民族独立的艰难和来之不易的新生活。除此之外，教师还采用讨论、游戏、辩论等灵活多样的教学组织形式，通过师生互动讨论，共同探讨道德判断的背景以及道德动机的本性，倾听学生的观点，尊重学生的价值判断，借助由价值观冲突引发的争辩、反驳、否定与认可等对话内容，实现帮助学生思考、选择、判断、决定并形成新的价值观的目标[6]。

隐性课程具有非计划性和潜在性的特征。新加坡对中小学各学科需要隐性渗透的价值观内容作了细致规定。例如，音乐课程目标是使学生通过欣赏、表演音乐作品，与同伴交流自己的思想并学会理解他人想法，鼓励跨文化学习与合作借鉴；历史课程目标是使学生通过教材学习，了解人类在社会发展过程中的多民族性和多文化性，培养学生包容精神[7]。隐性课程还包括校风、校规校纪以及校园活动和课外实践活动等。新加坡学校的校规校纪都包含价值观取向，校园里墙壁张贴弘扬传统美德的标语，校园宣传栏表彰好人好事等，有利于师生将学校价值观内化于心。为了引导学生对学校价值观的理解,学校开展评选"学校价值观践行模范"的活动,塑造"名师"和"学生楷模"作为师生效仿的榜样,以榜样的力量带动师生积极践行学校价值观,启发和鼓舞他人向榜样看齐。除了校内活动,新加坡学校每年还开展形式多样且与学生实际生活联系密切的社区服务活动,社区服务活动包括社团活动、公益服务活动和社会实践活动等,各项活动包含若干个项目,例如"好朋友"计划、清洁环境计划、关怀与分享计划和儿童组织服务计划等[8]。新加坡教育部规定学生每年必须完成至少 6 小时的公益活动,这是升学条件之一,目的是培养具有责任感、乐于助人、善于分享、关怀他人的高素质学生。隐性课程潜移默化的育人作用正是价值观教育不可或缺的有效教育方式。

组织性强的显性课程与非组织化的隐性课程相辅相成,共同促进学生价值观的形成和价值推理、价值判断、价值实践能力的提升。

(三)学校、家庭与社会三位一体化共育

学校是价值观教育的主阵地,教师是学校价值观教育的主要施力者,教师素质直接影响学校价值观教育的效果。新加坡在 2015 年召开的"教师教育会议"上强调学校价值观教育要选择高素质的教师,要求教师以德治教,成为学生道德教育学习的楷模[9],通过建设培育教师价值观的长效机制促进学校价值观教育发展。一是建立教师弘扬学校价值观的激励机制。新加坡学校在进行教师评优和职位晋升等工作上,把师德作为一项重要的评判标准,以此激发教师参与价值观培育的热情。对师德高尚、教育工作突出的教师进行表彰,将其作为榜样人物宣传,同时还给予物质奖励,扩大社会影响。二是加强培育教师价值观的保障机制。新加坡在 2012 年第六届全国教师大会上推出"教师成长模式"(Teacher Growth Model),强调终身学习,将共同价值观内容纳入教师培训的课程体系并进行相关考核检测,形成以训促学、以学立德的机制[10]。教师只有深入学习共同价值观的内容,才能更好引导学生理解、认同价值观并作出价值选择,最终实现价值整合。三是完善培育教师价值观的监督机制。新加坡实行师德问责制,在《好公民教师手册》中标注教师所必须坚持的高水平职业操守和伦理原则,规定教师的行为和态度标准,罗列教师失德行为,使问责有依[11]。对不遵守教师行为准则的教师给予纪律处分,包括劝告、警告和谴责,具有严重的违法行为的教师还会被免除职务并接受相应的法律处罚。新加坡的师德问责制明确了教师对自身的准确定位和严格要求,确保教师道德素养整体提升。

家庭是青少年成长的原生态环境,父母是青少年的启蒙者。父母的思想与行为对青少年价值观念、道德品质与行为习惯的影响尤为重要。新加坡秉承儒家"修身齐家治国平天下"的思想,倡导先"齐家"而后"治国",把家庭放在至关重要的地位,主张家庭教育与学校教育相结合,这使得家庭教育成为对学校价值观教育的有益补充与深化。研究显示,家庭与学校之间的合作不仅能促进学生身心发展,也能帮助学生更积极地学习和面对生活。因此,学校应该与家庭建立良好关系,争取家长的支持,帮助学生在家中巩固学校所教的价值观。新加坡家庭教育委员会启动《学校家庭教育计划》,规定新加坡学校每年至少开设 100 小时以上的家庭课程,宣传积极向上的家庭价值观[12]。为了达到理想的家庭教育效果,学校采取一系列措施对家长进行培训。如推出"家长教育网站"(Parents in Education),旨在为家长提供教育新闻、育儿策略、学校课程资源以及教学资源;成立"家长支援小组"(Parent Support Groups),家长监督员定期组织家长汇聚一堂讨论所遇困难;建立"家长教师协会"(The Parent-Teacher Association),促使家长和教师相互合作,充分发挥双方的智慧与力量,明晰家长在学校教育中的角色,强化家长的参与功能,走出"教育只是学校教育"的误区,有效整合家校资源,实现家校共赢。

社会是公民道德教育的大课堂，新加坡积极为学校价值观教育营造良好的社会氛围，形成较完善的社会管理机制。一是法制健全，新加坡制定了覆盖面广且操作性强的法律体系，囊括了政府权力、司法责任、城市管理和公民生活各个方面。二是执法严格，新加坡推行与道德教育内容要求相一致的社会奖惩标准并严格执行。三是舆论引导，新加坡设置对新闻舆论、传媒的标准，要求社会媒体站在国家战略层面，以国家倡导和弘扬的主流价值观为根本遵循，全方位宣传共同价值观，就认同并践行共同价值观达成共识，营造文明健康、积极向上的社会舆论风气[13]。

新加坡学校价值观教育要求学校、家庭和社会明确履行各自职责。李光耀指出，在学校灌输儒家伦理道德是一件困难的工作，因为这不仅仅是教科书的事，还得靠师长的示范、家长的影响、社会的引导，从而产生潜移默化的作用，这犹如把枝干放入水中，水分慢慢渗透到叶子中一样[14]。学校价值观教育不是一个孤立的过程，学校所推行的价值观教育要与家庭所倡导的、社会所弘扬的德育三位一体、相得益彰，学校、家庭和社会要融合成立体化的价值观教育网络。

二、新加坡学校价值观教育主要特点

新加坡学校价值观教育具有加强国家主权意识教育、进行全面的法治教育、改造传统儒家伦理思想、巩固道德教育核心地位和注重多元民族和谐教育等特点。

（一）加强国家主权意识教育

"爱国"是"新加坡国民独特的气质和精神"[15]。新加坡总理李显龙把宣传国家观念、培养爱国意识放在中小学品德教育目标的第一条。新加坡规定学校每天进行升旗仪式、唱国歌和背诵誓约，每年开展"国家意识周"以凝聚国民的国家意识。1991年，新加坡为增强国人凝聚力，使国民认可"新加坡人"身份，颁布《共同价值观白皮书》，提出适用于各民族的"共同价值观"。"国家至上，社会为先"一直是新加坡人对爱国的最高诠释，每所学校的教学楼楼道、走廊和教室都装饰有共同价值观的标语或画报，形成一种无处不在、无时不有的价值观教育氛围。2014年，新加坡在中小学开设品格与公民教育课程，对青少年进行国家意识教育，确保青少年理解"国家至上，社会为先"的内涵。对小学生的要求是会唱国歌，了解新加坡独立的历史意义，明白爱国是每个公民的责任；对中学生的要求侧重于培养爱国认知和爱国态度，具体包括了解新加坡的国情、国家和政府管理、国家的生存与发展，以及忠于国家和保卫国家的意识[16]。

（二）进行全面的法治教育

新加坡资政李光耀认为法治教育是一个国家长治久安的保障，法治观念深入人心得益于学校的法治教育[17]。学校通过系统的课程和编撰中小学法治教材对青少年进行法治教育，具有事半功倍的效果。青少年正处于价值观形成时期，易接受新生事物，适时进行法治教育不但有利于预防青少年犯罪，还有利于其形成依法办事的法治意识，从小知法、懂法、守法并依法保护自己的合法权益，维护社会秩序。学校法治教育强调讲授国家法律法规、权力机关和公民的权利与义务等知识；培养学生的交流与社会参与等技能；注重培养态度、信念和价值观；强化学生维护社会秩序、违法必严惩的意识[18]。新加坡学校的法治教育巩固了青少年良好的行为规范，使其遵守社会道德的行为从他律转变为自律，营造了具有较高水平的法治环境，形成了新加坡井然有序的社会秩序。

(三)改造传统儒家伦理思想

儒家文化作为新加坡多元文化中的一元,受到领导人的高度重视。李光耀曾指出:"国家发展经济,提高科技水平,需要向西方学习,但是国民形成价值观念却需要继承东方的优秀传统文化,发扬儒家伦理精神,必须加强对全体国民尤其是青少年传统伦理教育[19]。"新加坡专门设立儒家教育与东方哲学研究所,从庞杂的儒家思想伦理体系中,甄别、筛选与新加坡国情相契合的儒家思想并加以改造、创新,赋予其符合时代特点的新含义。学校设《儒家伦理》课,课程内容主要将孔子的"智、仁、勇"三德和孟子的"仁、义、礼、智、信"五常进行重新阐述,提出符合新加坡国情和现代价值观的"忠、孝、仁、爱、礼、义、廉、耻"八德,要求学生忠于国家,具有民族意识;孝敬长辈,具有饮水思源意识;待人和善、关爱他人;待人有礼、诚实守信;为官清廉、有羞耻心[20]。

(四)巩固道德教育核心地位

青少年道德教育是新加坡价值观教育体系的核心,贯穿每一时期的学校价值观教育。1979年,教育部发布《道德教育报告书》,规定中小学要对学生进行全面的道德教育,教育内容包括个人行为、社会责任和效忠国家,旨在培养学生良好的品格及习惯。1992年,实施"公民与道德教育"(Civics and Moral Education)课程,课程内容包括成长的我、爱护家庭、统一中的多样性以及如何成为好公民[21]。2014年,教育部提出将法律、道德与教育相结合,要求品德教育在课程教学中将三者衔接,随后颁布《中小学品格与公民教育2014课程标准》,将中小学德育课程全部更名为"品格与公民教育"(Character and Citizenship Education),并于2015年推出德育教科书《好品德好公民》[22]。"品格与公民教育"课程是新加坡当前中小学道德教育的指定课程,课程主体内容围绕知识、技能、价值观和态度展开,通过身份、人际关系和抉择三大概念向青少年传递尊重、责任感、正直、关怀、应变能力、和谐六个核心价值观,进而引导其从个人出发延伸至家庭、学校、社会、国家和世界六个层面进行反思,从而成长为有道德的个人和有用的公民。

(五)注重多元民族和谐教育

如何在尊重多民族文化和社会阶层思想的同时,整合主流思想与少数族群的思想,促进社会和谐发展是新加坡亟待解决的重大问题。1964年,为了提醒学生和谐共处,新加坡规定每年7月21日为种族和谐日。学校开展丰富的活动,要求学生穿着传统服饰上学,体现新加坡多元种族的社会文化;为了引导学生理解、尊重不同民族的价值观念和生活方式,各校设立多元文化周,通过演讲、表演的形式宣传不同种族的文化与习俗[23]。1991年,政府将"种族和谐,宗教宽容"列为价值观之一,目的是在多元化的价值观念中寻求人们共有的价值观念来指导行为,维护多元种族国家的团结和长治久安。2015年,新加坡规定中小学开设的品格与公民课以培养学生核心价值观为德育主线,编订华语、马来语、泰米尔语三种语言版本的《好品德好公民》教材,用母语进行价值观教育,让学生从情感上更容易接受,并将价值观内化,指导实践活动。教材中多个章节讲述种族和谐和效忠国家的重要性,培养青少年欣赏文化多样性的意识,在坚持主流价值观的同时尊重文化差异[24]。

三、新加坡学校价值观教育主要经验

新加坡学校采取一系列实现路径有效解决了各民族所固有的不同价值观之间的冲突,获得了以下的实践经验。

（一）"德法并举"可提高价值观教育的实效性

新加坡学校价值观教育强调德治教化与法制约束相结合，将依法治国与以德治国的思想贯穿学校价值观教育始终，不仅重视学生道德品质的养成教育，还注重遵纪守法教育，最终实现"德法并举"，提高了学校价值观教育的实效性。

新加坡德育在内容选择上以改造后的传统儒家思想为指导，着重培养学生成为一个有修养、有道德、负责任的人，法律教育则着重增加学生的法律知识、培养规范意识。德育主要通过自上而下的思想道德教育引导学生行为，但缺少对学生行为的控制和检验与横向约束和规范，而法律教育弥补德育在教育管理过程中的缺陷，是德育的有效补充。德育为法律教育创造良好的思维环境，法律教育为德育提供法律约束，两者相互补充、紧密联系。通过德育疏导学生内在思想道德，通过法律教育对学生外在行为进行约束和规范，将横向法律教育与纵向德育相结合，使学校价值观教育体系日趋成熟和完善，有利于更好地发挥其育人作用[25]。例如，新加坡学生犯错不仅要接受教师的规劝还要承担相应的校规惩罚，这既提高了青少年的思想道德品质，又巩固了青少年良好的行为规范。

（二）学科间相互配合形成价值观教育合力

课程是学校价值观教育的主渠道，新加坡注重不同学科之间相互配合，从而形成教育合力来推动学校价值观教育。新加坡德育理论课程以品格与公民课为抓手，并在华文、历史、音乐等其他学科教学中融入价值观教育内容，发挥协同育人的作用，促使学生获取系统的、连贯的德育知识，塑造与学校要求一致的价值观，为德育实践课程提供价值观教育的基础和方向。新加坡外化的实践课程为理论课程提供平台，充分发挥实践课程的直观引导作用，引导学生在社区活动中加深对价值观的理解并自觉外化于行。例如，以传统节日为契机，开展形式多样的节日活动，加深学生对优秀传统美德的理解与认同；通过组织爱心募捐活动，培养其关爱弱者的同情心，促使其养成良好的思想道德观念。另外，信息化学科可以服务于各学科，让各学科在渗透价值观教学中得以更生动的呈现。以爱国教育为例，在历史课上，可让学生以小组的形式围绕历史事件收集材料并在课上汇报，形成初步认知，教师再针对汇报内容进行总结，进一步加强国家主权教育；在数学课上，可将计算精准与航天事业相联系，通过播放短视频让学生更直观了解数学在航天事业中的作用，激发其民族自豪感。

（三）学校、家庭与社会融为一体构建全方位价值观教育网络

新加坡以学校教育为主导，家庭教育为基础，社会教育为补充，既发挥各自独特性作用，又相互配合、渗透，构建学校、家庭和社会三方齐抓共管的价值观教育网络。新加坡学校通过组织学生参与生产劳动和社会实践活动促进价值观外化于行，进而维护社会的和谐与稳定；通过成立家长联合会或家长支援小组等形式，定期开展讲座、座谈会等，搭建家庭德育与学校德育的桥梁，凝聚家校共育的力量，促使家长掌握正确的德育方式。新加坡重视家庭伦理教育，强调家庭与学校、社会互动。新加坡实施的"家庭教育计划"充分利用学校与社会的资源，形成了"榜样引领、环境熏陶"的家庭价值观培育模式，通过榜样示范促使孩子养成规范的行为习惯，确保家、校教育统一性与连贯性；通过加强家庭环境建设促进孩子德、智、体、美等均衡发展，最终成长为促进国家发展、具备良好品行的社会公民。为配合学校和家庭价值观教育，新加坡运用各种传媒手段，大力宣传社会美德、道德规范和家庭礼仪，形成社会共识；深入挖

掘本国历史文化传统，整合各方资源，长期给学生提供课外实践机会；利用爱国主义教育基地，对学生进行主权意识教育，为学校、家庭营造良好的社会氛围。学校价值观教育是综合、长效的庞大工程，学校、家庭和社会是密切联系、有机结合的整体。社会教育为学校教育和家庭教育营造良好的社会环境，良好的学校教育和家庭教育又促进社会和谐发展，三者彼此协调、相互影响，最终实现培养"新加坡人"的目标。

参考文献：

[1] Singapore Ministry of Education. 2014 Syllabuses Character And Citizenship Education Primary[EB/OL].（2014-12-30）[2019-01-01]. https：//www. moe. gov. sg/docs/default-source/document/education/syllabuses/character-citizenship-education/files/character-and-citizenship-education-（primary）-syllbus-（chinese）. pdf.

[2][18] LYE L H . A Fine City in a Garden-Environmental Law and Governance in Singapore[J]. Social Science Electronic Publishing, 2008(7): 68-73.

[3][4] HO L C. Sorting citizens：Differentiated citizenship education in Singapore[J]. Journal of Curriculum Studies, 2012, 44（3）：403-428.

[5][7][25] Student Development Curriculum Division, Ministry of Education, Singapore. 2014 Character and Citizenship Education secondary[EB/OL].（2014-06-10）[2018-01-01]. http：//www. moe. gov. sg/education/syllabuses/character-citizenship-education/files/2014-character-citizenship-education-secondary. pdf.

[6] KOH C. Moral development and student motivation in moral education：A Singapore study[J]. Australian Journal of Education, 2012, 56（1）：83-101.

[8] DRURY V B, Saw S M, Finkelstein E, et al. A new community-based outdoor intervention to increase physical activity in Singapore children：findings from focus groups[J]. Ann Acad Med Singapore, 2013, 42（5）：225-231.

[9][10][11] ONG K K, YUN A A S, LING C W, et al. Teacher appraisal and its outcomes in Singapore primary schools[J]. Journal of Educational Administration, 2008, 46（1）：39-54.

[12][14] HO L C. Global multicultural citizenship education：A Singapore experience[J]. The Social Studies, 2009, 100（6）：285-293.

[13] PANG A, YINGZHI TAN E, SONG-QI LIM R, et al. Building Effective Relations with Social Media Influencers in Singapore[J]. Media Asia, 2016, 43（1）：56-68.

[15] WENINGER C, KHO E M. The（bio）Politics of Engagement：Shifts in Singapore's Policy and Public Discourse on Civics Education[J]. Discourse：Studies in the Cultural Politics of Education, 2014, 35（4）：611-624.

[16] Ministry of Education Singapore. Character and Citizenship Education[M]. Marshall Cavendish Education Publishers, 2016: 191-206.

[17][25] BOON Z, WONG B. 11 Character and Citizenship Education[J]. School Leadership and Educational Change in Singapore, 2018（3）：183-199.

[19][20] CHIA Y T. The Elusive Goal of Nation Building：Asian/Confucian Values and Citizenship Education in Singapore during the 1980s[J]. British Journal of Educational Studies,

2011, 59(4): 383-402.

[21] SIM J B Y, PRINT M. Citizenship Education and Social Studies in Singapore: A National Agenda [J]. International Journal of Citizenship and Teacher Education, 2005, 1(1): 58-73.

[22] TAN C. Creating "Good Citizens" and Maintaining Religious Harmony in Singapore [J]. British Journal of Religious Education, 2008, 30(2): 133-142.

[23] LEE W O. The Development of a Future-Oriented Citizenship Curriculum in Singapore: Convergence of Character and Citizenship Education and Curriculum 2015 [M]//DENG Z. Globalization and the Singapore Curriculum, Singapore: Springer Singapore, 2013: 241-260.

[24] HO L C. Sorting Citizens: Differentiated Citizenship Education in Singapore [J]. Journal of Curriculum Studies, 2012, 44(3): 403-428.

（作者杨茂庆系广西师范大学教育学部副部长，教授，博士，博士生导师；岑宇系广西师范大学教育学部硕士研究生。）

试析德国核心价值观体系与价值观教育

周海霞

导读: 德国在核心价值观体系建设和价值观教育方面拥有较为成熟的理论体系和实践模式。德国的核心价值观体系以《基本法》为总体纲领,是一个包容、发展、开放式的共享价值基础平台。德国价值观教育贯穿"价值共生"理念,其教育实践不仅致力于传递社会共享的基础价值,也注重培养个体的价值能力,并且在当下的社会条件下尤其强调培养社会成员合理应对价值多样性的能力。德国价值观教育分为直接价值观教育和间接价值观教育两种基本类型,以儿童和青少年群体为中心对象,以"参与"模式为核心模式。德国学界呼吁实施价值观教育的诸多主体(家庭、学校、托幼机构、青少年事务工作机构等)应协同合作。

核心价值观认同是社会和谐共处与凝心聚力的基础,因此加强核心价值观体系建设意义重大。而价值观教育在核心价值观体系建设方面具有举足轻重的地位,因为对于一个社会而言,保障其社会成员间和谐共处所依赖的基本价值观能够代代传承具有至关重要的意义[1]。德国一直非常注重价值观教育,并具有深厚的理论研究积淀和丰富的实践经验。德意志联邦共和国成立于1949年5月,其价值观教育研究从20世纪50年代就开始了。价值观教育在德国受到如此重视与德国曾经历的黑暗纳粹统治时期和德国作为"二战"战败国的特殊历史背景具有密切的联系。可以说,德国的历史使其形成了公民精神的理想文化,这种文化尤其注重公民对于政治现状的批判性[2]。

一、德国价值观教育与社会变迁

核心价值观对于社会而言,既是社会凝聚力和向心力的基础,又影响社会的发展方向,尤其是在经历大规模社会变迁或者社会快速发展的背景下,则更是如此。德国关于价值观及价值观教育的研究成果,以及相关机构制定的有关价值观教育的纲领性文件,都特别强调在德国社会发展和变迁的大背景下价值观教育对于国家和社会的重要性和必要性。在德国价值观教育研究领域具有重要影响力的系统性研究成果——《学习价值观并在生活中体验和践行价值观——德国价值观教育理论和实践》(2016年由贝塔斯曼基金会资助出版的论文集)就强调在当下德国社会经历变迁和多元化发展的背景下价值观教育的重要性。

在全球化背景下,德国社会变得越来越多元化,移民人口的增加是多元化发展趋势的重要表现之一[3]。2015年夏天欧洲爆发的难民潮,更是加速了德国价值观多元化发展趋势。新的群体和新的文化元素的加入丰富了社会的多样性和价值的多元性,但也使得德国社会赖以和谐共处的价值根基受到了一定的冲击,相应地也导致德国价值观教育面临新的挑战和任务。因为即使不同社会群体拥有共享的基础价值，在有些具体价值元素之间或者不同群体对同一价值元素的解读模式之间，也是存在竞争关系的。具体价值元素与价值解读模式优先级的差异性，以及不同的生活方式与生活理念的共存，会导致紧张关系和冲突，进而导致不同社会群体间不得不就之进行艰苦的谈判，这会危及社会凝聚力。在这样的背景下，社会对于价值导向的需求更高，价值观教育的重要程度和紧迫性也相应更高。德国各界，包括价值观教育实践领域和理论研究领域都意识到这一需求和挑战，因而价值观体系建设和价值观教育在德国越发受到关注和重视[4]。

二、《基本法》作为德国核心价值观体系的总体性纲领

德国社会公认的核心价值观体系被称作"自由民主的基本秩序"，这一概念在德国《基本法》中两次（第18条、第22条）被提及。因此，也有学者称德国的核心价值观为"自由民主的基本价值"。此处需要指出的是，作为国家根本大法的《基本法》是德国核心价值观的总体性纲领，所有具体的价值元素都应以《基本法》为导向和根基。但是《基本法》中并没有明确规定和描述其核心价值观体系涉及哪些具体的基本价值，因此德国的核心价值观体系更多被视作一个具有包容性和发展属性的价值基础平台，在这个平台上同时并存多种价值元素。

视核心价值观体系为基础平台的这一理念与德国价值观教育研究领域所强调的"价值共生"高度呼应。所谓"价值共生"（又称"价值聚合"），是指在一个社会中总是同时并存多样化的价值观，它们共同构成社会发展的基础[5]。产生价值多样性的原因复杂多样，比如源于代际差异的价值差异性；因不同年龄段、职业，不同的社会和文化背景等差异而存在的共享价值差异；也可能这个系统中包含截然相反的（或者貌似截然对立的）价值元素。而不同的价值观和多样化的生活方式与生活理念能够和谐并存，其根本前提条件是社会成员必须拥有共享的基本价值。这些共享价值可以保障社会成员互相尊重和认可，又能通过导向框架功能及时规避歧视行为，避免这些行为对多元性非匀质社会的和谐共处构成威胁[6]。社会成员对于这些多样化价值的共存达成某种意义上的共识，接受其共同存在的事实。研究表明，在多元价值和谐共生的社会中，貌似对立的价值元素（比如当下的自我发展价值和传统的义务价值）之间也不会发生对峙，而依然保持共生共存。此外，德国学者认为应以发展的眼光看待社会核心价值观体系，因为共享价值是会随着社会的变迁而发生改变的。

三、写进法律且植根各社会领域的价值观教育

德国对于价值观教育的重视首先体现在法律层面。除《基本法》是德国核心价值观体系的总体纲领之外，价值观教育也植根于德国各联邦州的学校法中。需要指出的是，有些联邦州的学校法中，价值观教育理念是以文字形式明确可见的，另一些联邦州的学校法虽未出现"价值观教育"字眼，但是该理念是植根其中的，即价值观教育理念以内含的方式存在于法律中[7]。德国是联邦制国家，实行联邦制教育管理制度，有关教育方面的立法和管理等具体事务由各联邦州负责。因此，德国各州的教育立法和管理并不完全相同。此外，德国社区层面的法律法规也有涉及青少年价值观教育的相关内容[8]。

德国对价值观教育的重视不仅体现在教育领域，而且植根于各个社会领域中，如在市场经

济领域、宗教领域、军事领域等都有关于价值观的研究或者已经形成机制化的价值观教育实践。从学术层面来看，关于价值观教育的研究不仅仅局限于教育学领域，同时也是社会学、心理学和哲学领域长期以来一直关注的研究议题。

四、"价值共生"特质与德国价值观教育的首要目标

如前所述，"价值共生"理念贯穿德国核心价值观体系和价值观教育，强调多样化价值观的共生共存。不仅如此，德国学者认为，正是由于具体的价值元素之间存在冲突或者优先级竞争关系，才使得围绕价值主题展开的辩论有能力逐渐形成关于价值的话语，促进社会成员对之进行讨论和反思。而共享的价值根基作为发展机制得以正常运行的一个重要前提就是公众对价值和价值观教育进行持续的、务实的讨论[9]。这也是德国在建设价值观体系方面的一个重要理念，即社会共享的价值根基必须反复经历重新辩论，进而稳固化的过程。

基于上述理念，德国价值观教育研究界认为，在当下德国社会价值多元化趋势愈发强劲的背景条件下，有必要在全社会层面进行反思和讨论：现今德国社会的和谐共处究竟需要什么样的共享价值作为基础平台？答案是：德国需要一个可以包容多样性价值的、能够保障不同群体在彼此尊重的前提下和谐共处的、（对新生价值或外来价值）开放的价值基础平台[10]。

与德国核心价值观体系的"价值共生"特质相应，理论界表示，当下德国价值观教育的首要目标便是合理应对价值多样性。而这个目标的实现又可分为两大基本步骤：第一步是获得自由民主的基本价值，即共享的价值根基；第二步是获得个体的价值能力[11]。这里说的"价值能力"，指的是个体能够处理好互相矛盾或彼此竞争的各种价值观并存的情况，能够形成自己的价值立场，能够以价值观为导向做出判断、依据价值导向行事，并且能够建设性地处理价值冲突。成功实现价值观教育的这两个步骤与德国学界提出的有关价值传递的两种基本形式的分类是完全契合的：获得自由民主的基本价值，是实质的价值传递，注重的是社会基本价值能够得以传承；而获得个体的价值能力，则是形式上的价值传递，注重的是社会成员作为个体在道德判断、道德评价和决断决策等方面拥有正确对待和处理有关价值观问题的能力[12]。基于这样的价值观教育理念，社会成员的价值认知和价值能力得以紧密结合，既保障共享价值的稳固和传承，同时又包容价值的多样性，并且能够预防价值元素之间的冲突。从个体层面看，价值观教育同时也是个性教育和个体能力教育。在这个意义上，价值观教育无论对于整个社会的未来能力而言，还是对于社会成员的个性发展而言都具有极其重要的意义。因此，有德国学者呼吁，个体的价值能力发展在教育事业中应成为一项核心任务，并应享有与认知能力同等重要的地位[13]。

五、德国价值观教育的中心对象及学校的关键性地位

在德国价值观教育中，儿童和青少年群体是中心对象。年轻的社会群体是一个国家的未来和希望，也是国家未来发展的生力军，而人对于价值观教育敏感的年龄阶段，也正是幼年和青少年阶段[14]。

学校是儿童和青少年成长过程中除了家庭之外接触时间最长且最重要的社会生活环境，同时学校也是家庭生活和社会生活的重要衔接点。所以学校当仁不让地成为德国价值观教育的关键机构之一，也是价值观教育理论研究聚焦最多的领域。德国国家层面和联邦州层面所进行的

诸多大规模青少年价值观研究项目，基本都以学生群体为调研对象或者以学校为调研的依托单位。如前文所述，学校在价值观教育中的任务和预期贡献，已经写入德国各联邦州的学校法中。

有学者将学校的价值观教育分为宏观、中观和微观三个层面。其中宏观层面指的是学校作为一个大环境，可以对学生的价值观获得和形成起到影响作用；中观层面指的是在日常学校生活中以及在冲突情况下，学生能够系统性地体验和感知价值；微观层面指的是榜样的力量（主要指学校教职人员要以身作则），以及学生作为个体通过亲身参与的方式，自行获得与价值有关的体会和经验并对之加以分析和反思[15]。

需要提及的是，在德国价值观教育实践和理论研究领域，也存在反对学校实施价值观教育的声音。他们认为学校的职能是传授知识，应是价值中立的地方，而不应作为价值观教育的场所和机构[16]。不过反对的声音相对较弱，不占主导地位。

六、德国价值观教育的多个实施主体及差异性教育目标

儿童和青少年是价值观教育的中心对象，围绕该群体，德国价值观教育理论研究聚焦多个价值观教育实施主体：家庭、托幼机构、学校、青少年同龄人社群、青少年事务工作机构、社区等。其中学校受关注最多。

根据发展心理学的研究结果，价值观教育具有特定的认知特性、社会心理特征和年龄阶段性的特点[17]。因此，不同的教育层面实施价值观教育所使用的方式是不尽相同的，其具体应实现的教育目标也因教育对象所处年龄阶段和心理特征等不同、教育实施主体自身的特点不同而存在差异性，侧重点也各不相同。同时德国学界强调价值观教育的跨领域性和延续性特征，主张不同的教育实施主体应跨区域协同合作、互为支持，方能为实现成功有效的价值观教育创造前提条件。不仅如此，涉及价值观教育理论研究的不同学科之间进行跨学科合作，也有益于促进价值观教育和核心价值观体系建设。

根据相关研究成果，不同价值观教育层面的差异性的目标侧重，可总结如下[18]：

家庭是孩子接受价值观教育的第一阶段，同时也是对孩子影响最大的教育实施主体。该阶段的核心教育目标是培养孩子获得换位思考的能力。

托幼机构是教育学意义上的第一个价值观教育实施主体。该阶段孩子应该体验的基本价值主要包括：平等民主的集体生活、尊重、言论自由、公正以及和平化解冲突。

学校在价值观教育方面具有关键性的作用，其核心任务之一就是促进学生个体的价值能力发展，使其能够合理应对价值多样性。

青少年同龄人社群对于价值观教育的可持续性影响在青少年后续的成长过程中愈发明显，在社群中，青少年主要应该学会就价值和行为规范进行平等协商。

青少年事务工作本身就是价值观教育工作，因为好的教育方法能够在青少年的价值观形成方面起到引导作用[19]。而且青少年事务工作在一些领域与青少年同龄人社群活动密切相关。

社区和媒体同样也是价值观教育实施主体，并且促进青少年参与社区生活，这是作为社区职责写入相关法律的。而当今社会是一个媒体社会，媒体对于青少年和整个社会的影响不言而喻[20]。媒体对于社会共享价值观的影响是通过其自身作为辩论平台的功能实现的。德国媒体对于其在价值观教育方面的责任是非常明确的，他们经常发起有关价值的辩论。

当然，国家政策也是德国价值观教育的一个重要层面。因为无论哪个层面的价值观教育质

量都与个体和机构所处的框架性条件以及相关政策有着不可分割的联系。

七、德国价值观教育的基本类型及核心模式

从实践层面看,德国价值观教育可以分为直接价值观教育和间接价值观教育两种类型。直接价值观教育是以认知维度为导向的,其所基于的理念是:价值是可以传递和传授的,具体方式是通过直接的、外显的、有目的性的措施(如讨论、课堂教授、反思等)传授价值观。间接价值观教育指的是将价值观教育实施主体作为个体感知和体验价值的经验场所,这些经验场所对于个体的价值观形成和发展具有重要的影响[21],其所基于的理念是:个体通过对周围环境(价值体验空间)的体验和感知,积极反思式地获取价值观。这里尤其注重的是个体的反思能力。

以学校教育为例,直接价值观教育是指学校通过直接的措施影响价值观教育的效果,比如通过授课内容、讨论、反思、实际践行等方式,将社会共享价值传递给学生。在德国学校中,不仅有直接传递价值的授课科目,例如宗教课、伦理课等,而且其他专业课程也都是具有价值导向的[22]。间接价值观教育,主要是将学校视作具有价值影响功能的社会交际体验场所,即通过校园文化影响学生的价值观,比如通过学校思想主流、通过给予学生体验民主和参与决策的机会等多种方式影响学生。其中尤为重要的是学校教职人员作为榜样的作用,他们作为价值的传递者和价值表率,亲身实践价值观,对学生的影响非常大[23]。

家庭层面的直接价值观教育指的是有意识地向子女传授价值观和行为规则,间接价值观教育则是通过家庭氛围以及提高家长的教育能力影响孩子的价值观发展[24]。托幼机构层面的直接价值观教育又称为显性价值观教育,即明示价值和解释价值归因,比如教授孩子们行为方式和处事技能,或者有意识地发展孩子们在言语认知层面处理伦理问题的能力;间接价值观教育,称作隐性价值观教育,即通过托幼机构内的集体生活方式影响孩子。而同龄人社群或者青少年事务工作机构的价值观教育,也同样可以分为这两种基本类型:有明确目的性的价值观教育,如青年人之间的直接交流或者与工作人员直接交流;非具体目的性的价值观教育,如通过青年人社群内的社会化过程实现[25]。

从德国价值观教育研究视角看,直接价值观教育和间接价值观教育所得到的认可程度并不是对等的。间接价值观教育相对而言受认可程度更高。不管在哪个层面,相关理论研究都更强调间接价值观教育的影响能力。比如在家庭教育层面,有学者认为,换位思考能力和道德规则意识并非仅仅通过认知维度的价值认识就能获得,更多是从自我教育以及情感联结中获得的。因此德国学界一再强调榜样人物在价值观教育过程中的重要性,比如家长、教职人员、同龄人等,因为价值观教育总是在和其他人的互动关系中完成的[26]。甚至更有学者完全否定直接价值观教育的效果,他们认为价值是无法通过直接教育的方式教授和传递的,并指出已有评估调研表明,认知导向的价值传递模式虽然能够让学生的相关知识有所增加,但是却未必能够使学生在行为和态度上有所变化[27]。

德国价值观教育的核心模式是参与模式,这其实是与德国整体教育思想中的价值取向"公民参与"相对应的[28]。"参与"作为一种间接教育形式所取得的效果,无论在德国价值观教育实践,还是在价值观体系建设及价值观教育研究中都得到了验证[29]。参与模式的理念是:让青少年在实际话语系统中共同讨论和解决问题,进而使他们能够通过现实体验将道德形成过程中的动机、评判和行为三大要素结合起来[30]。有关评估调研的结果表明,价值观的形成主要是通

过价值判断能力的获得、价值观反思和实践行为三者相结合而实现的[31],并且参与决策过程能够使青少年有机会接受综合性的价值观教育[32]。参与模式在价值观教育实践中所产生的重要影响使得该模式在德国价值观教育中享有不可撼动的地位。

在价值观教育实践中,参与模式已经实现了机制化。比如,学校在多个层面向学生提供参与决策的可能性,包括参与学校的部分管理决策、学生组织、班级事务、公共项目等。促进学生参与这一模式也已经作为基本原则写入各联邦州的学校法中。在学校系统之外的其他价值观教育领域和层面,参与模式也同样得到重视,比如在社区层面,参与模式也以法律法规形式确定下来。可以说,参与模式作为价值观教育的有效模式,在德国已经获得公认的重要地位。

参考文献:

[1] MOHN L. Vorwort [M]//BERTELSMANN STIFTUNG. Werte lernen und leben. Theorie und Praxis der Wertebildung in Deutschland. Gütersloh: Verlag Bertelsmann Stiftung, 2016: 9-10.

[2] ABS H J. Gelegenheitsstrukturen zur Partizipation in Schulen und Partizipationsbereitschaft von Schülern/Schülerinnen [M]//SCHUBARTH W, SPECK K, VON BERG H L. Wertebildung in Jugendarbeit, Schule und Kommune. Wiesbaden: VS Verlag, 2010: 177-188.

[3] 苏峰. 和而不同:二战后德国公民教育政策的实践模式[J]. 基础教育, 2013(5): 102-103.

[4][6][10][11][13] VOPEL S, TEGELER J. Einleitung [M]//BERTELSMANN STIFTUNG. Werte lernen und leben. Theorie und Praxis der Wertebildung in Deutschland. Gütersloh: Verlag Bertelsmann Stiftung, 2016: 11-16.

[5][16][19][21][23][27][29][31] SCHUBARTH W. Die "Rückkehr der Werte". Die neue Wertedebatte und die Chancen der Wertebildung[M]//SCHUBARTH W, SPECK K, VON BERG H L. Wertebildung in Jugendarbeit, Schule und Kommune. Wiesbaden: VS Verlag, 2010: 21-42.

[7][12] HACKL A. Konzepte schulischer Werteerziehung [M]//HACKL A, STEENBUCK O, WEIGAND G. Werte schulischer Begabtenförderung. Begabungsbegriff und Werteorientierung. Frankfurt, M.: Karg-Stiftung, 2011: 19-25.

[8][15] SPECK K. Wertebildung und Partizipation von Kindern und Jugendlichen [M]//SCHUBARTH W, SPECK K, VON BERG H L. Wertebildung in Jugendarbeit, Schule und Kommune. Wiesbaden: VS Verlag, 2010: 61-92.

[9][14][17][18][24][25][26] SCHUBARTH W, TEGELER J. Fazit. Anregungen und Empfehlungen für eine offensive Wertebildung [M]//BERTELSMANN STIFTUNG. Werte lernen und leben. Theorie und Praxis der Wertebildung in Deutschland. Gütersloh: Verlag Bertelsmann Stiftung, 2016: 263-274.

[20] 陈延斌, 牛绍娜. 欧美核心价值观的传播路径及其对我国的启示[J]. 吉首大学学报(社会科学版), 2013(2): 26.

[22] 郭琨. 浅析德国思想政治教育的方法及其对我国的启示[J]. 学理论, 2013(34): 190.

[28] 傅安洲, 阮一帆. 战后德国政治教育价值取向的转换及其启示[J]. 高等教育研究, 2013(7): 99.

[30] KENNGOTT E M. Wertebildung in der Schule: Handlungsansätze und Beispiele [M]//SCHUBARTH W, SPECK K, VON BERG H L. Wertebildung in Jugendarbeit, Schule und Kommune.

Wiesbaden: VS Verlag, 2010: 199-210.

[32] BURKERT M, STURZBECHER D. Wertewandel unter Jugendlichen im Zeitraum von 1993 bis 2005[M]//SCHUBARTH W, SPECK K, VON BERG H L. Wertebildung in Jugendarbeit, Schule und Kommune. Wiesbaden: VS Verlag, 2010: 43-60.

（作者周海霞系北京外国语大学德语系副教授，博士。）

多元文化、世俗性与价值观教育
——法国中小学复设"世俗道德教育"课程解析

上官莉娜

导读：全球化与多元文化发展凸显出价值观教育的迫切性，而法国价值观教育的合法性却一直面临着学校教育"世俗性"的挑战与质疑。法国青少年价值观教育主要依托公民教育与道德教育来进行，但二者的发展是非均衡的，公民教育独大、道德教育薄弱是一直困扰着法国学校教育的现实问题。2015年秋，法国中小学将开设"世俗道德教育"课程，强调向学生传递"共同价值观"，这体现出法国学校教育试图重返意义世界、复归价值引领的一种努力。

经过6个月的审查与听证，2013年4月22日，由历史学家阿兰·波尔古尼（Alain Bergounioux）、国策顾问雷米·施瓦茨（Remy Schwartz）、大学教授劳伦斯·罗埃菲尔（Laurence Loeffel）组成的工作小组向教育部部长樊尚·佩永（Vincent Peillon）呈交了《道德的世俗教育报告》（以下简称《报告》），对中小学生道德现状及存在的问题进行了分析，明确了道德的世俗教育原则、目标、导向及模式，提出了教学的内容与评价方法。该《报告》公布一周后，法国民调机构IFOP进行的问卷调查显示，91%的法国人"支持"这项计划，其中48%的人"非常支持"。佩永则表示："世俗道德教育是对能让我们在共和国中根据自由、平等、博爱之共同理念一起生活的规范和价值的认识与思考。它也应是让这些价值与规范获得实践的教学[1]。"2014年7月3日，法国课程高级委员会公布了"道德与公民教育计划"（Projet d'enseignement moral et civique）在小学和初中阶段的具体实施要求，12月18日公布了高中阶段的实施要求，计划于2015年秋季在法国中小学正式启动。

一、多元文化与价值观教育的迫切性

青少年是否缺乏价值观？这似乎是每个国家主流社会的成年人疑惑并且颇为忧虑的问题。青少年是敏锐、好奇、创新、无畏的代名词，青少年价值观的变迁是社会文化深层变迁的风向标。法国近年来受经济全球化和欧元区经济放缓的影响，经济增速趋缓、经济发展缺乏动力、固定资产投资下降、破产企业数增加、财政赤字大幅增长、人口老龄化严重、移民问题突出，潜伏着社会动荡的危险。2006年3月，学生和工会在全国范围内举行了大规模游行示威活动，要求政府撤销"首次雇佣合同法案"（CPE），法国大学生卷入骚乱，至少30万大学生走上街头抗议，对就业问题和个人前途的忧虑成为近年来法国学生运动的一个主题。

当下法国传统文化受到以美国文化为代表的外来文化的冲击。美国凭借其强大的经济实力和文化软实力掌控国际媒体，并按其价值观来制造国际舆论和决定话语权，美国所传递的文化观念也强烈冲击着法国的青少年。自 20 世纪 60 年代以来，美国文化以好莱坞电影、连续剧、牛仔裤、摇滚音乐、麦当劳快餐和迪士尼乐园等商业形式牢固占领法国市场，美国"文化帝国主义"无处不在，被法国媒体称为"新殖民化现象"。法国政府以"文化例外"为由，实行文化保护政策，在抗衡美国文化影响方面显得相当积极，认为自己是在为法国的价值与传统而战。

法国学者阿兰·图海纳（Alain Touraine）在谈到法国文化与世界他族文化遭遇的状况时指出："我们发现，出现在我们面前的文化与我们本身的文化完全不同，它们有表述这个世界和人类及生命的能力，它们的独创性使我们不能不钦佩，并激励我们认识它们，但它们并不能使我们与它们进行沟通，也就是说不能与它们生活在同一个社会里[2]。"图海纳的言论折射出法国社会对多元文化能否共存的疑虑和担忧，而在法国国内引发移民矛盾最深层的原因还是文化冲突，《查理周刊》恐怖袭击事件就是一个佐证。2015 年 1 月 7 日，法国政治讽刺漫画杂志《查理周刊》因为刊登了伊斯兰教先知穆罕默德的漫画形象，遭遇恐怖袭击，导致 12 人遇难。当时的法国总统奥朗德 1 月 17 日做出回应称，坚持维护"言论自由"和"世俗化"的法国价值观。法国前总统萨科齐也曾表示，法国尊重文化差异，但是来到法国的新移民必须让自己认可法国所崇尚的价值，这些关切的表达带有对失去文化同质性和国家认同感的焦虑之情。

对强势的美国文化，法国政府没有将其拒之门外，对穆斯林文化也没有将其扫地出门，而是探寻在一个民主法治国家内，如何使具有差异性、多样性的文化和平共处，使多元文化重叠于国家认同。法国正经历着经济与社会危机，同时也经历着认知与道德危机，处于一个权利与义务平衡断裂、个体与共同体关联瓦解的社会之中。从法兰西共和国所经历的失败中，有识之士认识到无法单靠利益上的革命来建立共和国，而需要相关意识的教育。"共和民主"需要指导与教育，需要传承共同价值观，只有它能保障个体自由与个人尊严的共存，并维护共同福祉所必需的个人美德。因此，促进青少年对不同文化的理解和尊重，对种族和宗教信仰有更深刻的认识，学会正确面对和处理社会分歧，塑造良好品德，成为合格公民，价值观教育在其中凸显其重要性与紧迫性。

二、世俗教育与价值观教育的合法性

法国的教育长期被教会严格掌控，直到 1881 年法兰西第三共和国时期通过了著名的《费里法案》，宣布世俗性为法国教育的根本特点之一。此后，神职人员不再担任教师，宗教内容从教材中被剔除。随着社会发展，"世俗性"逐渐延伸为"中立性"。所谓中立性，就是教育不受任何宗教信仰和政治倾向的控制。然而几百年来，在法国历史上，宗教与道德具有千丝万缕的联系，以至于它们之间的关联不可能是外在的和表面上的，要把它们彻底分开也绝非易事。从宗教教条中提取的道德价值，如诚实、节俭、守信、慷慨、爱国、忠诚、尊重公益、尊重生命，都受到不同程度的质疑。因此，法国传统学科教学对浸入道德和政治内容抱有抵触情绪，世俗教育更为关注真理的主导地位。有学者指出，学校的世俗化是一种"工具性的中立"，可以归结为缺乏价值与思想、只有工具性的智力教育[3]。人们发现，法国课程根本不含"道德"课程，这不仅与过去的课程相反，也与其他国家的课程规定有所不同。有学者认为，我们的冷漠和反智主义的症候，以及对"教育"和"民主"等到处都适用的概念的模糊，在学科课程中随处可见[4]。教育世俗化是一个从道德生活中排除宗教信仰的过程，也是道德理性化的过程，然而学校忽略了价值观的意义。此外，实证主义在法国的滥觞，也对价值观教育产生了冲击。实证主义对难以被科学证明的主观价值观和事实作了激进的二分,价值观可能因为时空差异而引致不同的判断和解释,因而被视为仅是情感的表达而非客观事实,而包含价值观在内的所有知识都被看作相对的、变化的、情境性的,确定价值观的基础性原则始终处于摇摆状态,从而否定了在学校中进行价值观教育的合法性。

综观法国青少年价值观教育,它形成了"一体两翼"结构,即以"价值观教育"为主体,以"公民教育"和"道德教育"为双翼。但双翼的发展是非均衡的,公民教育独大、道德教育缺失也一直困扰着法国学校教育。两个世纪以来,法国公民教育是一个相对持续稳定的系统,但也受到政治因素与社会气候变化的影响。法国学校公民教育一直试图对社会危机做出反应,而且这种教育一直被视为潜在的补救措施。第二次世界大战之后,道德教育因有倾向性,不符合中立性原则,逐渐被取消。1882年至1969年,在法国小学教育阶段还存在"道德教育"以及"公民训导"课程。1970年被取消,直至1985年才重新开设;初中阶段,1985年,开设了"历史、地理、公民教育";高中阶段一直没有传统意义上的公民教育,因此2000年在普通高中开设的"公民教育、法律与社会"、职业高中开设的"公民教育"课程被视为重要的革新发展举措。在法国学校公民教育中,其政治维度一直较为突出,公民教育的核心概念始终围绕着"公民资格",有学者甚至认为进行公民教育就是为政治恢复地位。在1948年5月10日的高中公民教育文件中,出现的就是"公民和政治教育"这样的用词,同时提出其他学科应该为公民教育提供支持。这种状况一直延续到20世纪70年代,法国社会开始对是否仍然采行"公民教育"产生怀疑。1978年以后,初中和高中都停止开设公民教育课程。1985年,公民教育再次复课,其目的是希望某些价值观得到回归。虽然近年来公民资格的内涵经历了"去政治化"(dépolisation de l'éducation civique)的过程,"公民教育"逐步向健康教育、性教育、环境教育、消费教育、安全教育等领域延伸,但是道德教育仍未引起足够的重视,对于道德教育在法国中小学中的缺席,有学者甚至将其称为共和国的"领土丧失"。

自20世纪70年代末期开始,一批欧洲社会学研究者着手进行欧洲人的大规模价值观体系普查,其目的有三重:首先,明确跨越欧洲国界的共同深层文化基础、国家间价值观的接近点与分歧所在;其次,了解价值观的历时性变化;最后,从政治学和社会学的角度对收集的数据进行分析。他们创立了"欧洲价值观体系研究组",后来被称为"欧洲价值观调查"(EVS)。在法国为了对数据进行深入研究,成立了"价值观体系研究会"(l'Association pour la recherché sur les systèmes de valeurs),聚集了数十位学者和一些专业舆论机构。法国将受访青年的年龄段确定在18岁至29岁之间,研究显示有四个因素影响共同责任的积极表达:较高的训导水平、宗教实践、政治兴趣以及对共同价值观的认同。受教育程度而非年龄对价值观形成起决定作用,也就是说受教育程度是青年价值观分化的一个关键变量,这一结论也为学校青少年价值观教育的合法性找到了证据。

三、世俗道德教育的回归

法国学校道德教育的回归之路可谓坎坷。《报告》采用的是"道德的世俗教育"(un enseignement laïque de la morale),而不是草案中的"世俗道德"(morale laïque),语词的微妙变化体现出官方对世俗道德的审慎态度。教育部长佩永进一步指出,世俗道德是对价值、原则和社会规范的反思,提倡宽容、合作、团结的价值观,这与法国"自由、平等、博爱"的思想相一致。《报告》强调的世俗道德并不是反宗教的,它是适用于所有人的道德,与个体信仰自由共存。同时,"世俗道德"也并非一种"国家道德",它反对教条主义的灌输,致力于培养学生道德判断与道德意识,其目标是自主性,《报告》构筑了世俗道德教育的基本框架[5]。

(一) 世俗道德教育的原则与目标

《报告》提出了开展世俗道德教育需要遵循的原则:需要共同计划的组织者和实施者;需要基于世俗性原则清晰确定所要传递的共同价值观;重申了教师传递共同价值观的合法性;强调与其他学校教育活动一样,自律是道德教育的前提条件;在教育中应尊重舆论自由与信仰多元原则,对学生及其家庭给予尊重。《报告》指出,法国正经历公民道德危机,整个社会与公权力机构都必须担当起相应的责任,教师处于社会危机的前线,身负向青少年传递"共同价值观"的义务。"共同价值观"对多元文化应具有普适性,对宗教信仰应具有包容性,它包含三个方面的维度:知识维度(价值观内容)、对"何种价值观"的追问(存在理由)以及对青少年如何践行价值观的引导。"共同价值观"具体包括:尊严、自由、平等(尤其是男女生之间的平等)、团结、世俗化、正义、尊重及杜绝任何形式的歧视。也就是1789年颁布的《人权宣言》以及1946年宪法序言[1]所提出的法兰西共和国的宪法价值观。世俗道德教育提出的教学目标包括:培养青少年逐步形成道德主体、道德判断和道德人格,即青少年通过探讨与评价能做出基本的道德判断;通过协商和讨论成为能够妥善处理与他人关系的道德主体;培养青少年重视合作、承担责任、参与实践,逐步形成完善的道德人格。倡导公共利益原则,明确个人与群体、道德与公民性、个体与公民之间的联系与区别。在法国特殊的历史文化语境中,道德—公民性(lemoral-lecivique)、个体—公民(lapersonne-lecitoyen)是对应的范畴,道德领域中个体是自主自立的,注重知识传递与价值引导合二为一;而公共领域则是公开辩论、观点交锋的场合,"公民性"是公民教育的核心,即培养合格公民应当掌握的政治知识和参与技能,公民应当具备整体观念,优先考虑共同利益。由此可见"道德教育"与"公民教育"的目标、旨趣有着明显的差异。

(二) 世俗道德教育的模式与测评

《报告》指出,世俗道德教育应围绕两大维度:以教学本身以及"班级生活"和"学校生活"来培养责任、平等、合作、团结等道德品质。学校将构建从小学1年级到高中3年级的世俗道德课程,对专门的课程时数与教材都有要求,不能与史地课相混淆。小学、初中每年36小时,平均每周1小时;普通高中、职业高中每年18小时。世俗道德教育制定相应的课程大纲,循序渐进开展,采用科学有效的测评工具,培养训练有素的教师。世俗道德教育并不是一门传统意义上的课程,学校不需要安排专门的道德教育课教师,所有的教师经过培训后都可以讲授这门课程。教育主管部门相信,"若没有评价与测验,就会像没有教学时数一样,使这项教学没有真实性"。故而,将在"初中毕业会考"(DNB)中加入这项考试,并在高三期间进行一次测评,采取开放式的评价方法,测评结果不一定采取分数制,同时在中等教育中也考虑参考普通高中的个人作业计划(TPE)方式,建立以道德问题为导向的跨学科教学模式。《报告》还指出,道德教育必须是集体计划,所有教师都应能单独或与其他科目教师合作开展教学,每个科目都应发挥其独特的作用。自2013年以来,法国师资与教育高等学校(ESPE)设立了两年培训课程,

---

1 法国在第二次世界大战后,于1946年10月制定了一部新宪法,史称"第四共和国宪法"。宪法序言仍以1789年人权宣言为基本内容,重申了1789年人权宣言中所阐明的个人和公民的各项权利和自由,并宣布了"当代特别必要的政治、经济和社会原则"。

对从事世俗道德教育的教师与相关人员进行培训。

（三）世俗道德的教学法

《报告》提出，教学中应强调赋权，充分调动学生的自主性和积极性，促进学生的反思进而以道德原则和价值观引导其行为。具体而言，在第一阶段（学前和小学），幼儿园时期是社会化的起点，幼儿应学会遵守共同生活的一般要求，如礼貌、分享、讲卫生、智力与体育锻炼，逐步学会合作并具备行为自我控制能力。要求幼儿形成基本的道德态度：理解自己与他人的关系、设身处地为他人着想、承担责任、合作、互相帮助、有能力优先做出利益及价值选择。小学开设"公民与道德训导"课程，强调源于生活本身的道德教育，引导学生讨论分析，合理表达自己的情绪和观点，做出适当的价值判断和选择。必须保证每周1小时的课程，学习材料应源于日常生活情境，譬如从日常媒体、文学读物、文件、图片、故事、电影等多样化材料中提取，扩大学生阅读面，通过阅读不仅能提高学生写作、语言表达能力，而且促使学生提高探究个人情感和思想之间内在联系的能力，为价值观教育创造适宜的条件。第二阶段（初中、高中），已有的公民教育方案应增加可形成道德判断的学习材料，丰富公民教育的伦理维度，以问题意识为导向，促进跨学科课程的开发。道德培养应将学校生活纳入教学机构的计划中，保证班级生活的时数，教师应当通过班级委员会了解学生的需求，同时实施"交叉实践课"和"个人帮助实践课"；学生通过直接参与学校和社会管理实践的方式，学会正确行使权利、履行义务。充分利用语言工具、阅读文本、呈现道德困境或参与项目等方式，使学生形成自己的道德判断。高中的世俗道德教育应积极引入"说理式的辩论"来组织教学，教师的作用从课堂讲授转变为引导学生独立思考，让学生明白为什么要讨论这些问题，让学生自己构建道德知识结构，通过良好的心理体验，获得情感认同，促进"共同价值观"的内化，使其具备价值评价和价值判断能力。

参考文献：

[1][法]文森特·佩朗.法国将于2015年增设中小学世俗道德教育课[N].世界报，2013-04-23(04).

[2][法]阿兰·图海纳.我们能否共同生存[M].狄玉明，李平沤，译.北京：商务印书馆，2003：13.

[3][4][法]路易·勒格朗.今日道德教育[M].王晓辉，译.北京：教育科学出版社，2009：56，122.

[5] BERGOUNIOUX A, LOEFFEL L, SCHWARTZ R." Pour un enseignement laïque de la morale"[R]. Paris: Rapport remis à Vincent Peillon, ministre de l'éducation nationale, 2013-04-22.

（作者上官莉娜系武汉大学政治与公共管理学院教授。）

澳大利亚学校价值观教育实效性评价实践

辛志勇,杜晓鹏,许晓晖

导读:20世纪90年代以来,澳大利亚社会各界十分重视价值观教育在学校的开展。在实施价值观教育时,他们十分重视学校价值观教育的实效性评价,将实效性评价看作学校价值观教育有效开展的关键环节。他们在评价目标、评价理论、评价标准、评价内容(指标体系)、评价途径和方法等方面都进行了长期而卓有成效的探索,取得了一些重要的经验和成果。

一、澳大利亚学校价值观教育实效性评价背景

1999年,澳大利亚通过了《21世纪学校教育国家目标》这一纲领性文件。该文件对学生完成学业时要达到的具体目标进行了详细的阐释,认为即将走出校门的学生首先要具有自信、乐观、高度自尊等品质,具有卓越的个人承担能力和责任意识,并以此作为他们成为未来家庭、社会、劳动大军成员等潜在生活角色的一个基础;其次,要具有对道德、伦理以及社会公正等问题进行判断和承担责任的能力。

为落实《21世纪学校教育国家目标》,澳大利亚联邦政府教育和科学训练部(DEST)在2003年开展了一项新的价值观教育研究项目,即《2003价值观教育研究项目》。作为一项联邦计划,该项目资助了包括公立和私立学校在内共计69所学校,记录了这些学校实施价值观教育的内容及其途径。项目研究结果表明,所有项目研究学校都用充足的信息和数据证明,价值观教育确实产生了大量积极效果。比如,价值观教育的开展改进了校园文化,促使学校在办学理念及教育实践中融入了一套核心价值观,增加了学生的责任意识、归属感以及与学校之间的积极联系,提高了学生的自主权并激发了年轻学生的公民参与意识,解决了一些暴力、反社会以及其他不良行为问题,强化了学生应对挫折的能力。价值观教育还成为解决青少年自杀和物质依赖等问题的一种有效途径。

2005年,澳大利亚政府教育和科学训练部对以上国家教育政策规划、项目研究成果进行了总结,并在此基础上结合社会各界的反馈意见,发起并通过了《澳大利亚学校价值观教育国家框架》(National Framework for Values Education in Australian Schools,NFVE,以下简称《框架》)[1]。《框架》以法定政策的形式将价值观教育提升至澳大利亚国家层面,要求政府在2004—2008年间积极在全国范围内推行。该框架提出了9项核心价值观教育内容,并对各项核心价值观的内涵进行了简要的阐释[2]。(见表1)

表1 《澳大利亚学校价值观教育国家框架》中确定的9项价值观及内涵

	价值观	内涵
1	关怀和同情	关心自己和他人
2	追求卓越	尝试完成一些值得和令人钦佩的事情,勤奋努力,尽力做到最好
3	公平	为了社会公正,要努力保护公共利益,公共利益面前人人平等
4	自由	公民享有所有的权利,免于不必要的干预和控制,支持他人的权利
5	诚实和信用	要诚实、真诚和忠于事实
6	正直	行动要符合道德伦理原则,确保言行一致
7	尊重他人	关心和尊重他人,并尊重其他人的观点
8	责任感	为自己的行为负责,用建设性、和平非暴力的方法解决分歧,为社会和公众生活做出贡献,关心环境
9	理解、宽容和包容	了解其他人以及他们的文化,接受文化多样性

为积极支持《框架》的实施,深入了解《框架》实施的效果,澳大利亚政府提供了为期4年(2004—2008)近3000万美元的资金支持。《框架》实施过程中涉及价值观教育效果评价的项目主要有以下两项[3]:(1)价值观教育良好实践学校项目(Values Education Good Practice Schools Project,简称VEGPSP);(2)价值观教育对学生和学校氛围影响效果的测量项目(Project to Test and Measure the Impact of Values Education on Student Effects and School Ambience,简称T&M)。这两个项目的根本目的是收集经验证据和测量证据,来验证高质量价值观教育对所有类型学生,包括其学业进步在内的整体性发展产生的影响。"价值观教育良好实践学校项目"(VEGPSP)在2005—2008年间分两阶段进行,第一阶段于2006年结束,第二阶段的工作在认真总结第一阶段的基础上启动。两阶段共有51类316所学校(包括公立学校和宗教学校)被选择进入研究项目,每一类学校负责一项在国家价值观教育框架中倡导的具有广泛意义的价值观教育任务。价值观教育对学生和学校氛围影响效果的测量项目(T&M)也在VEGPSP的第二阶段同时进行并完成。VEGPSP两个阶段各形成一份研究报告,它们与T&M研究报告共同形成了三份非常重要的澳大利亚价值观教育执行情况评估报告。

二、澳大利亚学校价值观教育实效性评价的必要性和目标

澳大利亚政府所推动的学校价值观教育国家框架影响广泛,人力、物力与财力投入巨大。事实上,社会及学术领域也存在对价值观教育效果质疑的声音。因为在以往的相关研究中,并没有足够多的研究项目聚焦价值观教育的实效性及评价问题。英国著名价值观教育研究者霍尔斯特德(Halstead)和泰勒(Taylor)在其著作中曾对这一现象进行过综合性的评价,认为在以往有关价值观教育研究项目中,仅仅有很小比例的研究聚焦学校实践和项目实效性的考察[4]。莱姆(Leming)则进一步认为,那些涉及实效性评价的研究项目不仅比例很小,而且存在大量局限。比如,大多数项目仅仅在小学阶段实施,而且很少有研究应用到多个课堂中。莱姆还对一些研究者所宣称的"价值观学习与学生行为改变之间存在因果关系"的武断结论感到不满,认为在两者之间建立任何关系都需要特别谨慎[5]。对《框架》实施效果进行评估和检验,回应外界存在的一些质疑,对价值观教育的实效性进行评价无疑是非常必要的。

当然,无论是良好实践学校项目还是专门的效果评价项目,其核心目标都是试图评估《框架》所设置的价值观教育目标能否实现以及实现的程度。具体到受教育者层面,评估的目标是要考查青少年学生在人格品质、公民意识、伦理判断、价值行为以及学业成就等方面是否发生了实

质性的变化,进而判断青少年学生是否有潜力成为适应全球化发展的合格公民。对作为价值观教育实施主体的教师和学校而言,评估目标则侧重于考查教师在认识及能力技能方面的变化,以及学校风气和氛围等环境因素的改变状况及对学生的影响程度。

三、澳大利亚学校价值观教育实效性评价标准

在评估《2003 价值观教育研究项目》研究成果以及组织相关专家进行多次研讨的基础上,DEST 首先提出了一份价值观教育评价标准草案,并委托其合作方澳大利亚联邦社会和环境研究协会(简称 AFSSSE)对草案拟定标准及相关问题在教师群体中进行了抽样问卷调查,以评价这些标准的适切性,并根据教师的反馈意见对草案标准进行了进一步的修订[6]。最终,写入《框架》中的有效价值观教育评价标准共有 8 条[7]。由表 2 可知,8 项有效价值观教育评价标准既包含对受教育者价值认知、价值实践方面的要求,也包含对教师、学校、家庭、社区等相关教育实施主体的要求。

表 2 《澳大利亚学校价值观教育国家框架》中确立的 8 项有效价值观教育评价标准

	标准内容
1	是否有助于受教育者理解并践行所倡导的核心价值观
2	是否有助于促进澳大利亚人的民主生活方式并接纳多元化的价值观
3	是否在学校情境中清晰明确地表达出了这些核心价值观,并将这些价值观应用于学校实践
4	是否促使师生员工、家庭、学校和社区形成合作伙伴关系,并使这种合作成为对学生进行全面教育方法中的一部分,从而使学生的责任感得到锻炼和加强,拓展了学生的发展空间
5	是否建立了一个安全可持续的学校环境。在这一环境中,学生被鼓励探索他们自己的、学校的以及他们所处社区的价值观
6	是否有助于被资助接受培训的教师采用不同的价值观教育模型和方法策略
7	所提供的课程是否能够满足学生的个性化需求
8	是否通过定期例行的教育途径和方法,检查价值观教育是否实现了预期的目标

四、澳大利亚学校价值观教育实效性评价的具体指标体系

(一)价值观教育实效性评价指标体系的理论探讨

尽管《框架》制定了明确的价值观教育实效性评价标准,但要落实到具体的评价实践,仍然需要将标准细化,确定更具操作性的评价指标体系。事实上,关于制定什么样的评价指标体系,在澳大利亚曾经进行过一些较为深入的理论探讨,主要观点有以下三个方面:

1. 价值观教育是一种有利于学生全面发展的教育,评价指标也应具有全面性。

在价值观教育研究和实践领域,存在一种普遍性的认识,即认为价值观教育是一种特定专门领域的教育——学生道德伦理发展教育,教育效果的好与坏也仅仅与这一专门领域有关。但在洛瓦特(Lovat)[8]和布朗(Brown)[9]等人看来,这种观点是错误的。价值观教育是一种超越具体情境、具体领域的整体教学法(holistic pedagogy),它会对学生的全面发展产生积极影响,而不仅仅是道德伦理方面的进步。具体而言,高质量的价值观教育会对所有类型学生的所有方面,包括学业进步在内的全面发展(智力的、社会的、情感的、道德的和精神的全面发展)

都产生积极的影响。同时，价值观教育对教师、学校风气和学校氛围也会产生深刻的影响。

因此，价值观教育的实效性评价指标就应具有全面性。既应关注对学生成长发展的影响，也应关注对教师成长发展的影响；既应关注对学生伦理道德素养的影响，也应关注对学生学业成就的影响；既应关注对学生目前的发展状况的影响，也应关注对学生未来成长和发展潜力的影响；既应关注对整个学校氛围和环境的影响，也应关注学校对所处社区的辐射作用；既应关注单个因素的发展变化，也应关注因素之间的相互影响，尤其是学校氛围和环境因素的调节性作用。

2. 价值观教育实效性评价应关注三方面知识——头脑中的知识、心里的知识和手中的知识。

就受教育者来讲，许多研究者[10]认为，价值观教育的有效性不仅仅体现为学生是否掌握了相关的价值观知识，还体现为学生是否提高了对所学价值观的认识，是否形成了相应的价值情感和态度，是否具备了践行相应价值观的坚定意志和能力。如保罗（Paul）认为，价值观的形成是知识（knowledge）、领悟（insights）、技能（skills）三个部分组成的过程[11]。希尔（Hill）则用认知的（cognitive）、情感的（affective）和意志的（volitional）来表述相近的价值学习过程[12]。格里森（Gleeson）最早提出了价值观学习中的头脑、心和手的问题[13]。在吸收以往研究者观点的基础上，洛瓦特（Lovat）、图米（Toomey）、克莱门特（Clement）等[14]确定了价值观教育内化过程的三个要素：第一个要素是成为"价值观的了解者"（values literate）或具有有关价值观的"头脑中的知识"（head knowledge）；第二个要素是具有有关价值观的"心里的知识"（heart knowledge），即要能够运用自己所习得的价值观进行思考判断；最后一个要素与价值行动有关，可称之为"手中的知识"（hand knowledge）。根据这一观点，价值观教育的实效性评价就要看受教育者对所受教育的价值观是否入脑，是否走心，是否能将其转化为自觉的价值行动。

3. 自觉价值行为应是价值观教育实效性评价的核心指标。

尽管近年来包含价值认知、价值情感、价值态度和价值行为的综合性评价的思想和实践越来越占据主导地位，绝大多数研究者和实践者也都坚持知行统一的观点，但也有学者持不同看法，在他们看来，表现出符合核心价值观的价值行为才是价值观教育的根本性目标。因此，在评价中应高度重视自觉价值行为。澳大利亚学者克里斯蒂安（Christian）[15]认为，当一个学生在某些地方（或场所）完全有机会做出不同行为时，这个学生却做出了符合核心价值观的行为，这就证明了价值观教育是有效的。澳大利亚有研究者[16]就价值观教育评价问题对教师进行过访谈。有教师认为，当学生按他们认为老师想要看到的或想要听到的来表现时，或希望老师给他们一个高分数（好的等级）时，价值观教育结果就不可能被明确地、真实地、可靠地进行评价。因为学生也会像成年人一样，能说一件事情而做另一件事情，或相信一件事情而做另一件事情。因此，单纯价值认知层面的评价可能效果并不理想。有其他西方学者[17]也持类似观点，认为"对道德和价值观的发展进步的判断应该基于学习者的行为表现，而不仅仅是他们说了些什么"。

（二）价值观教育实效性评价的具体指标

澳大利亚价值观教育实效性评价的具体指标主要体现在 VEGPSP 和 T&M 这两个项目的研究结果中。VEGPSP 项目主要收集的是质性数据，而 T&M 项目则提供了许多价值观教育实效性评价的量化数据[18]。

在 VEGPSP 项目的实施过程中，先后涌现出许多优秀价值观教育案例学校。研究者对这些学校的经验进行总结和分析，提出了良好价值观教育实践学校的六项评价指标[19]：（1）是否导致课堂中教师职业实践模式发生了变化，尤其是教师与学生沟通方法方面的变化；（2）是否形成了平静的和更为聚焦的课堂活动；（3）是否能够使学生成为更好的自我管理者；（4）是否能够帮助学生形成更强的自我反思的能力；（5）是否提高了教师的自我效能感和职业满意度；（6）是否在学生之间以及师生之间形成了非常积极的关系。

T&M 项目则主要从学校氛围与学校环境、学生、教师三个层面提出了一些具体的可量化的评价指标[20]。（见表3）

1. 学校氛围与学校环境层面的评价指标

由于将价值观教育看作一种整体性教学法，澳大利亚特别重视那些能够对学生学习动机和学业进步产生积极影响的调节性因素，比如是否形成了更安全和更富关怀性的校园环境和氛围，这些因素的存在被认为会大大优化学生的学习环境。戴维斯（Davis）认为，这些调节性因素可概括为：良好师生关系的建立、同伴讨论与合作学习的形成、课堂及学校中的积极人际互动等几个方面[21]。具体指标如表3所示。研究表明，价值观教育促进了学习环境的改善，而学习环境的改善又有助于"高质量学习的发生"及良好行为习惯的养成。

2. 学生层面的评价指标

具体到学生变化的层面，布洛克（Brock）等认为，如学生的自我控制能力是否提高，学生的社会技能（如合作、责任及对他人称赞与肯定等）是否表现出显著的改善等，都是重要的评价指标[22]。洛瓦特（Lovat）等则强调了通过学业承诺、所有一般行为和责任行为等方面的积极变化来评价价值观教育的实效性[23]。综合学生层面的具体评价指标可见表3。

表3 澳大利亚学校价值观教育实效性评价具体指标体系（T&M）

	指标类别	主要具体指标
1	学校氛围与学校环境层面	（1）学校师生员工文明礼貌水平普遍提高；（2）良好师生关系的建立；（3）友好互助、平等尊重的同学关系的形成；（4）同伴讨论与合作学习氛围的形成；（5）平静且较少冲突的校园环境
2	学生层面	（1）自我认识和自我反思的能力是否提高；（2）学生的自我控制、自我管理、独立能力是否提高；（3）是否勤奋专注地投入学习和工作（对学业承诺增强）；（4）学生的社会技能（如合作、责任及对他人称赞与肯定等）是否表现出显著的改善；（5）学生之间的互动、沟通、合作关系是否有显著改善；（6）自身学业以及服务于班级和学校事务中的责任感和自豪感是否增强
3	教师层面	（1）提供了激发教师进行深入自我反思的机会。加深了教师对自己角色的理解，激发了教师的工作潜力，促使教师不断丰富和完善自己的教学技能，提高了教师的自我效能感；（2）下放日常事务且由学生控制和管理，提高了学生的自我效能感，增强了学生学习的内在动机，激发学生更多独立自主的、高质量且追求完美的学习热情；（3）教师是否为班级气氛带来积极的变化，对学生的亲社会态度和行为、学习任务的承诺带来积极影响

3. 教师层面的评价指标

价值观教育对教师起到的显著作用被诸多事实和数据所证明，所罗门（Solomon）和霍克（Hawkes）等人分析认为，这突出体现为教师肩负着有效执行和积极推进价值观教育的重要责任，这一责任会促使他们进一步反思自己的角色，提高自己的职业素养，增强自己的职业效能感。而这些变化最终会带来班级氛围的积极改变，对学生的亲社会态度和行为、学习任务的承诺也都会产生积极的影响[24][25]。综合教师层面的具体评价指标可见表3。

五、澳大利亚学校价值观教育实效性评价的途径和方法

澳大利亚价值观教育研究者将价值观教育看作一种有利于整体发展、全面发展的有效教学

法，关注的是价值观教育对学校氛围、学校环境及学生和教师的全方位影响。因此，价值观教育实效性评价的途径和方法是为了获取多层面的教育效果信息。基于这样的目标，实效性评价途径和方法的选择与采用也具有很大的包容性和多元性。在洛瓦特（Lovat）等学者看来，他们评价价值观教育有效性采用的是一种混合式的方法途径[26]：量性数据和质性数据同时收集，量性研究结果和质性研究结果交互验证。量性数据通过成绩记录、问卷测查和实验设计（前测、中测、后测）等方法获得，质性数据则通过访谈、观察记录、个案研究等方法获得。采用两种数据信息描述一个现象的不同方面，大大提高了对研究发现的解释效度。

六、对我国的启示

澳大利亚学校价值观教育实效性评价的理论和实践对我国学校价值观教育的有效开展具有以下启示。

（一）评价是有效开展价值观教育实践的重要组成部分，应受到高度重视

从澳大利亚学校价值观教育实践的历程看，尽管经历了不同的阶段，每个阶段的宗旨和内容也不尽相同，但每个阶段都十分重视教育效果的评价问题，在项目或政策中都将价值观教育效果的评价作为一项重要内容。包括澳大利亚学者在内的西方价值观教育研究者普遍认为，评价是价值观教育活动必不可少的重要环节，它肩负导向、反馈、激励、监督、咨询和建议等多种功能，只有通过评价才能知晓教育活动是否按计划进行，教育努力是否达到了预定的教育目标以及达到的程度。澳大利亚的教育经验启示我们，在政策制定、项目设立、理论研究、价值观教育的具体实践中，都应充分认识到价值观教育实效性评价的重要性，使评价的思想贯穿于价值观教育的研究和实践全过程之中。

（二）有效价值观教育评价标准主要强调学校和教师的责任，但也重视受教育者的主动性

在澳大利亚政府所制定的《框架》中，有效价值观教育共有8条评价标准，8条标准中绝大多数标准都涉及学校在价值观教育中的职责，另有4条标准与教师有关。虽然也有一些标准涉及受教育者群体，个别标准还涉及家庭以及学校所处社区肩负的责任，但总体来看，澳大利亚所制定的有效价值观教育评价标准，重点是要强化学校的责任、教师的责任以及教师的能力建设，这对目前我国积极开展的学校核心价值观教育活动具有启示意义。

（三）有效的价值观教育不仅要使受教育者了解价值观知识，更要让受教育者将其内化于心外化于行

澳大利亚学者将价值观习得分为头脑中的知识、心里的知识、手上的知识三个阶段或三种水平，这对我们的价值观教育实践及实效性评价实践都具有重要的启示意义。通俗来讲，头脑中的知识是指受教育者要知晓、了解核心价值观的内容，但未必认同这些知识或真正掌握这些知识；心里的知识则是指要将核心价值观内容真正内化且对其有高度的认同，但内化和高度认同并不一定会付诸行动；手上的知识是指要将核心价值观应用于实际或在实践中表现出符合核心价值观的行为，这才是价值观教育的根本目标，也是价值观教育实效性的终极体现。

（四）价值观教育是一种有效的全面性教学法，价值观教育实效性评价也应具有全面性

在澳大利亚价值观教育研究者和政策制定者看来，核心价值观要明确清晰地表达出来，要融入整个学校的办学使命和发展理念，要将价值观教育当作一种整体性或全面性的教学法来看待。显然，这样的制度安排已使得价值观教育远远超越了单纯的道德伦理课程教育范畴，而具有了影响学校全局的特点。因此，要评价价值观教育实施的有效性，不应仅仅考查学生道德伦理品质、道德行为方面发生了什么变化，还应对学校氛围、学校人际环境的变化，以及学生和教师的全方位变化进行全面系统的考查。

（五）价值观教育的实效性评价要充分利用量性和质性两种研究方法，实现评价结果的交互验证

在澳大利亚价值观教育研究者看来，要收集价值观教育有效性的全方位的数据信息，不是某一种特定研究范式所能完全解决的。因为价值观教育的有效性既体现为受教育者认知、态度、情感、自觉价值行为等不同层面的变化，还体现为教师、学校等相关主体做出的各种改变，数据来源的复杂性决定了仅采用某种特定的范式必然会有局限性。另外，更为重要的是，价值观教育的有效性需要多途径的数据资料之间交互验证，这对我国的价值观教育实效性评价工作也具有启示意义。

参考文献：

[1][2][7][19] DEST.Australia: National Framework for Values Education in Australian Schools[EB/OL].(2005-02-10)[2016-09-10]. http://www.curriculum.edu.au/values/val_national_framework_nine_values,14515.html.

[3][8][18][20][23][26] LOVAT T, CLEMENT N, DALLY K, TOOMEY R. Values education as holistic development for all sectors: researching for effective pedagogy[J].Oxford Review of Education, 2010(6): 713-729.

[4] HALSTEAD J M, TAYLOR M J. Learning and teaching about values: a review of recent research[J]. Cambridge Journal of Education, 2000(2): 169-202.

[5] LEMING J S. In search of effective character education[J]. Educational Leadership, 1993(3): 63-71.

[6][16] DEST. Values Education Study[M].Canberra: Curriculum Corporation, 2003: 42-61.

[9] BROWN D H. The national initiative in values education for Australian schooling. in: Aspin D N & Chapman J D. Values education and lifelong learning: Principles, policies, programmes[M]. Dordrecht: Springer Verlag, 2007: 211-237.

[10][15] CHRISTIAN B J. Using assessment tasks to develop a greater sense of values literacy in pre-service teachers[J].Australian Journal of Teacher Education, 2014(2): 23-24.

[11] PAUL R W. Ethics without indoctrination[J].Educational leadership, 1988(8): 10-19.

[12] HILL B V. Values education in Australian schools[C]. Hawthorn: The Australian Council for Educational Research, 1991: 23-25.

[13] GLEESON N. Roots and wings: values and freedom for our young people today[C].

Brisbane: Education and The Care of Youth into The 21st Century Conference, 1991: 59-68.

[14] LOVAT T, TOOMEY R, CLEMENT N, CROTTY R, NIELSEN T. Australia: Values education, quality teaching and service learning: a troika for effective teaching and teacher education [EB/OL]. (2009-01-15)[2016-09-10]. https://www.researchgate.net/publication/260640127_Values_education_quality_teaching_and_service_learning_a_troika_for_effective_teaching_and_teacher_education.

[17] NIER. Education for humanistic, ethical/moral and cultural values [C]. Tokyo: National Instituion for Educational Research, 1991: 91-95.

[21] DAVIS H A. Exploring the contexts of relationship quality between middle school students and teachers [J]. The Elementary School Journal, 2006(3): 193-223.

[22] BROCK L L, NISHIDA T K, CHIONG C, GRIMM K J, RIMM-KAUFMAN S E. Children's perceptions of the classroom environment and social and academic performance: a longitudinal analysis of the contribution of the responsive classroom approach [J]. Journal of School Psychology, 2008(46): 129-149.

[24] SOLOMON D, BATTISTICH V, WATSON M, SCHAAPS E, LEWIS C. A six-district study of educational change: direct and mediated effects of the child development project [J]. Social Psychology of Education, 2000(1): 3-51.

[25] HAWKES N. Does teaching values improve the quality of education in primary schools? a study about the impact of introducing values education in primary school [M]. DPhil: University of Oxford Press, 2005: 25.

（作者辛志勇系中央财经大学社会发展学院心理学系副教授，博士； 杜晓鹏系中央财经大学社会发展学院心理学系硕士研究生； 许晓晖系首都师范大学学前教育学院副教授，博士。）

第二章 爱国主义与道德教育新探索

21世纪俄罗斯推进公民爱国主义教育发展特点研究

徐娜，肖甦

导读：21世纪以来，俄罗斯已经连续颁布4个公民爱国主义教育的五年规划，重建并持续完善国家爱国主义教育新体系。俄罗斯从政策纲领到全民行动，具有传统价值观和时代特色的爱国主义教育从顶层设计逐步落实到公民的日常生活。多层次、多形式的爱国主义教育活动在俄罗斯全国范围内广泛开展，不仅使纪念卫国战争胜利、崇尚英雄主义、关爱老战士的传统得以弘扬，而且也成为集聚社会正能量、加强民族团结、推动经济发展、振兴俄罗斯民族精神的重要动力。

俄罗斯是一个多宗教、多民族并存的国家，在任何历史阶段，爱国主义教育对维护民族团结和社会稳定都发挥着至关重要的作用。苏联解体后，俄罗斯陷入各种思想意识斗争的旋涡，爱国主义精神的影响力急剧降低，公民对政府普遍不信任，民族矛盾尖锐。进入21世纪后，普京就任总统以来，俄罗斯重扬爱国主义的旗帜，政府连续颁布公民爱国主义教育规划，初步建立了符合时代特色的国家爱国主义教育新体系，将爱国主义教育逐渐提升为重要的国家战略之一。2015年底，俄罗斯颁布了《俄罗斯联邦公民爱国主义教育（2016-2020年）》，标志着俄罗斯爱国主义教育迈进第四个"五年计划"。俄罗斯政府通过开展丰富多彩、富有成效的全国性活动将爱国主义教育从政策文件落实到公民的日常生活之中，提升了公民的国家认同感。

一、将爱国主义视为俄罗斯国家思想的核心

苏联时期，俄罗斯形成了一套完整的、基于社会主义制度之上的爱国主义教育系统，在当时两极对立的世界体系中，将人民紧密团结起来。苏联的解体一度让爱国主义教育的发展陷入倒退，混乱的思想意识斗争、人民对政府的轻视、严峻的民族分裂危机让恢复爱国主义教育成了亟待解决的问题。普京执政后，俄罗斯重拾爱国主义教育，政府期望以最朴素、最深沉的情感，重新凝聚各民族、各阶层人民的精神力量。

2000年，普京在初任俄罗斯总统时就提出了"俄罗斯新思想"，对爱国主义赋予了非常重要的意义："爱国主义是一种为自己国家的历史感到自豪的情感，寄托着让国家变得更美好、更富足、更强大的心愿，丧失爱国主义精神，就丧失了民族自豪感和尊严，丧失了再创民族伟大成就的能力[1]。"普京在同年的国情咨文中再次强调："我确信，不能就共同目标达成一致的意见，就不可能有社会的发展。这些目标不仅仅是物质方面的，也包含了精神和道德方面的。我们人民所固有的爱国主义、文化传统、共同的历史记忆加固了俄罗斯的团结[2]。"在普京看来，爱国主义不仅仅是一种简单的价值选择，它也是俄罗斯公民自我意识的重要组成部分，更是俄

罗斯宝贵的民族文化遗产。

2012年,为进一步团结广泛的支持者,维持国内的安定和谐,重掌帅印的普京提出:"我们必须为未来奠定坚实基础,而这个基础就是爱国主义[3]。"他提出,只有爱国主义才能包容社会中各种不同的价值观和政治立场,"在宪法中没有确保任何政治势力独大的条款,但我们需要找到某个能团结整个多民族的俄罗斯因素。我认为,除了爱国主义之外,没有任何东西能够做到[4]"。2014年,随着国际石油价格大幅度下跌,俄罗斯经济再一次陷入衰退,其面临的国际问题也急剧恶化,因乌克兰危机引发的俄罗斯与西方国家之间的对立,更导致俄罗斯与西方的关系陷入冷战后最严重的危机。此时,强化爱国主义教育,提高公民为民族和国家利益服务的意识,成为俄罗斯应对国际风云变幻的重要战略武器。

2016年,普京直接将爱国主义称为"国家思想"。2月在与俄罗斯创新企业家会面时,普京谈道:"我们想不出其他理念,也不必绞尽脑汁。除了爱国主义之外,我们没有、也不能有任何其他的统一思想。……这便是国家思想,它并未被意识形态化,也与任何党派的具体活动无关,它事关整体凝聚力。倘若我们希望生活过得更好,便要提升国家对所有公民的吸引力[5]。"国内外局势的动荡不安需要俄罗斯民众团结一致、共克艰难,爱国主义就成为能够凝聚不同年龄、不同派别、不同民族、不同宗教群体的"黏合剂"。俄政府期望通过重扬爱国主义精神提振士气,增强民众克服危机的信心,维护社会的稳定。

二、建构新时期俄罗斯公民爱国主义教育国家体系

俄罗斯联邦政府是公民爱国主义教育的主要推动者,政府主导着爱国主义教育政策的制定,并组建了从中央到地方的爱国主义教育执行机构,策划并实施了爱国主义教育活动,从财力、人力和物力等方面保障爱国主义教育的持续发展。

(一)四个五年规划持续打造公民爱国主义教育体系

进入21世纪后,俄联邦政府连续颁布了4个公民爱国主义教育政策纲要。2001年颁布的《俄罗斯联邦公民爱国主义教育(2001-2005年)》提出,以"重建爱国主义教育体系为起点,促使公民形成爱国意识和对祖国的忠诚,保持社会和经济的稳定,巩固俄罗斯联邦人民的团结和友谊[6],"这主要是为了应对当时苏联解体导致的经济崩溃、社会分化对公民思想所造成的负面影响,尽可能消除俄罗斯民众心中普遍存在的冷漠、自私、极端个人主义的观念,重新唤起民众对政府的尊重和信任。

2006年颁布的《俄罗斯联邦公民爱国主义教育(2006-2010年)》将目标集中在完善爱国主义教育的制度和体系方面,强调制定爱国主义教育法律,加强教育理论和方法论的研究,设立"联邦—区域—市级"三级爱国主义教育执行机构,发展民间爱国主义教育社会团体,细化爱国主义教育的质量监测指标[7]。2010年颁布的《俄罗斯联邦公民爱国主义教育(2011-2015年)》则将改进爱国主义教育的实施方法作为主要任务,强调适当恢复有效的爱国主义教育的传统方式,并积极利用现代化信息技术,提高爱国主义教育对青年群体的吸引力,提升爱国主义教育的科学性,加强对爱国主义教育从业人员的培训力度。这4个连续的"五年规划"横跨20年,在国家制度层面上逐步搭建起新世纪俄罗斯公民爱国主义教育体系,保障了爱国主义教育政策的连贯性和针对性。

（二）现行纲要凸显爱国主义教育的全民性

2016年颁布的《俄罗斯联邦公民爱国主义教育（2016—2020年）》凸显了实施爱国主义教育的"全民性"特征，主要体现在以下三个方面。

1. 受教育者的全程性。文件规定爱国主义教育要面向所有年龄段群体，并首次按照人的年龄，将爱国主义教育分为六个阶段：0~6岁阶段，爱国主义教育的主要任务是通过营造传统文化的环境，使儿童形成对故乡和祖国正确的认识；7~10岁阶段，爱国主义教育主要通过丰富多样的课内外活动培养儿童对俄罗斯历史、地理、文化的了解；11~17岁阶段，爱国主义教育的目标是培养青少年积极的公民态度，深化青少年对俄罗斯社会、经济和政治制度的理解和认识；18~24岁阶段，爱国主义教育的主要目标是鼓励青年参与俄罗斯社会、经济、环境、文化政策的制定过程，培养其参政议政的能力；25~59岁阶段，爱国主义教育的任务是促进公民参与全球、本国、本区域的政治经济发展，并提升公民自愿服兵役的愿望；60岁及以上阶段，爱国主义教育的主要目标是增加老一辈与青年一代的沟通交流，强化代际之间的联系。爱国主义教育在不同年龄阶段被赋予适切的教育内容和形式，进一步增强了教育的针对性和实效性。

2. 内容整合的全面性。文件将爱国主义教育内容明确划分为公民、军事、历史、社会、文化、体育等6个方面，并详细规定了不同内容的教育目标和任务。公民爱国主义教育旨在提升公民权利与义务的意识，强化国家价值观念；军事爱国主义教育旨在增强公民的国防意识，提高公民服兵役的积极性；历史爱国主义教育旨在提高公民对俄罗斯历史的理解和自豪感；社会爱国主义教育旨在增强社会代际之间、阶层之间的互动和交流，增进社会团结；文化爱国主义教育旨在提升公民对传统文化的热爱，传承传统文化中的民族精神；体育爱国主义教育旨在通过发展大众体育运动强化公民的身体素质，增强公民保卫国家的信心和能力。

3. 社会生活的覆盖性。文件强调爱国主义教育不仅应该体现在青年保家卫国的服兵役方面，更要将爱国主义教育延伸至民众生活中，通过各类主题活动寻找日常生活与爱国主义教育的结合点，营造热爱祖国的社会氛围。为了进一步扩大爱国主义教育的覆盖范围，文件特别提出实施爱国主义教育要保持灵活性和创造性，遵循区域性原则，促进公民积极服务所在的城市、乡村和社区发展，通过日常生活培养公民热爱祖国的真情实感。

现行的《俄罗斯联邦公民爱国主义教育（2016—2020年）》将爱国主义教育视为持续一生的教育过程，在遵循教育和认知规律的基础上，将爱国主义的知识、情感、信念和行动由浅入深、循序渐进地贯穿于公民的各个人生阶段之中。同时力图将爱国主义教育融入各领域，以广泛的教育资源为爱国主义教育注入活力，在此基础上调动各年龄段、各社会阶层的民众参与爱国主义教育活动，营造热爱祖国、团结统一的社会氛围。

（三）官方和民间机构合力开展爱国主义教育活动

俄罗斯联邦教育部、俄罗斯青年事务局、俄罗斯爱国主义中心等政府机构是爱国主义教育活动的官方主导者，它们推动着爱国主义教育通过"联邦—区域—市级"三级执行机构层层落实。除官方机构外，俄罗斯目前还有2.2万个爱国主义教育社会团体，近些年民间的爱国主义教育组织愈加活跃。例如，"胜利志愿者"（Волонтеры Победы）专注于爱国主义教育活动的服务工作，志愿者们的身影活跃在照顾退伍士兵、纪念卫国战争、修缮纪念场所、组织军事历史竞赛等众多活动中，发挥了爱国主义教育先锋队的作用，为俄罗斯爱国主义教育活动增添了个性化、人性化的特点。政府官方与民间机构通力合作，共同推进爱国主义教育发展，保障了全俄范围内爱国主义教育活动在具体操作层面的顺利实施。

三、在全俄范围内开展多层次、多形式的公民爱国主义教育活动

在爱国主义教育纲要的规划和实施中，公民广泛参与全俄大型教育活动逐渐成为落实爱国主义教育政策的重要方式。从内容上来看，全俄大型爱国主义教育活动主要包含三类，即引导公民参与故乡和国家发展、纪念伟大的卫国战争胜利和开展英雄主义教育、关爱老战士的活动。

（一）关心并服务故乡发展

对国家的爱始于对故乡的关心和热爱，它所激发的朴素情感将成为爱国的原始动力。因此，俄联邦政府组织了一系列全俄比赛，引导民众了解故乡，参与故乡的发展。"我的祖国——我的俄罗斯"（Моя страна – моя Россия）是设立时间最长、影响范围最广的全俄爱国主义教育比赛。该活动自2003年启动，旨在吸引14岁至25岁的青少年参与俄罗斯地区、城市和乡村发展进程。15年来，共有将近6万人参加了该比赛，形成了7000多个发展方案[8]。该比赛分为"我的母语""我的职业""我的发明创造""我的俄罗斯金环"等模块，青少年在提出活动方案的过程中综合运用了俄罗斯民族、历史、文化、宗教等方面的知识，并通过比赛加深了对民族精神的理解，增强了民族认同感。

又如，全俄罗斯青年论坛"故乡之城"（Всероссийский молодежны форум «Родные города»）聚焦于城市发展，每年邀请18岁至30岁的学生和年轻的建筑师、设计师、品牌经理、互联网技术专家等为故乡城市的空间发展、功能完善提供策划方案。专注于农村发展的全俄青年创意比赛"我的小家园"（Всероссийский конкурс творческих работ «Моя малая Родина»），2010年由俄罗斯农村青年联合会与农业部合作举办，旨在保护农村的民俗民风和传统手工艺。比赛的主题包括"我们村庄的历史""农民家谱""农村传统工艺品""村庄的未来"等。8年来，已有1万多名参赛者通过该项比赛向全国宣传了自己生活的村庄，为乡村发展提供建设方案[9]。再如，面向全俄中小学生的旅行设计活动"我所了解的俄罗斯"（Всероссиская туристско-краеведческая экспедиция «Я познаю Россию»），要求孩子们设计一条包含故乡英雄纪念碑、纪念馆、战争遗迹、历史遗产、文化景观等在内的远足路线。这项活动不仅融合了体育和美育，而且也让孩子们第一次近距离去了解自己居住地的历史文化。

（二）纪念伟大的卫国战争胜利

对于俄罗斯来说，卫国战争的胜利不仅仅意味着反击德国侵略者获得了胜利，它更是人民捍卫国家主权坚定信念的象征。卫国战争中苏联军民展现出的强大爱国精神至今仍令民众引以为傲，因此对卫国战争胜利的纪念是俄罗斯每年最为重要的爱国主义教育活动。卫国战争胜利日（5月9日）被俄罗斯人视为全民节日，俄罗斯各个英雄城市都会举行盛大的阅兵仪式，曾经参战的老兵身着戎装在这一天聚会、游行。不仅在胜利日这一天，俄罗斯全年都有对卫国战争胜利的纪念活动。

例如，全民"佩戴圣乔治丝带"活动（Георгиевская ленточка）。"圣乔治丝带"是俄罗斯为纪念卫国战争胜利而创造的一种丝带。黑色和橙色相间的丝带象征着团结、勇敢和牺牲精神，它最早可追溯到俄国沙皇时期的最高军事奖励——圣乔治勋章。"十月革命"之后圣乔治勋章被取消，这种双色丝带更名为"近卫军丝带"，以表彰卫国战争时期的卓越功绩。"佩戴圣乔

治丝带"活动在2005年由民间公益组织发起,后演变为全国爱国主义教育行动。每年胜利日前夕,志愿者会向公众免费发放丝带,时至今日,佩戴追思先烈的圣乔治丝带已成为纪念卫国战争活动的重要标志之一。

又如,"留住记忆·永恒的火焰"(Вахта памяти. Вечный огонь)是最为传统、最具仪式感的卫国战争胜利纪念活动。6月22日是卫国战争正式开始的日子,每年的这天晚上,俄罗斯各大城市的民众自发聚集在二战纪念碑、广场、军事基地等公共场所,在铺满鲜花的纪念碑前共同缅怀战争中的牺牲者。当天晚上同时举行"记忆之烛"活动(Акция Свеча памяти),第一支纪念蜡烛在远东的堪察加地区点亮,接着来自全俄各地区的数千名志愿者逐渐点亮其他城市的纪念蜡烛,对卫国战争胜利的骄傲和对先烈的怀念化作点点烛光,为英雄默哀。

"不朽的军团"游行活动(Бессмертны полк)。卫国战争胜利日当天,民众高举家族中曾参加卫国战争的亲人照片,在全俄城市和乡村的主要街道上行进,以此来纪念先烈的不朽功勋。参加游行的民众与亲人的照片共同组成了"不朽的军团",民众对亲人的哀思自然而然地转化为对爱国主义精神的颂扬。这一仪式对于传承卫国战争记忆、培养公民荣誉感具有极大的促进作用。据俄罗斯内务部的统计,2018年5月9日共有1000多万人参加了"不朽的军团"游行,创下了参与人数的新高,俄罗斯总统普京也连续4年手举父亲的照片出现在莫斯科的游行队伍中[10]。今天,"不朽的军团"游行已经成为俄罗斯颇具影响力的纪念活动。

"致信胜利日"活动(Письмо Победы)。该活动面向全俄中小学、爱国主义教育机构,内容主要包括两项:第一,志愿者们帮助卫国战争老战士写信给失去联络的朋友、亲人和战友,重新找回珍贵的回忆;二是志愿者们深入学校,以"致过去的一封信"(письмо в прошлое)为主题,召集学生们给自己家族中曾经参加过卫国战争的亲人写一封信,以实际行动挖掘自己和卫国战争的联系,寻找并保存关于卫国战争的记忆。"致信胜利日"活动全年在俄罗斯各地举行,仅2017年就有27000多名中小学生写下了"致过去的一封信"。这些信件、视频和照片等影像材料,由志愿者中心统一收集和寄送,并将其整理成册或发布于网络来扩大社会影响力。

"全俄历史竞赛"活动(Всероссийский исторический квест)是2016年推出的一项极具参与性的军事爱国主义教育活动。参赛的青少年需要完成一个带有故事情节的任务。例如,在2016年举办的全俄历史竞赛"斯大林格勒保卫战"(Всероссийский исторический квест «Сталинградская битва»)中,参赛者需要以战地记者身份完成恢复城市防御和反攻的任务。任务的关卡布置、情节设计以真实的斯大林格勒保卫战为基础,参赛选手身着红军制服,若要获得胜利,不仅需要一定的军事、历史知识,而且还须应用逻辑推理能力和创造力。2016年以来,卫国战争期间的著名战役,例如莫斯科保卫战、北极护航战、库尔斯克会战、塞瓦斯托波尔战役等陆续成为全俄历史竞赛的主题。通过这一活动,参与者能够亲身体会到当年人民反击侵略者的英勇精神,俄政府期望这种体验能够促使卫国战争的荣耀长久地保留在人民的记忆中,让战争中淬炼出的顽强、团结的民族精神在青年中延续。

(三)捍卫烈士荣誉,传承英雄精神

俄罗斯是一个崇拜英雄的民族,并坚信"人是连接历史的纽带",英雄人物承载着宝贵的民族品格,理应受到子孙后代的缅怀、追忆和崇敬。因此,俄罗斯公民爱国主义教育活动十分注重利用英雄的示范作用,组织与策划捍卫英雄、学习英雄、关爱英雄的全民活动,创造条件促进青少年与英雄对话、交流,力求让崇尚英雄、尊重烈士成为全社会共同的情感认同和价值追求。

"与英雄对话"（Диалоги с Героями）活动常年邀请卫国战争老战士进入学校与学生进行面对面交流。最常见的场景是学生们围着白发苍苍、胸前挂满勋章的战斗老英雄，聚精会神地听他们讲述亲身经历的战争故事。此外，"胜利志愿者"定期采访卫国战争期间的英雄人物，挖掘他们的事迹，为其拍摄纪录片，让更多人了解卫国战争的真相。2017 年在萨哈林地区进行的"与英雄对话"活动，不仅邀请了战争英雄，而且还邀请俄罗斯联邦英雄、苏联英雄、劳动英雄等不同领域的英雄人物。通过与英雄对话，代际之间的联系得以增强，革命精神、传统观念和民族品格得以代代相传。

"关爱老兵行动"（Помощь ветеранам）是关爱和照顾卫国战争老兵的全俄行动。青年志愿者为老兵提供基本的家务帮助，例如清扫房屋、购买日用品、个人护理、为老兵开车等。协助老兵与亲友视频通话，陪同老兵参加游行、演讲等活动，帮助老兵重新建立社会关系，融入现代生活。一些高校和科研院所专门成立了关爱老兵协会，政府给这些机构分配了定点帮扶的老兵，学校要与之保持紧密联系，持续帮助其生活。通过关爱老兵的活动，老战士们能够得到心灵上的抚慰，体会到青年一代的感激之情和致敬之意。

"俄罗斯搜索运动"（Поисковое движение России）是 2013 年启动的全俄统一的卫国战争士兵遗骸搜寻行动。卫国战争结束后多年，俄罗斯一直没有放弃寻找当年殉难的战士遗体，在政府和社会组织的不懈努力下，寻找战士遗体已成为具有代表性的爱国主义教育活动。越来越多的青少年加入搜寻工作，俄罗斯国防部为此建立了"全俄搜索中心"（ВИПЦ），实时公布最新的搜寻信息。近些年，在俄罗斯搜索运动的大框架下陆续启动了一系列搜索活动。例如，全俄行动"战士的命运"（Судьба солдата）、"通向纪念碑之路"（Дорога к обелиску）、"祖国的天空"（Небо Родины）、"永垂不朽"（Живём и помним）等，这些活动都致力于通过寻找战士遗体，增强民众特别是青少年对卫国战争中牺牲先烈的崇敬之情。随着失踪的遗体、遗物被陆续发现，更多英雄事迹重见光明，政府组织了相关的纪念展、报告会、座谈会等后续活动，并利用互联网媒体扩大英雄事迹的影响力，增进民众对卫国战争历史的了解。

四、公民爱国主义教育活动更具体验性、人文关怀和现代性

（一）通过实际体验加深公民对爱国精神的理解

苏俄时期的爱国主义教育侧重以近乎完美的爱国英雄人物作为公民效仿的标杆，提倡无私利他和自我牺牲精神，在形式上更偏向于灌输和说教。这种教育方式不仅降低了教育实效，而且更容易使人们对爱国主义教育变得麻木，甚至反感。进入 21 世纪，俄罗斯爱国主义教育淡化了意识形态的色彩，将教育目标指向增进各民族融合和社会团结，注重通过对民族文化的传承，增强公民的国家认同感，以积极的公民生活激发俄罗斯各个地区的发展潜力。

教育的方式更加灵活多样、具有时代特色。爱国主义教育通过体验活动走入公民的日常生活之中，成为一种发自内心的自我教育。在各种游戏、比赛、纪念仪式和志愿服务等互动活动中，爱国主义教育脱离了说教与命令，参与者能够忠于自己的真实感受，接受爱国主义教育的合理性和重要性，形成对爱国主义的积极情感和接纳心态。同时，这些教育活动较强的参与性又使爱国主义教育更好地发挥了培养创新型人才的作用。例如，以竞赛形式为国家、故乡、区域发展提供建设性的解决方案，巧妙地将个人发展与国家发展结合起来，不仅能够激发参与者的思考力、创造力，更渗透了公民教育的内涵，为青年公民锻炼参政议政能力提供了空间。

（二）通过人文关怀培养公民的爱国情感

关怀是人与人、人与历史、人与现实联系起来的纽带，更是产生对他人和国家责任感的感情基础。爱国者首先应是一个心中有爱、常怀感恩之心的人。俄罗斯公民爱国主义教育活动着重培养公民的关怀意识和能力，通过关心他人、关注社会的实践行动催生爱国主义情感。在与英雄对话、关心和帮扶卫国战争老战士、参加卫国战争历史游戏、寻找失踪战士遗体等活动过程中，活动参与者增进了对他人生活的理解，人与人之间的真情实感被激发，爱国主义教育成为一种包含人道主义精神的教育。在为自己故乡发展出谋划策、做出贡献的过程中，公民将作为平等主体的尊严转化为对家乡、民族和国家发展的使命感。爱国主义情感在公民参与教育活动的过程中逐渐升华，最终转变为坚定的爱国主义信念。

（三）通过社交网络提升爱国主义教育的现代性

俄罗斯是国际互联网大国，成长于21世纪的俄罗斯青少年习惯用社交网络获取和分享信息、与亲友保持联系、表达自己的观点。为顺应网络环境，扩大爱国主义教育在青少年群体中的影响力，俄罗斯公民爱国主义教育活动在组织、宣传等环节非常注重利用社交网络的力量。正如俄罗斯联邦青年事务局的专家尤里·佩尔菲耶夫所言："我们应该用年轻人的语言与他们进行开诚布公的、平等的对话。我认为社交网络是青年一代爱国主义教育的重要工具，应充分利用它，积攒强大爱国主义教育的能量[11]。"

利用社交网络的参与性、分享性与互动性特点，全俄爱国主义教育活动的主办方积极在社交网站上打造话题热点，用活动的名称在社交网站上注册账号，不断推送关于活动的预告和前期宣传视频。与社交网络密切结合，使得爱国主义教育以青年群体乐于接受的方式走进了他们的日常生活，增强了爱国主义教育的时代感和吸引力，营造了正面的网络舆论环境。线上线下的配合，极大拓展了爱国主义教育活动的辐射范围，让更多青年投入到爱国行动中去。

参考文献：

[1] А. Н. Вырщиков, М. Б. Кусмарцев. ПАТРИОТИЗМ НА СЛУЖБЕ РОССИИ [EB/OL]. (2005-06-23) [2018-01-08]. https://refdb.ru/look/1623756-pall.html.

[2] Эволюция взглядов Путина нанациональную идею России [EB/OL]. (2013-09-25) [2018-01-09]. http://rusrand.ru/events/evoljutsija-vzgljadov-putina-na-natsionalnujuideju-rossii.

[3] Встреча с представителями общественности по вопросам патриотического воспитания молодёжи [EB/OL]. (2012-09-12) [2018-01-09]. http://www.kremlin.ru/events/president/news/16470.

[4] В. В. Путин: Унаснет и неможетбытьникако друг о объединяюще идеи, кроме патриотизма [EB/OL]. (2016-02-03) [2018-01-11]. https://www.kommersant.ru/doc/2907316.

[5] В. В. Путин: национальная идея в России –этопатриотизм [EB/OL]. (2016-02-03) [2018-01-10]. http://rusrand.ru/response/putin-patriotizm--etonacionalnaya-ideya-rossii.

[6] Патриотическое воспитание граждан Россиско Федерациина 2001-2005 годы [EB/OL]. (2001-02-16) [2018-02-16]. http://base.garant.ru/1584972/.

[7] Патриотическое воспитание граждан Россиско Федерациина 2006-2010 годы [EB/OL]. (2006-04-11) [2018-02-19]. http://www.garant.ru/products/ipo/prime/doc/6098920/.

[8] Моя Страна–Моя Россия：навстречу пятнадцатилетию. 2018г［EB/OL］.（2018-01-01）［2018-08-20］. http：//www. moyastrana. ru/history.

[9] Всероссиски творчески конкурс «Моя малая Родина»［EB/OL］.（2018-01-09）［2018-09-11］. https：//stranatalantov. com/events/konkursyi/konkurs-mojamalaja-rodina/.

[10] "Бессмертн полк" расширяет географию и бьет рекорды по численности［EB/OL］.（2017-05-09）［2018-06-05］. https：//ria. ru/society/20170509/1493946876. html.

[11] Разговор о патриотизме［EB/OL］.（2017-05-05）［2018-02-03］. http：//xn--37-1lceeambb1a. xn--p1ai/catalog?id=1417.

（作者徐娜系北京师范大学教育部高校辅导员培训和研修基地助理研究员；肖甦系北京师范大学国际与比较教育研究院教授，博士生导师。）

俄罗斯重编历史教科书：
建构苏联记忆与实施国家认同教育的策略

刘金花

导读：由于俄罗斯教科书审查制度的意识形态监督功能薄弱，旧版历史教科书不乏对苏联关键历史事件的诋毁性解读，成为各种势力煽动反俄情绪、鼓动地方民族分裂主义思想的工具，破坏了学生的历史记忆并引发国家认同危机。为了与各种反对势力进行"记忆大战"，强化学生的国家身份认同感，俄罗斯历史学会遵照普京总统的指令，设计了历史教科书编写需遵循的统一概念、方法及以爱国主义为核心的价值原则。依据该统一标准，俄罗斯以历史教科书为载体，从强调历史延续性、重视爱国主义教育、强化原苏联加盟共和国间的历史文化联系等维度回溯了苏联历史，从中寻找和汲取塑造当下和未来自我形象的养分，以达成净化学生苏联历史记忆及推进国家认同教育的目标。

自2000年普京赢得俄罗斯总统大选以来，其国家治理中浓墨重彩的一笔是重塑国家意识形态，强化国家认同教育。历史教科书作为"记忆的场"[1]，是传承历史记忆、开展意识形态教育的重要载体，其编写备受总统关注。为了治理历史教科书的乱象，普京继前两次任内干预历史教科书的做法，在第三次任职时提出编写统一历史教科书问题。遵照总统指令，俄罗斯历史学会制定了编写新版历史教科书需遵循的新秩序，并设计了解读历史关键事件的31个"历史难点问题目录"，在该目录中，涉及苏联问题的有15个[2]。重编历史教科书的核心是如何评价苏联历史。2016年，俄罗斯发行了新版历史教科书，该书的苏联部分正是本文的关注重点。

当前学界对2016年版历史教科书的探讨主要集中在：编写的可行性及意义、苏联关键事件及人物的介绍等，而对历史书写与记忆、国家认同关系的集中讨论并不多。历史教科书的书写不是随意的，它是一种记忆工作。俄罗斯为何出现教科书乱象并引发国家认同危机？俄罗斯以历史教科书为载体，通过什么机制建构了旨在强化公民国家身份认同的历史记忆？本文在苏联记忆与国家认同教育的建构与实施框架下研究俄罗斯新版历史教科书，以期回答以上问题。

一、旧版历史教科书中的乱象与国家认同危机

苏联解体后，马克思主义传统意识形态被瓦解，叶利钦政府无暇或无意重建国家层面的意识形态，这直接导致俄罗斯社会精神世界的分裂。国家在社会改革领域缺乏新价值导向，改革的消极怠惰政策引发了公民对祖国历史的兴趣，民众试图在历史中寻觅现实问题的答案[3]。但是，由于教科书审查制度宽松，对苏联关键历史事件的阐释及人物的评价已成为国内各个政治势力斗争、俄罗斯与西方和周边国家价值观交锋的工具。

（一）教科书审查制度的意识形态监督功能薄弱

叶利钦时期，俄罗斯实行学校与教师自由选择教科书的制度。普京执政后，调整教科书审查制度。公立学校有权从俄罗斯联邦教育科学部推荐的联邦教科书名单中自主选择教科书及参考资料，这些教科书及参考资料需获得俄罗斯科学院或俄罗斯教育学院教学科目委员会的肯定。但是，教学科目委员的审查主要囿于看其内容是否符合联邦国家教育标准的要素要求，是否符合学生的心理特点，而不关注其传递的意识形态及语义[4]。这使得各种势力编写的包含煽动反俄情绪、鼓动地方民族分裂主义思想的教科书堂而皇之进入课堂。此外，教学参考资料不仅数量多（2012—2013 学年有 73 版），且涉及的政治立场广，这使得教师按照自己的政治立场及意识形态偏好组织教学成为可能。例如，自 2010 年以来，来自俄罗斯 14 个地区的 150 多名历史教师参加了获美国赞助商和修正主义派别资助的彼尔姆地区研究所的教师培训计划，该计划极力向历史教师传递将斯大林政权与纳粹主义相提并论，及俄罗斯民族必须为几世纪的极权主义和种族恐怖政策忏悔的思想。

（二）旧版历史教科书问题与国家认同危机

俄罗斯的教科书审查制度无疑引发了历史教科书市场的混乱。国内一些历史教科书将苏联时期视作"俄罗斯历史的黑页"，充斥了对关键历史事件的极端的、矛盾的解读。例如，对"十月革命"的"伟大的社会主义革命"和"血腥政变"的解读同时出现在不同版本的教科书中。一个学生从一所学校转到另外一所学校，他极有可能会遇到对同一历史事件截然相反的解释，建构被扭曲的历史记忆，生成混乱的历史观。

国内外各种反俄势力编写的旨在对某历史事件进行伪科学解释的低劣教科书流入课堂，引发了意识形态安全危机及国家认同危机。以具有鲜明格鲁吉亚民族文化特色的莫斯科 1331 学校为例，该校不仅使用一般的俄罗斯历史教科书，而且长时间使用未经国家权力机关同意的、将俄罗斯定义为侵占格鲁尼亚领土的侵略者的教学材料。松散的教学监管举措极易造成多元文化政策下的地方民族主义与爱国主义产生对抗，引发学生身份认同危机。俄罗斯政策信息中心总干事阿列克谢·穆欣（Алексея Мухина）认为旧版历史教科书让学生相信国家的脆弱及未来解体的可能，使年轻一代产生了民族自卑感，割裂了代际之间的联系，促进了民族分裂主义、宗教极端主义思想的普及，已经失去了教育意义[5]。

二、书写记忆的顶层设计——构建统一标准，坚守国家意识形态阵地

面对旧版历史教科书带来的诸多问题，普京基于"国家历史是国家认同的基础"[6]的认知，多次重申"历史教科书应有统一的观点和对正在发生的事情的官方评价"[7]，并于 2013 年再次提出重编历史教科书问题。遵照普京的指令，作为"总统的主要政治资源"的统一俄罗斯党要求在"历史记忆"项目框架内开展历史教科书的编写及研究工作。谈及新旧历史教科书的区别，新编历史教科书团队成员亚历山大·丹尼洛夫（Александр Данилов）解释道：编写新版历史教科书时遵循了统一的方法构想和内容标准，即《俄罗斯历史统一教材新教学法总构想》和新《历史—文化标准》成为编写新版历史教科书的指导性文件。

（一）历史书写顶层设计的普遍性及价值要求

2013 年 2 月，普京在民族关系委员会会议上强调了在统一的概念范围和俄罗斯历史连续性

下编写统一历史教科书的必要性。此后,普京向政府、俄罗斯联邦教育科学部、俄罗斯历史协会及军事历史协会下达编写统一历史教科书的指令。根据这一指令,俄罗斯历史协会主席纳瑞什金(С. Е. Нарышкина)组织专家开展《俄罗斯历史统一教材新教学法总构想》(以下简称《新构想》)的编写工作。其中,新《历史—文化标准》是该构想的基础和核心内容。

《新构想》及其《历史—文化标准》是书写历史记忆、编写历史教科书的顶层设计。在《新构想》制定之前,俄罗斯普通教育的联邦国家教育标准及示范性基础教育大纲并没有对历史教学内容做出明确规定,虽然出版社刊出的示范性工作大纲包含历史科目的章节及主题内容要求,但是它们"各自为政",是只维护自家版本历史教科书的非规范性文件,在编写历史教科书及教学方面并不具有普遍指导意义。

《新构想》则不同,它是在国家政治层面上制定的文件。《新构想》以创建俄罗斯联邦统一的文化—历史空间为出发点,从全局角度,不仅对历史教学所用的概念和术语、一般教学内容、历史叙事的方法论等进行了统筹规划,而且提出了"价值优先的框架"[8],即预设了阐释和评价历史关键事件及人物时应遵循的价值准则。这些价值准则包括:第一,爱国主义精神,要求历史教科书阐释的材料应有利于培养年轻一代的民族自豪感,帮助学生认识到俄罗斯在世界史中的作用(例如卫国战争的作用)等;第二,坚信国家主权的意义,应重点强调并入俄罗斯和始终是俄罗斯的一部分对于俄罗斯人民来说具有重要意义;第三,公民意识,强调历史课的主要教学任务之一是培养公民的全俄罗斯认同感,历史事件及人物的评价应优先考虑公民社会的核心价值观,培养公民意识。

(二)历史书写的顶层设计是国家意识形态的制度防火墙

21世纪初,普京提出了包含"爱国主义""强国意识""国家观念""社会团结"在内的"俄罗斯新思想",重建国家意识形态。但是,由于教科书审查制度的意识形态监督功能薄弱,各种反俄势力通过编写历史教科书破坏国家主流价值观,"侵占"构建公民集体记忆及开展意识形态工作的前沿阵地,造成历史虚无主义对国家意识形态的消解。

《新构想》及其《历史—文化标准》是国家主导构建的国家意识形态制度防火墙。对内来讲,俄罗斯在国家主导下设计了编写历史教科书及教学应依据的统一概念、原则、方法和以"爱国主义"为核心的价值要求,体现了国家对历史教育的责任心,是国家对记忆建构主动权的掌握,有利于治理因权力分散及意识形态把关不严而造成的历史教科书乱象。对外来讲,这"符合国家政策和国家意识形态建设的需要,是对全球化挑战的回应"[9],是国家为了与国外反俄势力进行"记忆大战",对抗其诋毁性、颠覆性记忆而构建的历史书写新秩序,是对文化和意识形态领域主阵地的坚守。

三、书写记忆的"意义构建"——实施国家认同教育需要回溯苏联史

刘易斯·科瑟(Lewis Coser)认为:"集体记忆在本质上是立足现在而对过去的一种建构[10]。"某个个体或群体通常会根据当下的需要与记忆的内在属性对历史进行筛选,并通过文字、庆典等形式对历史事件及人物进行现实阐释,使过去的形象及人文意义更适合于现在的信仰及公民身份认同。俄罗斯以历史教科书为载体,从内(强调历史延续性、重视爱国主义教育)外(强化原苏联加盟共和国间的历史文化联系)两个维度建构和再现了苏联史及其文化意义。

（一）强调历史延续性，论证政治合法性

叶利钦及普京在公共话语体系中，在建构苏联史及苏联记忆以论证其政治合法性方面采用了不同路径。叶利钦多次在演讲中赋予"苏联"相关事物以残暴、专制、落后等意义，相反，赋予俄罗斯及其实施的系列改革措施以民主、文明、进步等意义，宣称自己与其代表的民众站在与"反民主的布尔什维克""高压的苏联体制"对立的"人民"立场。叶利钦通过鄙夷"昨天"、极力撇清"当下—过去"的联系来论证其合法性，其结果是"'从苏联独立出来'造成了与认同机会同样多的认同危机，因为他们自相矛盾地宣告自己独立了，而他们的独立却是通过拒绝一个由他们自己培育了70多年的认同：苏联认同"[11]。

"谁若还在'今天'时便已企望'明天'，就要保护'昨天'让它不致消失，就借助回忆来留住它"[12]。与叶利钦的做法不同，普京强调更好地回顾和理解历史对于认识现在和规划未来具有重要意义。2014年，普京在会见《新构想》制定者时强调，国家历史是国家认同、文化—历史代码的基础，我们应正确认识和评价作为祖国历史不可分割部分的苏联历史，要认识并保障国家及国家体制在整个历史发展阶段中的不可割裂性和相互联系性[13]。"历史的连续性"被写入《新构想》，成为新历史教科书编写的重要原则。

为了治理叶利钦政府改革带来的诸多乱象，普京上任后强化中央垂直权力体系，恢复国家对各个领域的干预与管理权力，给虚弱、混乱的国家带来希望。但是，普京的这些治国举措招致国内外一些政治派别及民众的诸多批评和谴责。多卢茨基（Долуцки И. И.）在《20世纪祖国史》中曾要求学生对两个观点进行对比、确定或推翻。这两个观点并不是一正一反两个对立的选项，而是将普京的治国方针定位于"专制独裁"的两个同类选项[14]。普京这种权威主义治国理念是否具有合法性？阿莱达·阿斯曼（Aleida Assmann）认为合法化是官方理念的首要诉求，且"统治者向后使自己合法化"[15]。在解除社会转型中面临多重危机的现实需要外，俄罗斯历史传统亦为普京的治国理念提供了合法性依据。

斯大林是实施权威主义政治理念的代表人物。有学者认为，斯大林有两重身份：一是继承俄国历史传统和民族传统的苏联国家领导人的身份；二是苏联共产党的政治领袖和苏联社会主义模式创造者的身份。在第一种身份中，他是铁腕、强权的政治象征；在第二种身份中，他以僵硬集权、漠视人民痛痒的制度模式实行苏联式的社会主义，是一个失败者[16]。新版历史教科书一面否定斯大林模式，一面强调苏联在斯大林铁腕治理下取得的成就，并要求在具体历史处境下判断斯大林的诸多决策。普京亦采用了两面平衡的做法，在谴责斯大林的同时延续了其国家治理的铁腕手段。近几年，俄罗斯社会呼唤"斯大林"，实质是对其代表的铁腕、强权政治符号的呼唤。2003年，在普京治理历史教科书乱象的背景下，多卢茨基的《20世纪祖国史》被教育部取消。这一举措及新版历史教科书对待斯大林的理性评价态度也代表对实施了权威主义政治并在维护国内政治稳定、提高俄罗斯国际地位等方面取得可观成绩的普京及其所施行政策的支持及认可。

（二）重视爱国主义教育，传承民族精神

与叶利钦公共话语中"聚焦于国家认同的公民和经济维度而非民族或文化维度"[17]不同，普京特别关注国家认同构建中宗教和文化维度的作用。新《历史—文化标准》强调编写历史教科书需要"侧重介绍俄罗斯人的宗教和文化"，"学习俄罗斯/苏联人的文化及文化影响有利于促进学生形成国家共同历史命运意识"[18]。爱国主义是俄罗斯传统文化的重要因子，亦是国家

认同的基础。俄罗斯重编历史教科书工作伊始，新版历史教科书就承载了"培养学生对祖国历史和对自己国家的自豪感"[19]的重要任务。

历史记忆是由符号记忆、情节记忆和价值记忆所构成的逐次递进的系统[20]。新版历史教科书是承载共同体往事的具体化的"物"，属于符号记忆。新版历史教科书选用了卫国战争及苏联全体人民团结、英勇抗敌的故事，辩证阐释了斯大林时期的各类政治运动等，这是通过阐释具体情境故事来塑造年轻一代身份的情节记忆。此外，新版历史教科书渗透了以爱国主义为核心的政治诉求及价值导向，不仅向学生传递了苏联卫国战争及苏联红军奋勇抗战史的相关历史知识（如历史事件发生的时间、地点等），更重要的是通过文字符号或图像传达了一种意义和价值——大无畏的英雄主义精神与爱国主义美德，有利于建构年轻一代的价值记忆。

当谈及历史教科书与历史学学术研究的区别时，教育部国家教育政策与法律规范司司长卡利娜（И. И. Калина）解释，教科书的主要任务是培养学生对世界和国家的立场，教科书材料的挑选和阐述方法应当是独特的[21]。当局往往根据当下的需求对历史事件及人物做出选择性的阐述和评价，这些被选择的关键事件与人物被纳入"记忆之场"，成为阿莱达·阿斯曼所言的传播构造身份认同和行为规划所需价值的功能记忆。当局保留、续写这段历史不仅是为了对抗各种敌对势力的诋毁性记忆，还原历史真相，而且是因为这些故事承载着以"爱国主义"为核心的文化意义和人文精神。这些意义和价值正是当代俄罗斯想要通过历史教育传承给年轻人的重要义务和群体价值观。

（三）强化原苏联加盟共和国间的历史文化联系，塑造良好的国际形象

自赢得 2000 年总统大选，普京就把"复兴俄罗斯，重振大国雄风，实现强国梦"作为重要的战略目标。为了实现该目标，普京推动建立了以经济合作为核心的欧亚联盟，并力求在文化领域与西方国家争夺后苏联空间。按理说，原苏联加盟共和国拥有共同的文化遗产，对其经济、文化领域的合作是有利的。但是，合作并不顺利。

后苏联空间一体化进展不顺利与原苏联加盟共和国书写的苏联历史和建构的苏联记忆有关。例如，在拉脱维亚的历史教科书中，"伟大的卫国战争"这一表述不仅不被官方使用，而且如果使用该表述则被认为是对国家意识形态和独立有敌意。在乌克兰的历史教科书中，编者认为苏联和德国共同发动了第二次世界大战，用"苏联德国战争"代指"卫国战争"，将其描述为邻国的战争。在大部分原苏联加盟共和国的教科书中，俄罗斯被塑造为"侵略者"，自己则是丧失独立性的、被觊觎的对象。今天这些国家的诸多学者和政府官员主要从政治后果（如会不会导致国家主权的丧失，普京是不是要重新"苏联化"）质疑后苏联空间合作的可行性。这些国家在文化上"去苏联化"，在年轻一代头脑中塑造了有关俄罗斯及俄罗斯人的负面形象，激化了其对俄罗斯的敌意，导致民众反对与作为"历史敌人"的俄罗斯开展经济、政治与文化合作。

如何打破这种障碍，提高后苏联空间凝聚力？2010 年，白俄罗斯教育部副部长在第一届独联体国家教师及教育工作者会议上建议独联体国家的著作者协作编写统一的历史教科书。俄罗斯联邦教育科学部部长富尔先科（А. Фурсенко）支持其观点，并指出统一教科书并不意味着只有一本教科书，而是指来自不同国家的教师、历史学家聚在一起并基于共同立场编写统一的历史教科书及参考资料[22]。正所谓"安天下，必须先正其身"。俄罗斯若要求其他国家承认并维护其与俄罗斯的历史与文化联系，必先治理国内的历史教科书乱象。

《新构想》概述了第二次世界大战历史的主要内容，认为在卫国战争中，苏联军队解放了被希特勒占领的中欧和东欧国家，帮助他们的人民摆脱了纳粹主义[23]。在其指导下，新版历史

教科书提到"苏联卫国战争是正义的、反法西斯的解放战争",建构了苏联是"解放者而非侵略者"的历史记忆,有利于捍卫苏联在反希特勒同盟的胜利中做出决定性贡献的国际形象及历史荣誉。除此之外,正如俄罗斯将独联体庆祝卫国战争胜利65周年的口号设定为"我们共同的胜利"一样,新版历史教科书强调"苏联人""苏联各族人民"的团结及对"祖国"[24]的热爱之情是卫国战争取胜的关键。这有利于帮助学生形成这样的认知:这段历史是"我们"共同拥有的过去;"团结"是共同遵守的规范和认同的价值。基于这两点认知,新版历史教科书成为扬·阿斯曼所言的"凝聚性结构",建构了"我们"这个整体,并且通过将"我们"团结抗敌的卫国战争场景和历史拉进"当下"框架内,使"团结"在保证目前各国之间的经济、文化交流与合作等方面保持现实意义。

今天,俄罗斯"正其身",重编了历史教科书。在国内,这是治理国内教科书乱象、实施国家认同教育的策略;在国际上,这是迈出超国家范围内编写统一历史教科书的重要一步。有俄罗斯学者指出,在俄罗斯创建统一历史教科书之后,应进一步在欧亚经济联盟范围内形成统一的历史教育空间[25]。未来统一历史教育空间的建立将有利于强化这些国家间的历史与文化联系,提升其凝聚力和向心力。

历史事件及人物往往被放置在"当下"这一参照框架下组织和建构。普京责令编写统一历史教科书与其重建和宣传国家意识形态、推行国家认同教育是紧密相关的。从编写统一历史教科书的总统指令下达,到接受指令并设计历史书写新秩序、依据该秩序编写在全国范围内使用的教科书,再到编写完成的教科书需要通过教育部审查批准,这一整套工作的完成体现了普京时代中央权力对历史文本的规范和管理,对以往分散的历史关键事件及人物解释权的收回,其实质是构建具有官方立场的苏联历史观和历史体系。俄罗斯重编历史教科书是官方的历史记载工作,该工作"也是一种记忆工作,也在把赋予意义、帮派性和支持身份认同等条件暗度陈仓"[26]。一方面,新版历史教科书通过反思斯大林等苏联领导人的错误决策及其后果,回忆斯大林铁腕治理下苏联取得的成就,使当下普京的权威主义政治理念及选择的不同于苏联模式的道路充满意义、具有合理性;另一方面,在新版历史教科书中,苏联历史被现时化。新版历史教科书通过讲述卫国战争等故事塑造负责任的世界超级大国形象,传递构建国家身份认同所需要的、以爱国主义为核心的文化意义,延续后苏联空间团结协作等规范和价值。这一历史记载工作有利于整治旧版历史教科书的乱象及澄清被扭曲的历史记忆,通过共同的符号帮助学生分享及建构一个共同的记忆及共同的身份认同。

参考文献:

[1] 燕海鸣. 集体记忆与文化记忆[J]. 中国图书评论, 2009(3): 10-14.

[2] Примерны перечень «трудныхвопросовистории»[EB/OL]. (2013-07-01)[2018-07-10]. https://минобрнауки.рф/документы/3483.

[3] Ольга Анатольевна Плотникова. Кризис национально самоидентификации в современн-о России[J]. Социальные исследования, 2016(2): 13-18.

[4] Опроблемах преподавания истории в российских учебных заведениях — I[EB/OL]. (2017-09-18)[2018-07-20]. https://rusrand.ru/analytics/o-problemah-prepodavaniya-istorii-v-rossiyskih-uchebnyh-zavedeniyah-I.

[5] Современные учебникии стории способствуют формированию комплекса национально

неполноценности[EB/OL].（2014-04-10）[2018-07-20].https：//patriotka.livejournal.com/104261.html

[6]Путин избавит учебники истори иотидеол ог ического мусора[N].Русская Правда.16 января 2014г.

[7][18]Историко-культурны стандарт[EB/OL].(2013-07-01)[2018-07-20].http://knmc.centerstart.ru/sites/knmc.centerstart.ru/files/istoriko-kulturnyy_standart.pdf.

[8]Беляев Дмитри Анатольевич.«Концепция нового учебно-методического комплекса по отечественной истории»: пролегомены к современной философии истории России[J].Проблемы современного образования,2017(05):33-40.

[9]Манюхин Игорь Семенович.Новая концепция учебно-методического комплекса по отечественной истории как программа развития школьного исторического образования в России[J].Известия Самарского научного центра Российской академии наук,2016(03):118-122.

[10][12]扬·阿斯曼.文化记忆：早期高级文化中的文字、回忆和政治身份[M].金寿福,黄晓晨,译.北京：北京大学出版社,2018：87,24-25.

[11][17]M.莱恩·布鲁纳.记忆的战略：国家认同建构中的修辞维度[M].蓝胤淇,译.北京：商务印书馆,2016：45,58.

[13]Путин.Отечественная история–основа нашей национальной идентичности[EB/OL].(2014-01-16)[2018-08-06].https://www.ridus.ru/news/152888.

[14]张盛发.俄罗斯历史教科书问题的缘起与发展：2003年至今[J].俄罗斯学刊,2012(3):6-21.

[15][26]阿莱达·阿斯曼.回忆空间：文化记忆的形式和变迁[M].潘璐,译.北京：北京大学出社,2017：138,134.

[16]马闪龙.俄罗斯是在呼唤"铁腕"、呼唤强权——对俄罗斯今年出现的所谓"重评思潮"的剖析[J].世界历史,2005(2):4-15.

[19]Вступительное слово на встрече с ученымии сториками, 27 ноября 2003 года[EB/OL].(2003-11-27)[2018-08-20].http://www.kremlin.ru/events/president/transcripts/comminity_meetings/22227.

[20]蔡志良,廖园园.论历史记忆的唤起与青少年政治认同的培育[J].中国德育,2017(18):11-14.

[21]Стенограмма пресс-конференции «Проблемы содержания школьных учебников: усиление научного и методического контроля»[EB/OL].(2007-08-27)[2018-08-27].https://old.pedsovet.org/publikatsii/upravlenie/stenogramma-press-konferentsii--problemy-soderjaniya-shkolnyh-uchebnikov--usilenie-nauchnogo-i-metodicheskogo-kontrolya.

[22]Едины учебник истории[EB/OL].（2012-07-06）[2018-09-10].http：//www.nirsi.ru/articles/96-2/.

[23]Концепция нового учебно-методического комплекса по отечественной истории[EB/OL].(2013-10-03)[2018-09-10].https://mosmetod.ru/files/metod/srednyaya_starshaya/istor/Koncepcia_final.pdf.

[24]Михаил Михалович Горинов,Михаил Юрьевич Моруков.Великая Отечественная

война 1941—1945 годов.Дискуссионные вопросы[M].Издательство Просвещние, 2016:16-17.

[25]Самыгин Сергей Иванович Тумайкин Илья Валентинович.Едины учебник истории как элемент системы национальной идентичности[J].Государственное и муниципальное управление. Ученые записки СКАГС,2014(04):190-198.

（作者刘金花系华侨大学马克思主义学院 / 通识教育学院讲师，教育学博士。）

21世纪俄罗斯青少年国防教育的新发展

徐娜，肖甦

导读：国防教育是国防建设的重要组成部分，进入21世纪以来，为了在变幻莫测的国际局势中保持政治和社会的稳定发展，俄罗斯进一步加强了对青少年群体的国防教育。最新颁布的《俄罗斯联邦公民爱国主义教育（2016—2020年）》将青少年国防教育视为国家安全的重要战略之一，政府和社会为青少年国防教育提供组织机构保障，并通过"二战"胜利纪念、军事科普活动不断增强青少年的国防意识，通过正式以及非正式的军事训练使青少年掌握必要的军事技能，使青少年保持对国家武装力量的自豪感，努力营造青少年关心、支持、参与国防建设的社会氛围。

国防教育是国防建设的重要组成部分，纵观世界各国，特别是一些军事强国，无一不把国防教育视为关乎国家生死存亡的基础因素，俄罗斯亦是如此。进入21世纪以来，随着国际政治形势风云突变，俄罗斯地缘政治安全环境严重恶化，尤其是2014年以来发生的乌克兰危机、不断升级的欧美制裁等一系列问题给俄罗斯的持续发展带来了严峻挑战。俄罗斯总统普京指出："尽管世界发生了巨大变化，但远非所有人都放弃了陈旧的集团思维模式和全球对峙时代的种种偏见，基于卫国战争的历史教训，我们的武装力量必须随时做好战斗的准备，我们的人民也需要做好战斗的准备[1]。"因此，俄罗斯将保证国家安全放在首要位置，同时也将青少年国防教育提升至前所未有的战略高度，通过官方与社会共同建设青少年国防教育组织网络，提高青少年的国防观念，保持对国家安全的忧患意识，让青少年了解军事和国防知识，并通过多样化的军事训练促使青少年掌握基本的军事技能。在此过程中，俄罗斯青少年国防教育也展现了新的发展特点。

一、规范有序的青少年国防教育法律和政策计划

国防教育是国家为了防备和抵抗外来侵略，保卫国家主权统一和领土完整，对全体公民进行的具有特定目的和内容的普及性教育活动，是一个国家和民族必不可少的基本教育。早在1996年，俄罗斯政府颁布的《国防法》就为全民国防教育奠定了法律基础，其中第七条明确规定，"俄罗斯联邦政府、联邦主体行政权力机关和地方自治机关在国防领域的重要职能之一，是与军事指挥机关配合，在职权范围内对俄罗斯公民开展军事爱国主义教育"[2]。1998年颁布的《兵役义务与服役法》进一步对公民服役前接受国防教育的内容、方式、必要保障等方面做出明确规定。这些法律是对青少年群体实施国防教育的法律依据，也是后期颁布俄罗斯联邦公民爱国主义教育纲要的重要保障。

俄罗斯联邦公民爱国主义教育纲要以连续"五年规划"的形式规范并有序提出。自2000年

开始，俄罗斯接连颁布了《俄罗斯联邦公民爱国主义教育（2001—2005年）》《俄罗斯联邦公民爱国主义教育（2006—2010年）》《俄罗斯联邦公民爱国主义教育（2011—2015年）》和《俄罗斯联邦公民爱国主义教育（2016—2020年）》。这一系列爱国主义教育纲要对公民国防教育和军事教育有明确的规定和实施建议。值得注意的是，在以上公民爱国主义教育纲要中，国防教育被具体表述为军事爱国主义教育，但只要仔细探究就能发现两者内涵是一致的。军事爱国主义教育的目标是保持公民对祖国的忠诚，促进公民尊重并服务于国家武装力量，提高公民保卫国家安全的能力，通过军事爱国主义教育提升武装部队的动员和作战能力。而国防教育指的是巩固公民的国防意识，促进公民了解国家战争历史和现代国防理念，促使公民掌握必要的军事知识和技能，在战争时期以及和平时期履行服兵役的义务等。可以说，爱国主义纲要中军事爱国主义教育同时指的也是国防教育。

2000年，普京首次出任俄罗斯总统时便提出"让年轻一代人更有军事素养"的口号，在此影响下，青少年国防教育的重要地位在俄罗斯公民爱国主义"五年规划"中体现得更加明显。2001年颁布的《俄罗斯联邦公民爱国主义教育（2001—2005年）》特别规定，"深化军事爱国主义教育，增加对伟大卫国战争胜利的纪念活动，大力创建军事历史博物馆、军事体育俱乐部、军事技术协会等组织"[3]。2006年颁布的《俄罗斯联邦公民爱国主义教育（2006—2010年）》进一步强调，"发展青少年军事爱国主义教育体系，确保形成在和平与战争时期青少年忠于祖国的意识，促使青少年做好为保卫国家在身体上、心理上和道德上的准备，促进其自觉履行宪法规定的兵役义务"[4]。在此基础上，2011年颁布的《俄罗斯联邦公民爱国主义教育（2011—2015年）》提出"持续完善青少年军事爱国主义教育体系，提高各级各类教育机构内学生的军事素质，恢复传统的、行之有效的爱国主义教育内容和方式，比如苏联时代的军事体育竞技比赛'胜利'（Победа），鼓励学生参与军事社会活动"[5]。

自2014年乌克兰危机爆发以来，欧美国家对俄罗斯的制裁愈演愈烈，直接导致俄罗斯的战略空间受到严重挤压，国家安全面临新的威胁。俄罗斯总统普京提出，"地区战争和局部战争正在我们眼前接连爆发，不稳定地带、人为激化和操控的动乱不断产生。可以看到，有人正在有针对性地企图在俄罗斯和盟国边境挑起冲突。未来俄罗斯国家政策最重要的优先方向，仍然是保障武装力量，发展军工综合体以及军事国防教育、军事科技"[6]。危急关头，强化军事爱国主义教育和国防教育，构筑牢不可破的精神防线，提高青年群体对祖国命运的责任感，成了俄罗斯提振国民士气、鼓舞民心、应对国际形势风云变幻的重要"战略武器"。2016年颁布的《俄罗斯联邦公民爱国主义教育（2016—2020年）》特别将青少年国防教育和军事爱国主义教育作为一个独立的内容模块，提升至更重要的战略高度，并做出了更加细致、具体、务实的规定：

"——加强对青少年军事和国防教育的财政投入，完善青少年军事爱国主义体系；

——促进青少年在道德、心理和身体素质方面做好捍卫祖国利益的准备，忠于宪法和兵役制度，提高适龄青少年自愿服兵役的积极性，扩大青年加入俄联邦武装部队的比例；

——增加各级各类教育机构中关于俄罗斯军事历史、国防知识、英雄事迹的课程，提高青少年参观本地军事博物馆、历史博物馆的频率；

——鼓励和支持儿童及青少年参与开展军事爱国活动的社会组织，如历史研究社团、战士遗体搜索队、志愿活动组织、军事爱国主义协会（俱乐部）；

——研究开展青少年军事爱国主义教育的最佳方式，大力发展社会公益组织、退伍军人俱乐部，促进联邦军事武装力量在青少年精神上和身体训练方面的民用化发展，以满足青少年军事爱国主义的热情和需求；

——完善法律框架，规范军事爱国主义教育社会组织，提供支持将少年军校、军事俱乐部、预征兵培训机构等组织纳入主流学校的活动中，建设政府与社会爱国主义团体持续互动的机制，以形成官民合作的青少年爱国主义教育组织网络[7]。"

此外，与以往的纲要明显不同的是，《俄罗斯联邦公民爱国主义教育（2016—2020年）》尤其关注11~17岁阶段和18~24岁阶段青少年的军事爱国主义教育，指出了在这两个年龄阶段军事爱国主义教育的侧重点。其中，11~17岁阶段，注重培养青少年对军事历史的了解和研究，以及对战斗英雄、功勋人物的崇敬之情；促进青少年广泛参加军事爱国主义教育的社会组织，如军事体育俱乐部、军事历史协会、军事侦察小组、关爱老兵志愿者协会等，促进青少年通过亲身经历的社会活动体会战争历史，以培养其爱国情感；18~24岁青年群体军事爱国主义教育的重点则是提高服兵役的积极性，挖掘高水平军事专业人才。

不难发现，规范、有序的俄罗斯联邦公民爱国主义教育纲要对青少年军事爱国主义教育的规定逐渐深化和细化。于危机之中颁布的《俄罗斯联邦公民爱国主义教育（2016—2020年）》将青少年的军事爱国主义教育视为战略重点，这也进一步体现了俄罗斯青少年国防教育时代的政治色彩以及不同时期青少年所肩负的国家使命和责任。

二、政府与社会合力为青少年国防教育提供组织保障

俄罗斯政府部门是制定国防教育政策的首要机构，其中主要包括俄罗斯国防部、国家军事历史—文化中心、教育与科学部等。其次，俄罗斯正规的武装部队和军事学校也利用自身的社会影响力，积极履行青少年国防教育的社会职能。为了培养年轻人爱军习武的兴趣，俄罗斯军队尤为注重采用"走入生活"的方式，周期性地组织部队开放日，邀请青少年和家长到部队参观，了解军队和军人的日常生活。俄罗斯中等和高等军事院校联合全国各级普通学校定期举办军事奥林匹克竞赛，其中包括军事数学、信息学、外语等知识科目，也包括射击、战术、化学和生物防御等军事实践性科目。

与此同时，不断完善的军事爱国主义教育俱乐部逐渐成为俄罗斯青少年国防教育的主要载体。它们本着自愿、自治的原则，根据民间倡议形成的社会公益性组织，在锻炼青少年身体素质和弘扬爱国精神方面发挥着重要的作用。俄罗斯现代意义上的军事爱国主义俱乐部形成于20世纪70年代至80年代，随着阿富汗战争接近尾声，经历过严酷战争的退伍士兵认识到青少年在入伍前的军事教育上存在着严重的不足，出于对下一代的责任感，他们纷纷创立或加入"军事爱国主义俱乐部"。从课程上来看，大多数俱乐部是通过教授俄罗斯军事史和战争史以激发青少年的爱国情怀，通过严格的军事训练培养青少年正义、勇敢、坚毅、团结的道德品质和强大的体能素质。目前，俄罗斯有大约2000家各种类型的爱国主义俱乐部，仅在莫斯科就有上百家，其类型也不局限于最初的"军事爱国主义俱乐部"，还有军事爱国协会、军事—体育俱乐部、军事历史协会、军事训练营、退伍军人俱乐部等。

随着市场需求的迅速发展，以营利为目的的青少年军事训练社会组织和夏冬令营也日益增多，它们专门招收9~16岁的青少年，时间从1~3周不等，价格在5000~32000卢布左右（约合人民币538~3448元）。其中，规模较大的包括夏令营"联邦"（Лагерь "Федерация"）、马尔格洛夫教育机构（образовательная организация им. Маргелова）、军事技能训练营"突击队"（Лагерь навыка- программа «Штурм»），它们主要集中在莫斯科、圣彼得堡、叶卡捷琳堡等主要城市。这些社会组织一方面迎合了市场需要，弥补了国家在青少年国防教育财政拨款方面的不足，另一方面也拓宽了青少年接受军事训练的渠道。

可以说，以上各种类型的社会组织在不同层面上满足了青少年军事训练和国防教育的多样化需求。为了建立官方机构和社会组织在军事爱国主义教育领域的合作制度，俄罗斯政府还颁布了正式的法律文件，认可军事爱国主义社会组织的地位，并大力扶持此类社会组织的发展。一些类似于苏联时期曾经存在的"少先队""青年近卫军"等组织形式也得以恢复，并归属于社会性组织。

三、通过组织活动培养青少年的国防意识

在青少年思想上筑起国防意识的精神长城，是保障国家安全的第一道重要防线。俄政府在进行国防教育时首先从积极树立青少年国防意识出发，一方面通过俄罗斯经历的战争历史，提高青少年对国家安全的危机意识；另一方面通过开展青少年军事科普工作，促进他们全面了解祖国的军事武装力量。

（一）铭记战争历史，保持居安思危意识

俄罗斯在国家发展历程中经历过很多次战争，战争带给俄罗斯民族以伤痛，同时也带给俄罗斯人民保卫家园的荣耀和信心。尤其是1941—1945年的苏联卫国战争，更是俄罗斯人民英勇团结抗击德国侵略者的伟大象征。因此，俄罗斯对青少年进行国防教育时，尤其注重战争历史教育，希望以此唤起青少年对国家和民族崇高的荣誉感和强烈的爱国热情，同时也提醒青少年，战争离生活并不遥远，需要保持忧患意识，时刻为保卫祖国而准备着。

围绕纪念卫国战争胜利而开展的活动占据了青少年国防教育的较大比例。2014、2015和2016年，对1941—1945年卫国战争的纪念活动占全部儿童和青年爱国主义教育活动的50%以上[8]。如今，俄罗斯已经形成的全国性大型纪念活动，有全俄青年爱国行动"我们牢记，我们骄傲"、全俄青少年论坛"胜利之路"、全俄青少年行动"无名战士日"、全俄艺术节"我爱你，俄罗斯"、青年爱国行动"我——俄罗斯公民"等。这些活动大多以青少年参与的论坛、研讨会、历史展览、艺术节、美术和摄影展览、牺牲战士遗骸搜寻等志愿者行动来开展，其中大多数活动是由青年社团或者社会公益机构自行组织的。正是亲身组织和参与的纪念活动，让成长于和平年代的青少年保持了对战争的记忆、对国家生存的危机意识，使青年首先在头脑中构筑起国防教育的精神防线。

（二）开展多渠道的军事科普，促使青少年感知强大的国防力量

俄罗斯青少年国防教育还非常重视普及国防知识，让青少年亲身接触军事武器装备。俄罗斯是军事武器强国，为了让青少年更加直观、清楚地了解武器和国家军事科技，俄政府于2014年在莫斯科附近建设了一个占地55平方公里的"爱国者"主题公园，俄媒称之为"战争迪斯尼乐园"。这个公园是以世界上最大的坦克博物馆——库宾卡坦克博物馆为基础而扩建的。公园展示了俄罗斯空军、装甲兵和炮兵装备，随处可见成排的新型坦克、装甲车、导弹发射系统。青少年参观者不仅能观看各类展品，还可以爬上坦克，亲手持枪，参与射击和跳伞练习，乘坐军机、军车，观摩军事演习，参加历史战役的复原活动。总统普京出席了当时的开园典礼，并

宣布这座公园是年轻一代军事爱国主义教育和国防教育的重要基地。

此外，为了在普通学校的课程和科目中贯穿国防教育内容，俄罗斯政府近些年出版了一系列军事历史手册、回忆录、宣传册、档案文献、战争日历、教科书和儿童读物，如《俄罗斯军事博物馆的展品》《俄罗斯军事历史地图》《俄罗斯正规军的创建和发展》《俄罗斯的军事荣耀——祖国捍卫者的记忆》《俄制武器发展史》等。其中，很多书籍成为普通学校学生的必读和选读书目。

为进一步拓宽军事知识的普及范围，俄罗斯各级政府还举办了众多国防和军事知识的展览和讲座，提高青少年参观军事历史博物馆的频次，开设国防和军事教育主题的电视、广播节目、报纸杂志，并打造了宣传军队和军事力量的网站，如"俄罗斯爱国者"（патриоты России）、军事爱国主义网站"英勇无畏"（Военно-патриотический саийт «Отвага»），设计并推广了一些适合青少年的军事网络游戏。从俄罗斯青少年国防意识的培养途径与方式来看，俄政府对大规模、高品质的国防教育十分重视和支持。

四、通过军事训练促使青少年掌握必要的军事技能

俄罗斯对青少年进行的国防教育不仅仅停留在思想层面，更重要的是还通过军事训练促使青少年初步掌握军事技能。俄罗斯开展青少年军事训练一般分为两类，第一类是在国家正规少年军校中开展。各军种都设有自己的少年军校，陆军少年军校称为"苏沃洛夫军事学校"（Суворовское военное училище），全俄共有23所。海军的少年军校称为"纳希莫夫海军军事学校"（Нахимовское военно-морское училище），全俄只有1所。还有3所是为具有军事天赋的少年开设的"空军工程学校"（инженерная школа Военно-воздушной академии）、"军事通信电子科技学校"（школа IT-технологий Военной академии связи）和"军事体育文化学校"（спортивная школа Военного института физической культуры）。少年军校全部归属于俄罗斯国防部管辖，学校的生活和训练均按照正规部队生活训练标准进行。新入学的学员们只有12岁左右，一入学就开始进行严格的军事化训练，比如学习如何装配和使用突击步枪、跳伞、铺设管线、应对生化武器攻击或学习专业的军事科学技能等。正是这种严格的训练，使具有军事天赋的青少年在日后成为俄军的优秀人才。在第二次车臣战争中指挥10万俄军剿灭车臣匪徒，后被任命为俄总统驻北高加索地区全权代表的维克多·卡赞采夫上将就是其中的典型代表[9]。

第二类是针对社会普通青少年的军事训练活动，也同样严格，其训练的重点依旧是应用性和实战性，且不同机构具有各自的训练侧重点。例如，军事体育训练营"侦察兵"（Военно-спортивный лагерь "Разведбат"）主要的训练内容是青少年野外生存，包括露营和急救，运用战略战术进行攻击、防御、伪装、埋伏、突袭等活动。军事爱国主义夏令营"哨兵"（Военно-патриотический лагерь "Застава"）的训练重点是拆卸和组装卡拉什尼科夫突击步枪、射击、格斗、野外行军、模拟作战等。知名度较高的是位于茹科夫斯基市郊外的"贝凯特"（意为"金雕"）军事体育俱乐部，年龄较小的孩子主要学习徒手格斗，如何使用地图和指南针，进行耐力行军；12岁或者年龄更大的青少年，学习使用AK-47自动步枪和其他轻武器、投掷手榴弹等技能，进行攀岩和高海拔训练，探索地形，学习战略战术理论等。

参加社会军事训练的青少年具有不同的动机，有些是为了养成健康的生活方式和拼搏进取的生活态度；有些是为在成年服兵役之前体会军事训练；还有一部分是出于民族自豪感和热爱，

准备从军，维护国家的利益。自乌克兰危机、克里米亚入俄，俄罗斯遭到西方严厉制裁以来，越来越多的青少年因高涨的爱国热情而加入这一类社会军事训练组织，并积极履行兵役义务。

五、结语

在看似和平的年代，俄罗斯并没有忽视青少年的国防教育，而是将青少年的国防教育与树立爱国主义意识、培养军事技能紧密结合起来。俄罗斯的青少年国防教育在政策上规范有序，阶段鲜明，主旨明确，在操作层面上注重紧跟时代特点，丰富国防教育的形式，注重激发青少年对国家军事武装力量的好奇心和学习兴趣，让年轻一代为保卫祖国做好心理和身体素质方面的准备。同时，政府注重青少年国防教育的社会化发展，让社会组织承担更加普遍的国防教育责任，也是俄罗斯青少年国防教育一个重要的特点。这一举措不仅贴合俄罗斯的国情和民意，也充分调动了全民积极性，保持了国民对国家安全的忧患意识和紧密关切。

国防教育是国防建设的重要内容，是关系到国家生死存亡的社会工程。近年来，威胁我国国家安全的不确定因素明显增加，唯有正确认识国家安全的重要意义才能提高民众国防意识。2015年7月1日，我国实施了《中华人民共和国国家安全法》，其中规定通过多种形式开展国家安全宣传教育活动，并将国家安全教育纳入国民教育体系和公务员教育培训体系之中[10]。2016年4月15日，我国迎来了首个全民国家安全教育日，动员全体民众共同参与成为维护国家安全的重要内容。2016年9月17日是我国第16个全民国防教育日，我国也进一步推动了国防教育在全民中的普及和深入。俄罗斯发展青少年国防教育的经验值得我们借鉴。我们应注重社会力量在青少年国防教育中的作用，重视培养青少年对军备和武器的接触与了解，通过严格的军事训练来提高青少年的军事技能和身体素质，培养其坚强的意志和品格。

参考文献：

[1] 普京.普京文集(2002—2008年)[M].北京：中国社会科学出版社，2008：295-296.

[2] Федеральный закон от 31 мая 1996г.N61-ФЗ"Об обороне"[EB/OL].(1996-03-31)[2016-10-10].http://base.garant.ru/135907/.

[3]《俄罗斯联邦公民爱国主义教育(2001—2005年)》[EB/OL].(2001-04-12)[2016-02-15].http://base.garant.ru/1584972/.

[4]《俄罗斯联邦公民爱国主义教育(2006—2010年)》[EB/OL].(2007-01-12)[2016-02-17].http://www.rosvoencentr-rf.ru/obobshchennye-doklady/doklady-v-pravitelstvo/svodnyy-doklad-5-let.php.

[5]《俄罗斯联邦公民爱国主义教育(2011—2015年)》[EB/OL].(2011-02-12)[2016-02-21].http://gospatriotprogramma.ru/.

[6] 普京.普京文集(2012—2014年)[M]北京：世界知识出版社，上海：华东师范大学出版社，2014：58.

[7]《俄罗斯联邦公民爱国主义教育(2016—2020年)》[EB/OL].(2016-03-10)[2016-05-18].http://government.ru/docs/21341/.

[8]《俄罗斯联邦教育与科学部规划与报告(2016—2018年)》[EB/OL].(2016-04-11)[2016-02-21].http://xn--80abucjiibhv9a.xn--p1ai/documents/.

[9] 人民网《将军从这里走出——俄罗斯少年军校简介》[EB/OL]. (2001-06-05)[2016-10-11]. http://www.people.com.cn/GB/junshi/61/20010605/481670.html.

[10] 中华人民共和国国防部关于《中华人民共和国国家安全法》全文介绍和解读[EB/OL]. (2015-07-12)[2016-10-12]. http://news.mod.gov.cn/headlines/2015-07-01/content_4592594.htm.

（作者徐娜系北京师范大学教育部高校辅导员培训和研修基地助理研究员；肖甦系北京师范大学国际与比较教育研究院教授，博士生导师。）

俄罗斯宗教文化与世俗伦理基础课程透视

许适琳，王烨姝

导读：2012 年俄罗斯教育与科学部决定在联邦主体小学推广新课程"宗教文化与世俗伦理基础"，其目的是为了将"民族德育典范"和"基本民族价值"作为青少年德育主题的目标。为此，俄联邦明确规定了课程内容和实施办法。至 2015 年，三轮实验的成果表明，俄政府的这一重大举措得到了俄罗斯社会各界的广泛认同，并在重建俄罗斯民族精神道德、恢复俄罗斯文化传统方面取得了积极进展。

2009 年 10 月 6 日，在经历了 18 年的德育价值体系缺失后，俄罗斯教育与科学部颁布了《初等普通教育国家教育标准之联邦部分》（第 373 号令），要求在俄联邦中小学增设"俄罗斯民族精神道德文化基础"课程，该课程的主要目标是"培育学习者的精神素养与宗教道德的自我完善能力，形成学习者关于世俗伦理的初步认知，使其初步了解祖国传统宗教在俄罗斯文化发展、历史与当代进程中的作用"[1]。2010 年 4 月 1 日，俄教育与科学部进一步决定在 19 个联邦主体的近万所中小学试行"俄罗斯民族精神道德文化基础"课程。2012 年初，俄教育与科学部官方调查结果显示，该课程的开设及效果已得到试行地区各界的广泛认可。此后，俄教育与科学部广泛听取了社会各方面的意见，在对试行经验进行认真总结后，于 2012 年 12 月 18 日将"俄罗斯民族精神道德文化基础"课程更名为"宗教文化与世俗伦理基础"课程，并将开设学期从先前的四年级下学期与五年级上学期调整为四年级上下两个学期，要求俄罗斯所有联邦主体在小学阶段课程中将其设置为必修课。据俄方统计，2014—2015 学年度，该课程在俄罗斯 85 个联邦主体的 42084 所学校开设，全俄 1444552 名四年级学生学习了该课程[2]，并取得了预期效果。这一课程改革对俄罗斯民族传统价值体系回归具有积极意义，同时这一教育变革也引起了国际教育界的高度关注。

一、问题的提出："宗教文化与世俗伦理基础"课程开设的缘由与过程

苏联解体后，俄罗斯社会与苏联时期的社会制度不同，意识形态迥异，教育指向也相去甚远。之所以在 18 年后推出"宗教文化与世俗伦理基础"课程，从理论基础及具体实践看，是对 20 多年前戈尔巴乔夫"新思维"推行的"教育开放"及其后叶利钦政府主导的公民教育"西方化"的反驳。1992 年，俄罗斯第一部《联邦教育法》规定："在国家和地方教育机构及教育管理机关中，不得建立政党、社会政治和宗教团体的组织机构，不允许它们在教育机关中进行活动[3]。"于是，"非政党""非政治""非宗教"化的国民教育政策取消了苏联时期中小学传统的共产主义信仰与思想政治教育课程，由此导致了精神道德教育领域的剧变。

首先,这是为了抽掉苏共的教育基础,支持新政权取缔苏共,但也造成了俄罗斯德育的瞬间"真空",使得西方文化乘虚而入。一时间,极端个人主义、消费主义、西方自由主义大行其道,俄罗斯民族传统的精神文化成为保守与僵化的代名词,民众精神道德领域也因而呈现出尖锐的且不可调和的"价值冲突"。尤其是青少年的精神道德与价值信仰出现了严重的滑坡。据俄方有关资料显示,在苏联解体的最初10年里,俄罗斯青少年一代的精神文化状态随着苏维埃文化体系的崩解进入了漫长的迷失期,整整一代人的身心发展受阻,价值取向偏离民族精神,其中近半数的青少年身心发育严重不良;青少年犯罪率持续攀升,其增长率要比成年人高出14倍;吸毒、贩毒、卖淫、暴力犯罪等社会丑恶现象死灰复燃,致使社会治安每况愈下。在10年里,仅吸毒人数就暴增了数十倍,其中七成以上吸毒者是青少年[4]。更让俄罗斯社会忧心的是,在叶利钦政府西化教育主张的引导下,俄罗斯的青少年缺少民族归属感,国家认同反转,三成以上的年轻人以向往西方文化为荣,排斥甚至厌恶其在俄罗斯的生活。有调查显示,半数以上受访者以移居国外为追求,对祖国没有感情;更有12.3%的受访者认为生活在俄罗斯不是骄傲,而是充满沮丧和无奈。与此对照,对俄罗斯仍抱有骄傲和自豪感的人仅仅占到受访者的6.1%[5]。在这样的精神文化背景下,金钱、权势、地位成为大多数年轻人的追求,甚至有13%以上的青年认为只要实现这一追求可以不择手段[6]。传统的家庭观因此而迅速瓦解,社会责任感普遍淡漠,俄罗斯也成为当时全世界离婚率最高的国家之一。离婚使少年儿童成为最大的受害者。2001年因各种原因失去家庭的俄罗斯流浪儿童人数达到100多万人,是全世界新增流浪儿童最多的国家。有调查显示,至21世纪初,全世界每10个流浪儿童中,就有1个是俄罗斯儿童,其爆发式增长让人触目惊心[7]。事实表明,西方自由主义精神不但没有解决苏联时期积累的社会问题,反而在消解俄罗斯传统精神文化的过程中,将俄罗斯社会推进一个爱国意识缺乏、集体观念崩溃、家庭关系破碎化、人性之爱沦丧的文化旋涡,将人类文明进步过程中曾一再抛弃的原始私利和动物性生存法则重又推上社会主流文化层面。正如一位俄罗斯学者所言:"西方精神文化正蚕食着俄罗斯的民族良心[8]。"

面对上述情形,俄罗斯社会各界,包括政府部门都充分感受到了精神道德教育的缺失对于国家发展和民族存亡的巨大损害,认识到没有青少年一代精神道德的完善,就不会有俄罗斯民族的健康发展,更不会有俄罗斯在欧洲乃至世界上的地位。换言之,只有构建起俄罗斯民族传统与现代世界发展相融合的体系,高举"精神道德教育"的旗帜,俄罗斯才有可能从低迷的困境中走出来。这便是《俄罗斯教育机构德育发展纲要(1999—2001年)》出台的背景。应该说,这份由俄罗斯教育委员会于1999年9月颁布的文件本身仍存在很大局限,因其无法摆脱叶利钦政权排共的政治立场对德育的矛盾态度,所以既没有指明新时期俄罗斯德育的宗旨,也没有明确的核心价值定位,因此实施效果有限。但这是俄罗斯政府在苏联解体后第一次以官方身份面对德育缺失问题,所以其启发性意义远远大于文件本身的价值。这份文件为普京在世纪之交发表的施政纲领《千年之交的俄罗斯》也作了一定的舆论准备。1999年12月30日,在21世纪以及又一个新千年到来之前,普京为《独立报》撰文,提出了著名的"俄罗斯新思想"。普京认为:"俄罗斯新思想是一个融合体,它将人类社会共认的价值观与俄罗斯民族千年铸就的传统价值观,尤其近一个世纪以来俄罗斯人民在巨大困难面前所展现出来的经过历史检验的民族价值观有机地融合在一起[9]。"这是普京从苏联解体后的社会乱局中寻找到的一条重铸民族精神、重建光荣大国的道路,也为俄罗斯德育指明了新的方向。正是在以"融合价值观"为核心的"俄罗斯新思想"的引领下,俄联邦政府出台了一系列改革国民教育、重塑国民道德与德育发展的重大举措，从《国民要义》到《教育现代化构想》，从《俄联邦青年发展纲要》到《公民爱国主义教育纲要》，强调对俄罗斯公民进行有计划、有步骤的精神道德塑造。这些文件为俄罗斯德育系统工程建设提供了理论基础和实践指南。

2009 年初，俄罗斯又颁布了一份对当今俄罗斯德育有着重要影响的文件《俄罗斯公民精神道德发展及德育构想》（以下简称《德育构想》）。《德育构想》以普京的"俄罗斯新思想"对俄罗斯公民精神道德塑造和德育发展要求为主线，提出了俄罗斯"民族德育典范"与"基本民族价值"两个对德育具体实施至关重要的核心概念。其中，"民族德育典范"梳理了俄罗斯千年发展史上不同时期的民族德育典范，并将俄罗斯现阶段的民族德育典范教育定位于"培养具有崇高道德、专业知识素养以及创新思维和创新能力的俄罗斯公民"，而这样的公民"能将祖国的前途命运承载于自我前程之上，能充分认识到公民个体对于祖国的现在和未来所应担负的责任，能将自我精神道德的塑造深刻根植于俄罗斯传统民族精神与文化之中"[10]。与此相呼应，"基本民族价值"则强调全部教育应遵循"根植于千年俄罗斯历史文化中鲜明的精神特质和基本的道德价值"，并明确指出"这些鲜明的精神特质与道德价值如能世代传承，将为祖国繁荣与发展起到强有力的保障"[11]。基于这一要求，《德育构想》具体提出了"民族德育典范"应具备的 10 项"基本民族价值"——爱国主义精神、社会团结意识、现代公民素养、热爱家庭、尊重劳动创造、崇尚科学、尊重祖国传统宗教、热爱文学和艺术、敬畏自然和关怀人类，涵盖了个人、家庭、社会、国家乃至全人类等"人之为人"个性成长各个层面的价值取向。

在《德育构想》的框架内，2009 年 10 月 6 日，俄罗斯教育与科学部颁布了《初等普通教育国家教育标准之联邦部分》，要求中小学校增设"俄罗斯民族精神道德文化基础"课程。实施 3 年后，俄教育与科学部又根据各方面意见，于 2012 年 12 月 18 日将该课程更名为"宗教文化与世俗伦理基础"，并在全俄小学阶段推广。至此，俄罗斯通过"宗教文化与世俗伦理基础"课程的开设，将《俄罗斯公民精神道德发展及德育构想》中的"民族德育典范"与"基本民族价值"等内容以国家意志的形式融入了国民教育过程。

二、关注的焦点："宗教文化与世俗伦理基础"课程的内容与实施

"宗教文化与世俗伦理基础"课程问世后，引发了俄罗斯国内及国际社会的广泛关注，焦点是这一课程的内容要面对一个多民族、多宗教信仰的社会，内容将如何确定？课程又将如何实施？从具体推广进程看，俄教育与科学部对此是有审慎考量的。其中，就内容而言，作为小学必修课程，该课程由两个系列六大教学模块组成。俄罗斯传统文化系列包括 4 个"宗教的文化基础"模块——东正教、伊斯兰教、犹太教、佛教，而文化与伦理学系列则包括"世俗伦理学基础"与"世界宗教文化基础"两个模块。根据俄罗斯教育与科学部规定，学生家长，即学生的合法监护人和学生可以按照"自由、自愿、知情"三大原则在 6 个模块中任选其一修读，所修读课程开设于小学四年级，总课时为 34 学时，分别在 4 年级上、下两个学期各开设 17 学时。每个教学模块都由 4 个单元组成，各单元因教学内容不同而学时数有别（具体教学安排详见下页表格内容）。在教学形式与教学方法设计上，考虑到小学生的身心发育特点，第一、二、三单元以教师讲授为主，学生实践为辅；第四单元则以教师指导学生创作实践为主，教师组织评价为辅。学生的实践形式也主要依照学生意愿进行，或个人独立完成，或组成团队以协作方式进行。学生自主实践完成各个模块主题，并以作品展示的形式相互交流，向学生家长及社会展示。

其教育指向明晰且具可操作性。课程的目的在于帮助学生充分了解"宗教文化与世俗伦理基础",培养学生对祖国俄罗斯的热爱和对多民族大家庭中每一个民族宗教文化传统的尊重,建立一个有助于维护统一的民族价值观的文化基础,引导学生及学生家长在统一的俄罗斯民族大家庭中彼此尊重、和睦相处,共同建设强大的新俄罗斯。

"宗教文化与世俗伦理基础"教学单元一览表

年级	课程单元	单元及课程名称						学时
		世俗伦理学基础	世界宗教文化基础	东正教文化基础	伊斯兰教文化基础	佛教文化基础	犹太教文化基础	34
四年级上学期	第一单元	导论:人与社会生活中的精神价值和道德典范(必修)						1
	第1课	我们的祖国——俄罗斯						
	第二单元	宗教文化与世俗伦理学基础(一)(选修)						16
	第2课~第15课	各模块宗教文化与世俗伦理学基础						
	第16课	学生实践创作						
	第17课	上学期课程小结						
四年级下学期	第三单元	宗教文化与世俗伦理学基础(二)(选修)						12
	第18课~第29课	各模块宗教文化与世俗伦理学基础						
	第四单元	俄罗斯多民族的精神传统(选修)						5
	第30课	热爱我们祖国——俄罗斯						
	第31课	学生创作作品展示准备						
	第32课	展示与交流(一):"我所了解的伊斯兰教、佛教、犹太教、东正教""什么是道德和伦理""如何认识宗教在人类与社会生活中的价值"						
	第33课	"在我的家乡有哪些宗教文化古迹"等						
	第34课	文化对话:"为了人们友好与和谐"主题创作作品展示会(民间艺术创作、诗歌、歌曲、俄罗斯民族饮食特色等)						

俄罗斯对"宗教文化与世俗伦理基础"课程实施的突出特点是学生对内容模块的选择遵循严格的程序进行。俄教育与科学部普通教育司颁布的《"宗教文化与世俗伦理基础"课程模块选课条例》不仅规定了该课程模块的选择要本着学生及其家长自由、自愿、知情的原则进行,还要求地方教育行政机构、学校、教师不得以师资力量薄弱、便于学校管理、缺少教材资源等理由拒绝或强迫学生及其家长改选课程模块。根据俄方公开的统计数据,2014—2015学年度,俄罗斯共有1445298名四年级小学生,其中正在修读该课程各模块的学生数为1444552名,占学生总数的99.95%,只有746名学生因残疾或者疾病在家自学。在6个教学模块中,选择"世俗伦理学基础"课程模块的学生最多,达到45.05%,其次是"东正教文化基础"占32.74%,再次是"世界宗教文化基础"占18.19%,而选择伊斯兰教、犹太教和佛教等文化基础课程模块的学生很少,甚至有的联邦主体出现了只有1名学生选学的现象,而在一所学校里只有1个学生选择某一个模块的现象更是比比皆是。由此也可以看出,各地方教育行政管理机构和学校都严格地遵守了国家有关规定,充分尊重了学生及其家长在精神道德教育上的选择权[12]。

在一个多民族国家,能在实践层面做到这一点实属不易。那么,其师资是如何得到保障的呢?"宗教文化与世俗伦理基础"为新开设课程,除莫斯科等地区的神学院培养有专门师资外,俄绝大多数高校和科研院所并未开设相关专业专门培养这类师资。因此大部分该课程师资是由与小学相近学科的教师兼任,其中相当一部分教师来源于历史、世界艺术文化、文学、俄语课程的教师,还有1%来源于地理、音乐等课程的教师。为此,俄教育与科学部要求各联邦主体相关教师培训大纲要对辖区内的"宗教文化与世俗伦理基础"课程教师进行培训。统计数据显示,在2014—2015学年度开课前,全俄参与该课程培训的教师达到96.49%,仅有3.51%的教师未经培训[13]。针对俄罗斯国内师资力量不平衡的问题,国家还允许部分地区,尤其是信奉伊斯兰教、犹太教和佛教相对集中的地区,聘任受过教师教育的宗教人士和经过课程培训的文化界人士担任该课程教师,以解决师资问题。

从2012年正式全面施行至2015年10月,"宗教文化与世俗伦理基础"课程已进行了三轮。结果显示,民众对其已从最初的质疑与担忧转变为欣然接受和积极参与。无论是正在学习该课程的学生及其家长,还是已完成该课程学习的学生及其家长,大都对课程的效果给予了充分肯定。俄相关部门有关的研究结论也表明:"'宗教文化与世俗伦理基础'课程的开设效果显著[14]。"

三、关注后的思考:开设"宗教文化与世俗伦理基础"课程的教育价值与文化意义

作为普京政府治国理念的"俄罗斯新思想"在公民教育领域的具体体现,"宗教文化与世俗伦理基础"课程在整合社会意识、重塑俄罗斯传统价值观、建构"新型爱国主义"、复兴俄罗斯强国梦等方面起到了积极作用,不但扭转了俄罗斯公民教育20余年的盲目"西方化",也实现了向俄罗斯民族文化传统的理性复归。其经验表现为:

其一,维护民族文化个性是一个民族自立于世界民族之林的基石。因为民族本身就是一个文化共同体。文化在,民族才会存在。叶利钦政府时期奉行的"欧洲——大西洋主义"全盘否定苏联的历史传统,全面"加强与欧洲社会文化的统一"[15],将西方式的政治经济制度和意识形态作为执政目标模式,狂热推崇"新自由主义"的自由化和私有化,"将俄罗斯推入了一个国家能力迅速耗散的无效路径之中"[16],民族文化个性被急剧弱化,致使其成为世界眼中的"高度依附国家",失去了起码的国际社会尊重。

对于国际社会而言,在由工业社会、后工业社会向信息社会转变,由传统工业经济向互联网经济转变的社会转型中,俄罗斯的这一教训极为深刻:无论社会矛盾运动如何变迁,保持和维护民族文化个性都是社会教育思考中的第一命题。其中,保持和维护民族与国家的历史尤为重要,因为历史是一个民族的印记,是一个民族有别于其他民族的年轮与指纹。本来俄罗斯民族的历史就有"间断性"特点,戈尔巴乔夫的"新思维"和叶利钦的"新自由主义"则进一步加剧了俄罗斯历史的断裂。其结果便是俄罗斯从"超级大国"转变为"失败国家",进而成为仰西方鼻息的"依附型国家"。西方也正是从俄罗斯民族精神的剧变中获得了干涉他国内政的最佳手段——肢解其历史,并用于苏联东欧剧变后的"独联体"国家之中,操纵"颜色革命",引发格鲁吉亚、乌克兰同俄罗斯的尖锐冲突,挤压俄罗斯的战略空间。而政治崩溃的结果是经济崩溃、内战不休、民不聊生。血的教训证明,民族历史教育是保持和维护民族文化个性的基本内容,不容忽视,否则就意味着对民族传统的背叛。

其二,坚持核心价值观体系的建设是一个民族长盛不衰的保证。信仰是民族精神的灵魂,而全社会统一的核心价值观是信仰的文化内核。从戈尔巴乔夫到叶利钦新贵集团,从"新思维"的公开化、民主化、多元化到自由化、私有化、去意识形态化,70余年的社会主义遗产被逐渐瓦解直至完全抛弃,精神道德领域的瞬间"真空"后出现的是统一的民族精神的消解、国内民

族矛盾的加剧、社会问题的积聚,离心主义倾向盛行一时。这不但导致苏联的解体,也严重威胁着俄联邦的统一与领土完整。其中,民族分离主义倾向对多民族国家的撕裂尤为触目惊心,也尤须警惕。如车臣分裂主义导致的两次车臣战争不但加剧了俄罗斯的经济危机,加深了俄罗斯上层统治集团的内部矛盾,而且也使"独联体"国家间的隔阂更趋深化,严重影响到俄罗斯的国际形象。其肇始之源都是全社会统一的核心价值教育缺失,因而导致国家内部各民族间的融合度稀释,甚至割裂、瓦解。西方也正是利用这一空隙挑拨民族关系、加剧民族矛盾,并将之用于肢解南斯拉夫联盟,挑起科索沃战争,掌控巴尔干地区,让"新干涉主义"成为美式国际关系的一面旗帜,遗患无穷。因此,加强核心价值观教育和民族团结教育,旗帜鲜明地反对民粹主义、分裂主义应是一国德育的重中之重。

对于由传统民族社会转型向新型社会,由农牧经济向工业经济、后工业经济转变的发展中国家,建构有民族特色的核心价值观就显得尤为重要。特别是面对一个大众传媒文化基础薄弱,而又快速进入网络传播新时代的欠发达国家来说,维护其民族价值体系就显得愈加紧迫。

其三,坚守本民族教育方针,积极推进教育改革,是一个国家德育建设的基础工程。生存环境决定生存状态,教育环境决定教育质量。俄罗斯30多年的国家形态变迁对教育,特别是对德育的影响警示人们:必须从后继有人的战略高度全面推进教育改革,为民族文化的传承培养庞大的后备军。要建设有助于青少年学生协调发展和健全人格形成的课程体系,建设好既能体现现代社会理想信念,又具有民族优秀传统文化之精髓的新型德育课程体系则是基础中的基础、关键中的关键。对此,谁都不能有丝毫的懈怠。在国家层面,要始终坚持以人为本,德育为先。要坚持摒弃经济功利主义对教育的市场化推动,把德育列为一国的基本国策,并锐意实施。在社会层面,要始终把品德作为衡量人才的首要标准,要改正唯"财"是举的人才观,要净化传播环境,构建有利于青少年身心健康成长的教育生态环境。在个人层面,要始终坚持"人之为人"的终身学习理念,建立以德立身的价值观。只有这样,我们才能从俄罗斯德育的得失中汲取经验与教训,完善和优化其德育课程体系,建构起有现代人文特色的民族教育体系。这是保证世界各民族文化多元存在、多元发展,抵制文化霸权,维护世界和平最为有效,亦最为可靠的保障。

参考文献:

[1] Приказ Министерства образования и науки Российской Федерации № 373 от 6 октября 2009 г. «Об утверждении и введении в действие федерального государственного образовательного стандарта начального общего образования»[EB/OL].(2018-10-10)[2021-06-15]. https://docs.edu.gov.ru/document/75cb08fb7d6b269e9ecb078bd541567b/.

[2] О результатах мониторинга и проведения координационных работ по реализации курса ОРКСЭ в 85 субъектах Российской Федерации в 2014 году [EB/OL]. (2014-11-20)[2021-06-15]. http://www.orkce.org/node/396.

[3] 俄罗斯转型时期重要教育法规文献汇编 [M]. 肖甦,王义高,编译. 北京:人民教育出版社,2009:143.

[4] О федеральной целевой программе "Молодежь России (2001-2005 годы)" [EB/OL]. (2000-12-27)[2021-06-15].https://docs.cntd.ru/document/901778285.

[5] О состоянии и перспективах развития воспитания дедей в РФ: Аналитическийдоклад [M]. РАО РФ, Минобразования РФ, ГОСНИИ семьи и воспитания, 1999: 86.

［6］崔晓娟. 转型期俄罗斯青年价值观研究［D］. 上海：华东师范大学，2003：39.

［7］Березина. В. А. Воспитатьчеловека. Сборник нормативно-правовых, научно-педагогических, организационно-практических материалов по проблеме воспитания［M］. Вентана-Граф, 2002：81.

［8］Тестов. В. А. Ценности российской цивилизации как стратегические цели образования［J］. Педагогика, 2009（1）：17.

［9］Владимир Путин. Россия на рубеже тысячелетий［N］. Независимая газета, 1999-12-30.

［10］А. Я. Данилюк, А. М. Кондаков, В. А. Тишков. Концепция духовно-нравственного развития и воспитания личности гражданина［M］. Москва：Просвещение, 2009：10-11.

［11］А. Я. Данилюк, А. М. Кондаков, В. А. Тишков. 《Концепция духовно-нравственного развития и воспитания личности гражданина》［M］. Москва：Просвещение, 2009：10-11.

［12］［13］［14］О результатах мониторинга и проведения координационных работ по реализации курса ОРКСЭ в 85 субъектах Российской Федерации в 2014 году［EB/OL］.（2014-11-20）［2021-06-15］. http://www.orkce.org/node/396.

［15］庞大鹏. 观念与制度：苏联解体后的俄罗斯国家治理［M］. 北京：中国社会科学出版社，2010：32.

［16］ROBERTS C, SHERLOCK T. Bringing the Russian State Back in：Explanations of the Derailed Transition to Market Democracy［J］. Comparative Politics, 1999, 31（4）：6-13.

（作者许适琳系东北师范大学教育学博士研究生，长春师范大学副教授；王烨姝系长春理工大学副教授。）

俄罗斯学校精神道德教育重建之路

王春英

导读： 苏联解体之后，社会转型的震动给学校精神道德教育带来了巨大的冲击和挑战，为了承担起特殊历史时期塑造青少年价值观的使命，俄罗斯学校对精神道德教育进行了重大的改革。学校精神道德教育机制的转变带来了精神道德教育指导理念、课程及内容、教育途径等方面的一系列变化。精神道德教育改革上述策略带来的价值正负及价值大小还需要假以时日细心研判。

精神道德教育（Духовно-нравственное воспитание）作为学校教育的重要组成部分，受到俄罗斯政府和社会各界的广泛关注。所谓精神道德教育是指"师生之间有目的的教育互动过程，旨在形成学生和谐的个性，推动学生价值观的发展，传承精神道德和基本的民族价值观。使学生在'精神价值观'的规范下正确理解处理人与人、人与家庭、人与社会之间关系的原则和规范，明辨是非与善恶"[1]。精神道德教育的内容涵盖个人、家庭、民族、国家和全人类的价值观。俄罗斯学者认为，学校不仅是传授人文自然科学知识的场所，更是给予青少年价值观引导、促进其精神道德发展的主要阵地。在价值多元的时代，在青少年价值观形成的关键时期，精神道德教育能否为青少年提供精神、思想的正确引导，关乎青少年的健康成长，关乎国家、民族，甚至世界的未来。在俄罗斯，学校的精神道德教育同时还肩负着重塑民族精神、建构新的价值认同的重大使命。

众所周知，苏联解体之后，俄罗斯的思想道德秩序曾一度陷入极为混乱的无序状态之中。社会的无序给学校的精神道德教育带来了极大的冲击，学生学习动机日益功利化使学校中人文社会科学课程被边缘化。从事相关专业的教师收入也与热门专业的教师收入相去甚远，导致人文社会科学，包括精神道德教育教师队伍人员流失。为了彰显国家对信息自由的保障，学校教材的版本多得令人眼花缭乱。在人文社会科学领域中教材存在的最大问题是对同一事件的不同解说。此种自由必然导致教师选择时出现困惑、学生学习时出现迷茫。与此同时，由于生活困境，家庭对精神道德教育投入和精力付出减少，而且充斥于大众信息媒介中的社会不良信息等外界因素都极大地增加了学校精神道德教育的难度。加强学校的精神道德教育，化解校内外消极因素对青少年思想道德造成的负面影响，成为国家和家庭对学校教育的共同要求和期待。正是带着这样的诉求，俄罗斯学校的精神道德教育开启了重建的艰辛之路。

一、学校精神道德教育理念的艰难探索

为了摆脱思想领域中混乱不堪的局面，叶利钦曾亲自召集有关人员开会，专门探讨"形成

统一的民族思想""寻找失去的俄罗斯"等问题。但是在叶利钦时期并未提出明确的统一民众的思想观念。普京就任总统之后,在意识形态和价值观领域,提出了用俄罗斯新思想建构新的民族认同的明确主张,即"爱国主义""强国意识""国家作用"和"社会团结"四个相辅相成的部分。普京倡导的俄罗斯新思想,对于学校重新建构精神道德教育新的指导理念起到了极大的推动作用。

在政府提出价值观建构的宏观框架之下,专注于精神道德教育领域的专家们积极展开了将国家层面的宏大话语具体化的研究工作。当前在俄罗斯学校中,虽然没有如苏联时期明确的、全国统一的精神道德教育指导理念,但是在《俄罗斯联邦教育法》等教育法律文件的基本精神及学者们的理论成果中已就精神道德教育的某些理念达成了相对共识。

2012年12月21日,俄罗斯国家杜马通过了俄罗斯联邦新的教育法,这部教育法在2013年9月1日正式生效。在涉及道德人文教育理念时,该法基本保留了原教育法的原则和精神。新《教育法》第一章第三条,关于国家在教育领域中实施政策和法律调控的基本原则中,再次强调要确保教育的人文特征,教育要致力于保障生命和健康、个性权利与自由、个体自由发展的优先地位,培养受教育者相互尊重、热爱劳动、爱国主义、权利和义务的观念,珍视自然和周围环境,合理开发自然资源;在俄罗斯联邦保证统一的教育空间,保护和发展多民族的文化特点和民族传统。在联邦法律采用的基本概念中指出,教育是致力于发展个性的实践活动,为培养学生自觉能力和提高学生社会文化、思想道德价值观及行为规则社会化水平创造条件,这种社会化将有利于捍卫个人、家庭、社会和国家的利益[2]。2010年,俄联邦教育科学部颁布了《俄罗斯联邦普通教育基本标准》,在阐述有关教育标准的价值导向内容中强调,教育标准要致力于形成公民的个性、爱国主义,对民族文化精神传统的尊重,对人的生命、家庭、公民社会、多民族国家及人类社会的正确理解和认识[3]。上述相关规定蕴含着对精神道德教育理念的价值指引,在具体的内容中表达了赞同民主、人道主义、爱国主义、民族传统的价值取向。这些价值观也是政府和学者们在诸多歧义中的相对共识。

俄罗斯教育专家在大学人文教材《俄罗斯青年的精神世界和价值观定向》中指出:"技能培训和提高教养是统一的教育过程的两个方面。当前俄罗斯缺乏建设性的意识形态和理想,这种状况对民众价值观的形成产生了严重的负面影响。因此,组织开展精神道德教育,形成青少年的公民意识、爱国主义观念、较高的文化素养,培养对历史的尊重是俄罗斯当前最重要的任务之一。""我们需要人文教育大纲,这个大纲应该服务于人道主义世界观的培养及关于社会和周围世界的科学理解的形成"[4]。俄罗斯科学院院士、教育学博士叶·弗·邦达列斯卡亚(Е. В. Бондалеская)也撰文指出:

"道德精神方面的反危机纲领应该旨在解决下列实际问题:道德精神方面教育的现实化是人文危机条件下教育工作的主要方向;恢复国家、家庭和教学机构在儿童道德精神方面教育的责任和积极作用;克服儿童世界中的不顺遂以及教育与儿童生活问题和道德精神问题的疏远;恢复儿童世界的基础设施和儿童存在于家庭、学校和社会中的合乎人文的形式;避免培养'大众化的人',为提高人的生活质量提供条件,为儿童和青年形成高尚文明的价值观提供条件;克服教育、文化和宗教之间的脱节现象,并在此基础上创造完整、公开、多元的文化空间,作为儿童道德精神方面发展供给营养的环境……[5]"

由此可见,转型给整个社会带来了价值观重新定向的艰巨任务,教育作为在人的精神思想上进行耕耘的一种特殊社会实践活动,是对价值观变化感知极为敏锐的部门。特别是精神道德教育，不仅要体现社会转型对价值观期待的新诉求，而且要对转型期价值观领域的偏颇进行修正。经过多年努力，在多方意见不断碰撞、磨合及实践之后，个性导向、人道主义、爱国主义、民族文化、宗教精神成为俄罗斯精神道德教育理念中的关键词。这是政府和社会各界共同探索、求同存异的结果。但是正如俄罗斯学者经常指出的那样，新的国家认同还在探索的过程之中，随着俄罗斯社会转型任务的完成，精神道德教育理念之中也势必会增加新的要素，使其更具说服力，更能关注和体现多方诉求，更能体现俄罗斯的国家特色。

二、学校精神道德教育的内容与课程设计

（一）精神道德教育的内容

精神道德教育内容是承载道德价值的教育资源与要素。在新的历史时期，教育内容中意识形态的标签已不再明显，取而代之的是反映新精神道德教育理念的相关知识与实践训练。根据《俄罗斯联邦教育法》《俄罗斯联邦国家教育标准》及《俄罗斯公民个性精神道德发展与教育构想》等文件，当前俄罗斯学校精神道德教育的内容主要包括以下几个方面。

1. 爱国主义教育

在社会转型时期，在相对一致的、明确的价值认同尚未形成之前，爱国主义教育是最能获得广泛认同的教育内容，而且是重建民族自豪感及增强民族凝聚力的最佳选择。因此，爱国主义教育成为俄罗斯学校精神道德教育的重要内容。为保障爱国主义教育的顺利开展，俄罗斯政府先后出台了三部以5年为一跨度（即2001—2005年、2006—2010年、2011—2015年）的《俄罗斯联邦公民爱国主义教育国家纲要》。用于爱国主义教育的资金投入逐年递增，2011—2015年期间计划投入高达7.772亿卢布。方案包括一系列法律、规章，以保障全俄罗斯爱国主义教育活动的进一步发展和完善，形成公民以爱国主义为道德基础的积极的生活态度。

最新的《爱国主义教育纲要》序言中强调，爱国主义教育要成为国家、地方政府及社区组织的一致目标，各联邦主体要建立自己的爱国主义教育中心，为爱国主义教育创造条件。要完善爱国主义教育的组织工作，通过艺术节、展览和竞赛等活动提高爱国主义教育的水平和实效。恢复举行军事体育比赛和其他活动，以加强对年轻人的军事爱国主义教育，复兴传统的已被证实的好的教育形式。政府应承担起爱国主义教育的重要责任，并以青年人作为教育的重点对象。

为了保障上述目标得以实现，要改进俄罗斯联邦的有关法律，实现爱国主义教育物质、技术基础的现代化，改进教育活动的组织和方法，培养更多的爱国主义教育专家，通过媒体和互联网等载体开展教育活动。

纲要还就爱国主义教育的计划安排、资金保障等内容进行了详细规定。纲要的预期目的是扩大爱国主义教育的覆盖范围，提高青年人投入个人生活、社会和国家发展建设的积极性，克服个别团体公民的极端表现和其他负面现象，以恢复国家精神，促进社会政治经济稳定及国家安全[6]。

2. 法制教育

俄罗斯学者认为，法制教育与精神道德教育有着密不可分的关系。任何一种微小的不道德行为都具有演化成违法行为的可能性。因此，为了捍卫道德价值，必须要有超越道德之上的更强有力的措施给予保障，这就是法律。此外，建立法制化国家也是俄罗斯政府和社会各界的共同诉求。因此，在全社会树立法制观念，从小培养孩子的法律意识成为俄罗斯转型之后精神道

德教育的重要任务。

根据俄罗斯教育标准的相关规定，法制教育是俄罗斯普通学校教育的重要内容。要通过法制教育使中小学生形成有关国家机构及其形式、运行机制的正确认识，知晓法律规范及文献、公民的权利与责任、违法及法律后果等概念；明确宪法是国家基本大法的观念，明确在宪法的框架之下公民的法律地位；了解各类诉讼法的基本知识及司法的活动程序，培养法律思维方式，掌握在现实生活中使用法律知识的基本能力。这种法制教育，根据教育对象的年龄和理解能力，由浅入深地贯穿于不同年级的教学任务之中。

3. 伦理道德教育

此处的伦理道德教育是指精神道德教育中专注于伦理道德方面的教育。新时期的俄罗斯学校伦理道德教育淡化了政治色彩，增加了传统文化及中立化的内容。如行为礼仪规范教育、家庭伦理教育、人道主义伦理教育、宗教伦理、劳动精神道德教育及生态伦理教育，成为当前俄罗斯学校伦理道德教育的主要内容。俄罗斯教育科学部规定，上述相关伦理道德教育应从学前教育的启蒙阶段就引入教育内容之中。2009年11月，由俄罗斯教育科学部颁布实施的《对学前普通教育大纲结构的国家规定》中要求，精神道德教育应作为学前教育的重要内容，主要任务是使儿童顺利融入日常生活和基本社会领域，进入周围的自然世界，初步理解和掌握与成人及朋辈的交往规则，形成对待他人及周围世界的人文主义态度，培养感知他人情感的能力及同情心。幼儿的精神道德教育应融会贯通于游戏、阅读及与他人的交往实践中。在中小学阶段，伦理道德教育的内容将以更专业、更复杂的形式呈现。

4. 生态教育

20世纪80年代以来，具有前瞻性的国家已将生态教育纳入学校的教育内容之中。俄罗斯政府对此也十分重视。根据《俄罗斯联邦环境保护法》规定，各级教育机构应把生态教育作为学校的一项教学内容，"在学前教育机构、普通教育机构和补充教育机构，不管其专业和组织形式如何，都应教授生态知识基础"，"为了建设社会生态文化，培养人们爱护自然、合理利用自然资源，学校通过普及关于生态安全的知识、环境状况和自然资源利用的信息，开展生态教育"[7]。学校不仅要把生态知识作为自己的教学内容，而且还承担着培养环境专业人才的重任，并对有可能造成环境不良影响的生产机构的决策者和领导人进行环境立法和生态知识的培训。

根据俄联邦教育科学部制定的教育标准的相关规定，在学前教育阶段就应培养儿童关于大自然的整体概念，形成对周围环境的积极态度，激发儿童保护大自然的兴趣。教育者应精心设计教育环节，创设和引导儿童触摸自然、感知自然、珍视自然的环境和氛围。在基础教育阶段，应培养学生的生态思维，了解人、社会、自然环境休戚与共的紧密联系，运用生态知识保护环境、生命健康和生态安全，树立对自己行为预期生态后果的道德责任心，建构符合生态伦理的生活方式。

（二）学校精神道德教育的课程设计

"德育课程是精神道德教育内容或教育影响的形式，是学校精神道德教育内容与学习经验的组织形式"[8]。为了配合精神道德教育任务的完成，把精神道德教育的内容顺利传递给教育对象，学校要以有效的课程设计作为精神道德教育的主要媒介。

当前俄罗斯的精神道德教育主要通过两类课程来完成，即专门的德育课程和间接的德育课程。专门的德育课程指"以专门介绍道德价值、规则的原理与知识体系，提高学生道德认知与判断能力等为主要内容的课程"[9]。间接的德育课程指不以德育的名义出现，但是却包含丰富的精神道德教育内容的相关课程。

1. 专门德育课程

当前,俄罗斯开设的专门德育课程主要包括:宗教与世俗伦理学课程、公民学与社会知识,以及地区一级开设的有利于德育和爱国主义教育的补充课程。

俄罗斯是一个富有宗教传统的国家,特别是东正教在俄罗斯有着广泛深远的影响。苏联解体之后,东正教扮演起填补价值真空的重要角色。在学校教育中,将宗教资源引入精神道德教育之中。为了消除民众对东正教一统天下的担心或将精神道德教育引入宗教神秘主义的歧途,学校开设了在俄罗斯有着较大影响的四种传统宗教课程及世俗伦理学课程。从2010年4月起,在俄罗斯18个区的四年级学生中进行开设新的精神道德原则课的试点。学生可以在家长的帮助下从学校开设的六门相关课程(四种俄罗斯传统宗教基础——东正教、伊斯兰教、犹太教和佛教,世界宗教文化基础及世俗伦理学基础)中选择与自己的价值观取向相契合的课程进行学习,每周两个学时。这项教学改革实验涉及25.6万名学生和4.4万名教师。据俄新社报道,2010年4月1日起教学实验已经在卡拉恰伊—切尔克斯共和国率先展开,该共和国共有181所学校的4161名同学参与到本次的教学改革中。目前,在参与实验的学校中开设了六门课程中的四门。

俄罗斯在学前及小学教育阶段即开始开设公民教育的相关课程。在这些低年级的儿童中主要讲授道德入门知识、俄罗斯国家和社会、日常生活的礼仪规范和行为规范等内容。在高年级的公民课教学中主要讲授有关公民社会、人在社会关系结构中的地位、人的权利和义务、伦理道德、个人主义和集体主义等概念。

根据俄联邦颁布的教育标准制订的教学计划,"周围世界"在不同年级的教学中均占有200多的教学课时。这门课程主要讲授人与社会、人的生物属性与社会属性、人与周围环境、社会与社会结构、精神文化环境及特点、科学与生活、经济学及在社会中的作用、政治和社会管理环境、法律及其在社会和国家中的作用等内容。以俄联邦教育科学部推荐的八年级《社会知识》教材为例,该教材由三部分内容组成:第一部分社会与人,包括什么是社会,人、自然、社会、社会类型、社会进步与社会发展、个性与社会环境、人的需要、社会化与教育、交往等内容;第二部分经济领域,包括什么是经济、商品与货币、需求与供给、市场、价格与竞争、经营、国家在经济生活中的作用、国家和家庭预算、劳动等内容;第三部分社会领域,包括社会结构、社会阶层、富裕、贫困、种族(民族与民族性)、国际关系、社会冲突、家庭等内容[10]。

此外,专门的德育课程还包括各地区根据实际情况开展的可变课程。根据俄罗斯普通教育标准的规定,各级教育机构的课程结构由两部分构成,即不变课程和可变课程。"课程的不变部分或核心部分是必须实施的国家教育标准的联邦部分,即归属于中央权力的课程政策。它保证使学生掌握共同文化和民族意义的价值观,形成符合社会意识形态的个性、掌握继续接受教育所必需的知识技能和技巧,从而保障俄罗斯联邦教育空间的统一"。"课程的可变部分则是显示地方和学校权力的课程政策,充分体现并保证地区经济发展、地区民族文化和学校办学特色的不同需要以及学生发展的个体特点、兴趣和爱好"[11]。正是根据这一标准的规定,地区一级的教育机构结合本地区的文化传统和特殊状况开设了德育的相关可变课程。如民族学课程内容一般由民族志、民族历史与文化等组成。通过该类课程的开设,欲达到扩大学生对民族历史文化与其他民族文化相互作用的认识,增强对民族历史的尊重感,培养爱国主义情感与民族自豪感。莫斯科地区就结合自身地域的实际情况开设了"莫斯科地方志"这门课程。

2. 间接德育课程

除了上述具有直接精神道德教育内容的专门课程之外，俄罗斯学校还十分注重在其他学科的教学过程中渗透精神道德教育的内容，并将这一理念写入国家的教育标准之中，这些课程也就是所谓的间接德育课程。

俄语、母语课程。在这门课程中除了要求学生掌握一定的词汇量和语法知识外，还要求学生要通过语言的学习认识到民族语言是民族文化的象征，形成正确使用民族语言的积极愿望，从而激发学生的民族自豪感。

文学课程。通过文学作品的阅读帮助学生认识到文学是认识世界与自我以及人与社会关系的工具；了解俄罗斯历史文化和全人类的价值。

外语课程。在外语教学中还要求学生形成对待其他文化的友好态度，学习语言的同时，还要学习文化及公认的全人类价值和基本民族价值，使学生更好地认识到自己的民族和国家属性，培养爱国主义和民族自豪感，形成乐观主义和积极的生活态度。

历史课程。通过历史课的学习，了解俄罗斯历史作为世界历史一部分的独特性，掌握当代俄罗斯社会基本的民族价值，形成人道的民主的价值观，树立和平的思想，形成各民族文化之间的相互理解。

信息技术课程。培养学生在从事信息活动时应遵守一定的伦理道德观念，并符合法律的相关规定，具有对自己行为负责的态度。认识到劳动在人类社会生活中的道德意义，形成正确选择职业的概念。

此外，在数学及其他自然科学的课程中都或多或少地存在着对精神道德教育的要求。一些俄罗斯教师也遵循这一理念，在教学实践中积极将自身的工作与精神道德教育紧密结合在一起。俄罗斯的一位数学老师在总结教学心得时指出："数学教育功能的实现不在于在多大程度上丰富它的内容，而是在于在多大程度上将数学知识内容与扩展和丰富人的生活经验、形成学生的世界观和信仰相联系[12]。"

三、学校精神道德教育的途径

除了课堂教学之外，为了增强德育的实效性，俄罗斯教育部门还积极拓展其他教育途径，以形成全社会的教育合力和德育的一致空间。

（一）丰富多彩的校园文化活动

为了培养学生的民主意识和公民性，学校利用课余时间为学生提供实践民主和公民权利的各种机会。如鼓励学生参加校园的民主化建设，包括课堂教学的民主化，创设平等、充满尊重的和谐课堂；允许学生公开、自由讨论学校管理的规章制度，参与制定校园学习和生活的行为规则等。

（二）形式多样的补充教育

补充教育的概念是颇具俄罗斯特色的教育术语，类似于我们说的校外教育。苏联解体之后，尽管俄罗斯抛弃了很多苏联时期的教育传统，但是校外教育的模式却得以保存下来，并改称为"补充教育"，意为对学校教育的弥补和充实。2012年12月21日，俄罗斯国家杜马通过的俄联邦新的教育法第二条第14款规定，"补充教育旨在全面满足人的智力、精神道德、身体（或者职业完善的需求"[13]。据俄罗斯学者介绍："现在俄罗斯在市和地区层次上已经有10种类型共9000个这样的机构，这10种类型是：中心、宫、家、俱乐部、儿童工作室、站、儿童公园、学校、博物馆、健康—教育夏令营。这些组织能够保证儿童兴趣、能力和创造潜力的发展，使他们适应新的社会现实。国家博物馆活动计划把对年轻一代的教育列为其工作的一个独立而且非常重要的方面[14]。"补充教育机构满足了学校精神道德教育实践的需求，提高了学生对德育内容的感性理解。通过举办历史与文化知识竞赛、参观游览纪念地、开展各类慈善活动、开展形式多样的文艺活动等方式，可以进一步加深学生对祖国、故乡历史文化的了解，极大激发他们的民族自豪感和爱国热情。

（三）重新兴起的青少年组织

苏联时期的少先队和共青团组织世界闻名，苏联解体之后，这些组织很快从人们的视线中消失。然而，在国家退出青少年精神道德教育的组织管理领域之后，自由的成长环境没有给青少年带来福祉。反之，严峻的社会现实导致青少年群体出现各种道德危机，极大影响了青少年的健康成长，这种现象令社会各界倍感担忧。2007年5月18日，在少先队成立85周年之际，在政府的参与之下，莫斯科市举行了盛大的庆祝活动，成为少先队开始复兴的重要事件。2013年，在庆祝少先队成立91周年的活动中，有3000多名儿童加入少先队。重新复苏的少先队组织虽然抛弃了共产主义意识形态，但是其活动的主要宗旨依然是对青少年道德成长施以正面的积极影响，抵制各种不良社会现象对青少年精神道德的侵蚀。与此同时，2000年以来，俄罗斯还出现许多颇具政治色彩的青年组织。青少年表现出对国家政治生活的积极参与意识，以各自的组织为平台发表观点各异的政治主张。"我们的人""青年近卫军""青年俄罗斯""地方的人""新人"等是亲克里姆林宫的青年组织，是普京的忠实拥护力量；共产主义青年政治组织、自由主义青年政治组织、民族主义青年组织、无政府主义青年组织等则成为与政府相抗衡的一种力量。亲克里姆林宫的青年组织由于得到了政府的支持，其组织开展的各种活动对俄罗斯青年的思想及价值观形成了较大的影响。

总之，为适应新的社会形势的需要，俄罗斯学校精神道德教育也进行了巨大调整。俄罗斯政府对于学校的精神道德教育已经从解体后的淡出到重新承担起精神道德教育的国家责任，而且正在试图通过各种努力改变青少年精神道德成长的社会环境，通过加大投入及提高重视程度，重新建构新的学校精神道德教育体系。然而，俄罗斯学校德育存在的问题还是显而易见的。在德育的指导理念上只是形成了模糊的轮廓，在具体环节还存在较多争议及与实践发展方向的张力；学校的课程设计，尤其是课程的可变部分，各地区的开展情况和课程质量具有较大的差异；青少年组织价值导向还处于与政府导向相磨合的过程之中，有时甚至构成与主流价值观相抗衡的力量。上述问题的存在，使学校精神道德教育过程变得有些艰难，欲形成理念的共识与社会的合力还须假以时日。

参考文献：

[1]Хаблиева А Т. Духовно-нравственное воспитание на уроках осетинской литературы[J]. Проблемы гуманитарных исследований, 2009(12): 103-108.

[2][13]Российская Федерация Федеральный закон Об образовании в РоссийскойФедерации [EB/OL].[2021-06-13]. http://www.consultant.ru/document/cons_doc_LAW_140174/b819c620a8c69

8de35861ad4c9d9696ee0c3ee7a/.

［3］Федеральный государственый образовательный стандарт основного общего образования［EB/OL］.（2018-10-15）［2021-06-13］. https: //docs.edu.gov.ru/document/8f549a94f631319a9f7f5532748d09fa.

［4］Владимир лисовскмий духовный мир и ценностные риентации молодёжи России［M］. Санкт-Петербург: Издательство Санкт-Петербург Гуманитарного университета профсоюзов，2000: 483.

［5］［14］朱小蔓. 当代俄罗斯教育理论思潮［M］. 北京: 教育科学出版社, 2007: 185, 207.

［6］О государственной программе"Патриотическое воспитание граждан Российской Федерации на 2011-2015 годы"［EB/OL］.（2015-10-05）［2021-06-13］. http: //government.ru/docs/all/74168/.

［7］俄罗斯联邦环境保护法［EB/OL］.［2021-06-13］. http: //hbssyjzx.hbue.edu.cn/98/18/c4763a104472/page.htm.

［8］［9］檀传宝. 学校道德教育原理［M］. 北京: 教育科学出版社, 2003: 117, 127.

［10］А.И.Кравченко.Общество знание учебник для 8 класс общеобразовотельных учреждений［M］. Москва: 《Русское слово》, 2010: 3.

［11］张男星. 权力·理念·文化 —— 俄罗斯现行课程政策研究［M］. 北京: 教育科学出版社, 2006: 48-49.

［12］Астанкова Ирина Алексеевна, Духовно-нравственное воспитание на уроках математики［EB/OL］.［2021-06-13］. http: //kursk-sosh52.ru/obychenie/metod-kopilka/biblioteka-statej/1-joomla.html.

（作者王春英系黑龙江大学马克思主义学院教授，法学博士。）

从当代品格教育到发展性品格教育
——21世纪美国价值教育的转变与实践

高 洁

导读： 当代品格教育作为美国道德教育发展的第三个历史阶段，从20世纪80年代末延续至今。此价值教育形式因忽视外在社会因素，未涉及价值冲突与真实情境，错把价值概念作为教育关键，忽视对于价值原则的思考，异化学生行为目的及未关注学生发展性差异等缺陷而受到批判。"发展性品格教育"作为新形态的美国价值教育，对当代品格教育进行了完善，重新吸收不同理论精髓，用发展、全面、动态的视角重新建构品格教育，弥补了当代品格教育存在的缺陷，并提出新的实践策略。

美国品格教育在过去30年间作为美国道德教育的主要途径对美国学生产生了重大影响，纠正了价值澄清理论并修复了道德认知发展理论思想下美国道德相对主义的弊端。但随着社会发展与全球化进程的推进，当代品格教育的缺陷越来越多地暴露出来，对新型道德教育的召唤使"发展性品格教育"应运而生，其弥补当代品格教育缺陷的同时提出了新的实践策略。

一、美国品格教育历史演变

品格教育（Character Education）运动是美国道德教育发展历程上一次著名的运动，以亚里士多德的理论为依托，受到美国保守派的拥护。品格教育在1820年后初见端倪。在当时的美国社会，父母必须走出去寻求新的生存机遇，这使得儿童必须离家去接受教育。在面对完全陌生的外部世界，机遇与挑战并存的状态下，随意的家庭式道德教育被对高品质、有保障的道德教化的追求替代。人们希望儿童得到塑造，"家庭生活与学校生活应该训练儿童更加自控与自主，在面对社会转型时快速地建立起新时代的意识与良心[1]"。他们通过故事培养儿童对于道德生活强大的渴望，希望儿童可以更高尚、更幸福，这就是品格教育初态。虽然那时"品格教育"这一专有名词还未诞生，但人们已经将从神学教义中衍化出来的道德信条写入教科书，并加入了"爱祖国、爱上帝、对父母尽义务、节俭、诚实、勤奋，以使美国进步、完美[2]"的内容。

进入20世纪，美国道德教育的发展可分为三个阶段：从19世纪延续下来的传统道德教育、受实用主义与过程哲学影响的价值教育及复兴的品格教育。品格教育在传统道德教育与价值教育之后产生有其必然性，继承与规避了前两者的优缺点，形成当代品格教育并延续至今。

当代品格教育在理念与实践上与延续至20世纪50年代的传统道德教育有很大相似性。"传统道德教育强调正面、直接的道德指导，重视纪律与良好习惯的养成，教师通过直接说教、开设道德课程，包括学习教义、作出承诺、阅读英雄人物故事与相关经典文本等来规范学生的行为[3]"。

随着社会发展的不断深入、知识与技能越来越成为人们谋生及满足现代化需求的手段，教师与家长越来越关注学生学业进步。道德教育渐渐淡出人们视线，而认为"道德知识乃适应不同环境的社会行动"的杜威实用主义及过程主义契合20世纪中期的社会思想。在此背景下，响应其"体验性学习比直接教学更重要"的价值澄清理论（Values Clarification Theory）与道德认知发展理论（Moral Cognitive Development Theory）应运而生。但由于这两者在实践中产生了大量问题，如极端个人主义、道德相对主义等道德滑坡事件的发生，主张回溯至传统伦理价值的保守派声音日益增大以及大量青少年问题的发生，人们开始重新思考如何使美国道德教育回归传统。故20世纪80年代末90年代初，品格教育复兴了。

当代品格教育的倡导者，托马斯·里克纳（Thomas Lickona）、凯文·瑞恩（Kevin Ryan）、爱德华·怀恩（Edward Wynne）等普遍认为社会上之所以出现很多青少年价值乱象与道德问题，是因为学生缺乏良好的品格与价值观，个人主义与自我中心主义膨胀。纵览其学说可知，虽然他们对品格教育进行了很多规定，给出了很多建议，但从未对品格教育进行严格的概念界定。品格教育似乎是一个与一切良好价值观纠缠不清的概念。对于怀恩来说，"当代品格教育专注于教育年轻人适当的品格与行为，强调适宜的道德行为[4]"。对里克纳来说，"良好的品格不仅是拥有或支持特定的道德价值观，拥有良好品格还需要三个达成：道德认知的达成、道德情感的达成以及道德行为的达成。本质上来说，拥有良好品格的人清楚什么是好的，也懂得欣赏这种好，同时以此行事[5]"。这是当代品格教育学者对于品格教育的说明，这些说明并非概念界定，而是特点描述。这些描述让人们感觉任何教育实践都可算作品格教育，事实上，品格教育并非一个无边界、开放的、没有限度的杂糅。人们不仅可以从学者概括出的特点描述，也能从其阐述的主张与建议中洞见当代品格教育的概念精髓。里克纳曾对当代品格教育提出十一点主张，涉及品格教育的目的——促进作为良好品格根基的核心伦理价值；"品格"的全面界定，不仅包括含义，也包括涉及的情感与行为；实践的方法，如教师示范、常规政策、学业课程、教学过程、学业评估、校园环境、学校管理、亲子关系等方面；学校氛围、学习方式、相关学业课程、对学生学业内在动机的培养、对学校工作人员尤其领导者的要求、家庭与社区的帮助；以及最后的评价方式等[6]。

很多人认为，任何与价值观相关的教育实践都可以作为品格教育。事实并非如此，品格教育对价值有明确倾向，并非"价值中立"（这一点主要是针对价值澄清理论的道德相对主义与认知发展理论的不全面而言），同时强调教育中的直接主导作用。阿兰·洛克伍德（Alan Lockwood）教授根据当代品格教育倡导者所提及的特征与主张认为当代品格教育具有如下特点："当代品格教育的中心目标旨在促进积极的行为，消除破坏行为；学生拥有正确价值观便会做出正确的行为，不良行为是因为错误价值观的持有或对正确价值的无知所产生的；具有正确行为的人一定拥有正确价值观与良好品格；拒绝伦理相对主义，相信道德定有对错之分；道德教育方式多样，最有效的方式即直接讲授与榜样的示范[7]。"根据上述特征，当代品格教育可界定为"旨在直接、系统地塑造学生良好行为的教育。它通过有倾向性地讲解非相对性的价值来影响学生的行为，以期其做出好的行为[8]"。

二、当代品格教育的缺陷与受到的批评

虽然当代品格教育作为挽救因价值相对主义与实用主义带来的社会诸多问题而被广大学校

接受并应用，但也受到来自各方的批评。总结对当代品格教育的批评，主要有如下五点。

第一，当代品格教育背后对于人性的灰暗假设使其将恶劣行为仅仅归结于个人因素，对外在的社会、政治、经济、文化等因素有所忽略。品格教育从诞生起就宣称，青少年出现各种问题是由于他们内心缺乏好的品质与正确的价值观，头脑被歪曲的价值观所充斥。"这种假设与基督教对于人的原罪笃定极为相似，在性恶的起点无视人性的光辉。这就像霍布斯的理论——人们需要强有力的政府来控制其野蛮与自私，而这种对人类的善持悲观态度的传统也延续至今[9]"。品格教育将儿童摆在对立面，认为儿童不能控制自己的冲动，需要外在力量去控制与教化，故将直接说教作为其内在理念的有效支持手段，能够快速控制儿童的内心。这也间接表明，品格教育的提倡者其实非常重视社会稳定，在社会秩序上表现出保守态度。他们的理念弱化了学生的存在，认为学生并不是根本目的，社会稳定才是根本目的。虽然当代品格教育格外注重社会稳定，但对当今社会普遍存在的制度不公与社会不平等现象却视而不见。"在他们的话语体系中，社会问题并非根源于经济、政治与社会结构的失败，而是根植于个人态度与行为中[10]"。也正因如此，在品格教育中，儿童的情感、行为与认知发展成为避免问题行为产生的关键。

第二，当代品格教育的倡导者过于简单地估计了过去与现在人们对于价值观的共识，狭隘地认为只要人们获得对价值观的一致认同，与此价值观相关的社会问题便可得到解决，幼稚地认为思想决定行动。也正因如此，当代品格教育并未在教育中涉及价值冲突讨论，错把价值的概念作为产生正确道德行为的关键，殊不知价值原则才是根本。"品格教育的倡导者显然认为人们对于价值观是可轻易达成共识的[11]"，他们似乎还沉浸在"伟大传统时期"人们价值观的高度一致中，没有意识到全球化时代多元文化对价值的冲击。事实上，不论是过去还是现在，道德哲学界一直在"哪些价值是需要提倡的"以及"是否有绝对价值"等问题上争论不休。只要学生知道应追求哪些价值、明白这些价值的含义就能产生良好行为的论断，将现实与理论皆想得过于简单。"很多研究都已经表明，不同价值与个体行为的关系是不稳定、不一致、难以预测的。这并非说它们之间没有关系，而是没有简单线性的直接关系[12]"。约弗逊伦理中心（the Josephson Institute of Ethics）就曾对青少年价值与行为之间的关系进行研究，发现虽然超过95%的学生认同诚信的正确性与重要性，认为为了不伤害他人，必须诚信，但仍有82%的学生在真实生活中撒谎。在当代品格教育中，我们并未见到对特定情境或对与某一价值观相关联的实际问题的讨论与分析，更多看到的是对诚实、正直、尊重、忠诚、服从、礼貌、勤奋、担当、勇气、同情等价值观的提倡。几乎所有人都承认，提倡这些价值观是正确的，但如果更深一步地分析，我们便会发现品格教育倡导者并没有认真地界定这些价值，没有让学生认真思考这些价值，也没有在其实质内涵上给出自己的观点，更不用说在具体情境下的立场。没有以正确价值理解为基础的行动立场，学生又怎会知道他们应如何应对复杂的生活呢？以诚实为例，当教师告诉学生要诚实时，是否意味着学生要在所有情境下都诚实？这个问题不仅是哲学家需要探讨的，更是人们每时每刻都在思考、实施的行为。人们的行为反映其对于价值观的思考，故在儿童价值观的成长期，教育对于价值观在具体事件中鲜明的原则立场及其分析至关重要，仅仅知道应遵循哪些价值词汇是无法在若干价值相互冲突时做出抉择的。学生在这样的品格教育下自然无法辨析理性听从、盲目忠诚与奴性服从的差异，也不知道在"忠孝不能两全"的时候选择哪一种。价值原则缺席的价值教育不仅无法使学生正确作为，反而容易导致错误的价值行为，让相对主义扎根于学生心中。故真实生活中，那些讲明该如何判断与选择的价值原则才是最根本、最重要的，价值概念次之。一味重复"要诚实、要正直"的教育自始至终都以日常化、经验性的肤浅断言而显得无用。教师不能以"我以前就是这样被教育"的论调来对此教育理念进行辩护。这里也间接体现了价值教育与知识教育的不同。

另外，当代品格教育并未区分支持中立的、有助于学生学业发展的"行为性价值"（Performance Values）（如勤奋、投入、敬业等），与具有是非善恶倾向的伦理道德价值（Ethical Moral Values）（如正义、诚信、民主等）。在没有辨别不同情境下不同价值实践准则的不同时，再不区分"行为价值"与"伦理道德价值"的差异，学生势必会感到困惑。例如，偷窃团伙中的头目不敬业吗？为保护战友而哄骗敌人难道就虚伪吗？"人的品性不能被单纯区分为诚实与不诚实两种，在某种情境中撒谎了不代表他就是不可信之人。换句话说，价值观的体现是因事而异的[13]"。

第三，当代品格教育所依赖的学习心理学理论依据是错误的，从中产生的教学方法也是错误的。学生在接触品格教育之前并非对价值观一无所知，他们从社区、家庭、同伴中获得的是非善恶让他们拥有一定的价值判断能力。克罗斯（Cross）在1997年做的研究发现，"孩子们其实认同爱、关怀、顺从、诚实、慷慨、尊重、善良、友善、友好、守纪等价值观，而对伤害、杀戮、酗酒、失控、野蛮、偷盗、撒谎等无比厌恶[14]"。从这一点我们发现，其实孩子们已经潜在地认可了品格教育所倡导的价值，且知道它们的重要性。这时，教育的重心不是重复灌输学生已知的概念，而是加深他们对于价值的思考与应用。如何加深学生对于价值观的思考成为当代品格教育思索的问题。纵览当代品格教育相关文献，其倡导者并未明确提出在教育实践中使用哪一种学习心理理论。从具体操作来看，如果一定要说他们有所依据，那就是行为主义理论，也称刺激—反应理论。因为在儿童价值观与品行塑造的过程中，教师会使用奖惩措施来强化儿童的品格养成。他们制定了大量奖惩标准，并以此作为学校的纪律准则。洛克伍德教授总结了批评者对于当代品格教育在行为主义支配下奖惩观的缺陷并汇总为三类："第一，相对于惩罚来说，学校中的奖励少之又少；第二，惩罚并不能作为有效提升儿童伦理价值与品格的方式；第三，同样地，奖励也不能作为有效促进其良好品格形成的手段[15]。"在当代品格教育的实施中，对于儿童的奖励主要是口头表扬与成绩加分，但价值观与知识技能不一样，学生重视因学知识而考出的高分，但不一定在乎教师对于自己价值观方面的口头表扬与评定。一些学生甚至厌恶教师因道德行为而当众表扬自己，认为是将自己与其他同学对立起来，而感到羞耻与尴尬。故当口头表扬与评定加分被多次使用后便失效了，教师只能寄希望于惩罚与责备。但无论是奖励还是惩罚，都会导致学生异化行为的产生，即将接受奖励或规避责罚作为行为初衷与根本，忽视了价值本身是非善恶的意义。"我们希望孩子之所以不做伤天害理、不道德的事情，是因为他们知道这些事情是错的，对他人有伤害。惩罚这一教育方式并不能使学生朝向这样的思考过程，它的逻辑是如果做了不被允许的事情，那么就要承受相应的后果。这种恶有恶报、以牙还牙、以眼还眼的逻辑让学生看重的是要承受的后果是什么[16]"。学生的伪善性格就在这种培养方式下形成了。

第四，将习惯的养成作为品格教育中的一项重要任务是存在争议的。当代品格教育将亚里士多德的伦理学作为自己的理论基础。当人们问亚里士多德如何教授美德之时，他回答，美德的获得一定是通过实践来实现的。就像如果你要教授诚信，那么你的学生就需要勇敢地去做需要勇气的诚实行为。同时，一旦人们获得这种品格之后就需要通过训练以使其成为习惯，因为每件价值事件发生时，个体总会不断衡量、不断拉扯自己的内心，不良的行为总是具有诱惑力，如撒谎这件事就总是慢慢变得得心应手。如果好的行为不成为习惯，那么坏的行为就自然顺应人之惰性成为习惯。所以，品格教育的倡导者坚持道德必须实践并形成习惯，以应对复杂的生活。但这种观念没有考虑到价值间相互冲突的情境。正因为生活的复杂性与不可逆性，我们应谨慎将某种价值观作为我们一旦形成便不易更改的"习惯"。面临两难困境的时候，如果错误的价值观已成为我们的习惯，那培养时的毫不犹豫就成为过失。虽然亚里士多德提倡要将价值行为习惯化，但也提出在习惯化的过程中注入理性之思，这是品格教育者所忽略的。

第五，当代品格教育者并未注意到少年与青少年、小学生与中学生之间的差异，未对他们的差异与不同发展特点进行学术性研究。品格教育者当然清楚低龄儿童与高龄儿童之间存在区别，但并没有在提出品格教育目标、相关实践策略与定位教师角色的时候将其纳入考虑。虽然一些品格教育丛书也涉及小学低年级学生应做什么、小学高年级学生应做什么，但都是以直觉、经验作为依据的，解释过于简单。没有类似皮亚杰与柯尔伯格对儿童道德发展状态的研究，也就没有一个系统的学生发展观作为理论支撑。

三、发展性品格教育及其优势

当看到当代品格教育的诸多缺陷与误区时，洛克伍德教授在品格教育的基础上提出了"发展性品格教育"（Developmental Character Education）概念。上文提到，洛克伍德将当代品格教育界定为一种"由学校发起的旨在通过明确非相对性的、社会可接纳的价值观而直接、成体系地塑造学生行为的学校教育活动[17]"。将发展的理念注入这一概念后，新形式的品格教育是一种"由学校发起的通过使学生理解道德观、价值观并做出承诺，愿意为此承担义务而积极影响学生行为，使学生与他者、与社会产生道德友好关系的教育活动。这一教育行为中的所有课程材料、教育方法及教师的理念均应明确考虑到不同年龄儿童发展的差异[18]"。发展性品格教育概念比当代品格教育概念丰富，并非颠覆当代品格教育，是在承认当代品格教育也是价值教育的一种形式，能够使学生完善、提升已有价值观的基础上对品格教育进行调整，使其更符合教育的意义，更顺应儿童的成长。但对比两个概念，我们还是能够看到二者存在较大区别。

洛克伍德用"发展"一词来界定新的品格教育，在某种程度上容易让人认为其只是解决了当代品格教育存在问题中的最后一个问题，即低龄学生与高龄学生的差异问题，其实不然。洛克伍德提出的"发展"一词含义深重，这里不仅有"发展"的应有之意，也蕴含"全面""动态"的意思，以应对孤立、静止之意。当代品格教育认为，人们是否具有良好的价值观是个体自身行为，与社会、文化、经济、体制等均无关；认为只要知道应该追求何种价值观，就自然正确理解这一价值观的内涵与意义，未考虑到真实生活的复杂性与价值相互冲突的可能；缺乏对理性思考与批判性思维的考虑；简单地将价值教育与概念认知等同。仔细思忖便会发现，其实当代品格教育存在的问题是相互关联的，正因为它将价值观的获得看作个体行为，与外在因素无关，当代品格教育倡导者才没有考虑复杂真实生活中那些价值冲突的情况，也自然不会涉及理性思考与批判性思考。也正因为品格教育者简单地认为只要学生知道应该追求什么，学校或社会希望学生追求什么并告诉他们怎么做，学生便能自觉自愿地认同这些价值观并在日常生活中做到，所以当代品格教育在其形式上成为一种概念认知，品格教育成为知识教育。而正是因为当代品格教育没有对不同年龄段学生心理、性格等特点进行研究，没有以发展的眼光看待这些学生，教育的效果才没有达到预期。要解决这些问题，就要对当代品格教育进行调整，使其从全面的、动态的、发展的角度看问题。即使当代品格教育是因价值澄清理论与道德认知发展理论引领下的实践出现诸多问题而回归复兴的，这两个理论也有其可取之处，品格教育不可全面颠覆这两个理论。洛克伍德重新审视埃里克森（Eric Ericson）、皮亚杰与柯尔伯格等心理学家的理论，将其理论中全面、动态与发展的精髓纳入品格教育。

品格教育实质可被看作一种人格教育或个性教育。埃里克森的"人格发展八阶段理论"为我们提供了重要的理论依据，即人是存在于社会上的人，人的成长与发展一定是受到社会外在因素影响的。品格教育旨在培养全面、完善的道德主体，希望道德主体可以进一步完善社会的道德状况。如果道德主体能够增进社会整体的道德素养，那么当代品格教育又是如何确定个体能独立地完成其价值养成的过程呢？此悖谬使埃里克森的理论成功地为发展的品格教育提供理论基础，同时让人们继续思考，道德人格是人存在的重要的部分，而核心问题乃"我是谁"，要回答这个问题，我们就需要追问一些问题，"我应该成为什么样的人""我成为应该成为的人了吗""在我与他人相处、成为社会一员时我应抱持怎样的价值原则"以及"是什么使我在面对自己与他人的生活时做出重要的价值决定"。所有这些问题不仅是埃里克森理论中所研究的，也是发展性品格教育所要探究并传递给学生的。

另外，埃里克森的人格发展八阶段理论为我们提供了学生发展与教学内容时间顺序的思考。在当代品格教育中，我们经常看到将小学的德育目标定为为美满人生做准备，但这应该是高年级学生的目标。只有当学生的思维发展到一定程度，有能力对自己于社会中的定位及人生走向进行思考的时候，他才会对这一目标进行有效分析、判断与选择，那些6~12岁的儿童还无法理解这个层面的问题，故此目标无效。埃里克森的理论也告知我们，不论是目标的制订，还是教学内容的选择，都应遵循发展的规律。

柯尔伯格的道德发展认知理论给发展性品格教育带来诸多启发。首先，当代品格教育应注重对道德推理与道德原则的关注。当代品格教育非常重视学生的行为是否具有道德性、是否产生破坏行为以及是否对社会有积极影响。的确，所有价值教育的成果最终都落实在学生行为上，但行为是思想的结果，道德的行为得益于道德的思想，而非无思维的机械行为或习惯。人非机器人，有血有肉的情感与道义是人一生无法回避与摆脱的。价值推理、思考、判断与选择才应是品格教育的核心，只关注学生行为而不关注影响行为的思考的品格教育是不遵循人的规律与现实情况的，也不可能实现。世界上不会有一部囊括所有情况的道德行为百科全书，也不会有人在道德岔路始终告诉你怎么做，真实世界需要你在没有其他动机、没有他人指点的情况下独立自主、纯粹地思考复杂庸常中的冲突，做出正确思考与行为。所以，道德两难故事在品格教育的实施中有其重要作用，能够让学生感到冲突、困惑，并说出自己的真实想法。另外，观点的采纳与理解他者的情感，在品格教育中也至关重要。只有在理解他者的基础上和谐沟通，两者才可达成一致，社会也才有减少冲突的可能。

此外，柯尔伯格的理论还启示我们需要让教师深入了解学生的价值观与道德水准。当代品格教育并没有关注学生自身的价值声音。如果关注到学生的真实想法，他们自然可以意识到不同年龄段学生的价值差异与道德水平的不同。很多时候，当教师真正了解到儿童的真实想法，他们甚至会被其观念所惊吓。这时候，教师才恍然大悟，一味地单向传递不足以起到教育作用。只有有针对性地进行价值讲解与分析，才可以解决问题。同时，只有自始至终都了解学生的真实想法，教师才会发现，培养学生从低层次的道德水平进入高层次的道德水平需要漫长的过程。教师可以通过在课堂上对价值相关问题进行讨论来获得学生的真实想法，以准确评判他们处于不同发展阶段的层级，并有针对性地引导学生进行思考，这种教育实践远比在课堂上盲目、枯燥地向学生灌输良好道德更深入人心、更有效。

分析阿兰·洛克伍德对发展性品格教育的定义可以看出，发展性品格教育旨在 "培养学生在与他者的互动相处中对于价值相关问题的丰富分析、理解与评价，使学生意识到并认同道德在社会中的重要性，提升学生做出与社会伦理原则相一致的正确行为的自主性与主动性[19]"。

在面对价值行为是否与外界因素有关的问题时，发展性品格教育与当代品格教育不同，认为价值行为一定会受到社会、政治、经济、文化等外界因素的影响，即使这种影响是轻微的，是无规律可循的，依旧需要让学生在考虑价值原则的运用以及做出价值判断时将外界因素容纳进来，将自己置身于整个社会范围内对价值事件进行思考。在向学生讲解价值概念与意义时，发展性品格教育并非只告诉学生应该拥有哪些价值观及应该如何去做。其实，发展性品格教育与当代品格教育在倡导的价值观内容上并未有较大差异，主要差别在于对价值观的讲解上。发展性品格教育会思考、讲解不同价值观的实质内涵。比如，在讲到关怀、关心的时候，发展性品格教育并非单纯告知学生 "我们要关心他人，向他人表示问候"，而是详细地引导学生分析关怀在不同境遇下的表现，除简单的问候外，有时可表现为礼貌与真诚，有时则是伸以援手或同甘共苦。除分析不同的表现形式外，发展性品格教育还会分析不同情境下应做出怎样的价值判断，这是当代品格教育字典式的 "给定义法" 所忽视的重要一点。在面对如何妥善解决价值冲突这一问题时，发展性品格教育不仅超越当代品格教育，还给出合理的解释，注意到不同年龄段的孩子会有不同的价值理解与价值侧重，所以在举例分析时，教师会引导学生向更高层次迈进。比如在哥哥偷吃糖是否应告诉爸爸这一案例中，年幼的学生可能看到对权威的服从，而高年龄段学生则看到情感的忠诚，更高年级会思考诚实、忠诚以及事情对错本身孰轻孰重，所有这些都需要教师进行引导。最后，在面对道德原则的重要性时，发展性品格教育清醒地看到道德原则比道德本身更重要。因为原则可以使我们更正确地运用我们的价值观，帮助我们在面对价值冲突时理性选择更正确的一方。故发展性品格教育会让学生阐明为什么自己的判断与选择比别人的更好，以刺激学生反思原则的重要性，这是价值教育所不应轻视的。概括而言，发展性品格教育旨在提升学生的价值反思能力，将价值判断融入社会情境；让学生关注社会与他者，不再局限于自身，学会与他者互动，理解他者与社会；让学生对价值事件保持敏感，对事件是否关涉价值有充分考量；让学生理解、认同与欣赏道德价值的重要性；让学生可以自主做出有道德的正确行为且言行一致。

四、发展性品格教育的实践策略

发展性品格教育在弥补当代品格教育的缺陷、完善其正确性时发展出了一套实践策略，这套策略包含发展性品格教育应讲授的内容及运用的教育方法两方面。不论是教育内容，还是教育方法，都基于发展的理念与特点，具有一致性。

价值教育是每一位教师的使命，而非某些教师的特殊职责，每位教师都应思考自己应如何开展价值教育。虽然不同教师在学校所教科目不同，承担的职责不同，但都需要思考选择哪些内容进行品格教育，对于不同年级的学生应做出哪些区别，如何让学生对自己提到的价值事件进行深入、理性的思考，哪些内容需要与学生生活经验相联系，哪些内容是即便与学生生活经验没有联系也需要让学生知晓的。

（一）发展性品格教育的内容

发展性品格教育最主要的特点就是发展，即看到学生不断的变化与成长，故在内容设置上应有所区别，将内容分为小学阶段与初高中阶段，在不同阶段又细分出该阶段低年龄段与高年龄段的内容差异。

对于小学阶段的儿童来说，尤其是低年龄段儿童，教师首先要让他们明白各种价值，并能够对号入座。儿童在家庭生活中早已接触到各种价值观条目，如要听长辈的话、要诚实、要好好学习等，但他们并没有将这些价值条目与价值观专有词汇相互匹配，如好好学习是勤奋、努力与求知的体现，听老师的话是服从、守纪及顾全大局的体现等。对价值进行认知、理解是深入分析价值原则、奠定自身良好行为的前提。其次，学生需要在不同的或虚构、或真实的情境下分辨价值问题。如提问学生是否应该抄袭作业，以及在不告知老师的情况下是否应该抄袭作业，诸如此类的问题。再次，不仅要让学生在回答价值问题、解决价值冲突时用自己的语言进行描述、分析，而且要使其能解释为什么某种价值行为是正确的、值得做的。此过程实乃儿童推理的过程，也是学生在不同情境下举一反三、融会贯通的过程，更是建立与他人良性关系的过程。此外，对于小学生来说，儿童文学的使用可以使其获得更丰富的典型案例。儿童文学中的事例贴近儿童生活经验，主人公的性格特点与儿童相像，可以成为教师的良好助手。当然，教师还可以让儿童自己给出价值，分析不同行为的价值性。

对于初中与高中的学生来说，第一，我们应该让他们学会区分道德价值与非道德价值。道德价值有正确与错误之分，且会影响他人生活。就像史蒂芬·皮恩克（Steven Pinker）所说，"一个人可以说他不喜欢甘蓝菜，我也不在乎他是否喜欢它。但不会有人说，他不喜欢谋杀，我也不在乎他是否要去谋财害命[20]"。很多时候，道德价值与非道德价值并没有明晰的界限，所以在开始讨论某个价值原则之前，我们需要为学生提供分析某情境中核心价值是否是道德价值的机会。如若仅仅是依照激情而流露的对某物的偏好，则无须继续讨论。但若是与自由、公正等价值相关的事件，学生则需要确定情境中所涉及的核心价值是什么，不同行为会给不同人群带来哪些结果。第二，对于中学生而言，价值问题的讨论应在更宽广的空间范围进行，除讨论学校、本地区的问题，还可以涉及民族、国家甚至整个人类的问题。比如，在历史学科中，可以就开放通商口岸的利弊洞见不同价值原则所带来的不同历史结果及国际关系。这也是让学生了解社会现实、政治、经济制度与多元文化的过程。第三，为学生提供价值两难冲突，因为冲突是最好的刺激案例，有冲突就有取舍，取舍的过程往往冲击内心，留下深刻印象，发生在学生身上真实的两难取舍更是如此。第四，在进行价值分析的过程中，学生不仅要分析他人的观点与立场，同时要思考自己与他者的观点孰对孰错。若自己的观点正确，自己应怎样说服他人放弃他们的立场；若他人观点正确，自己是否可以认真倾听他人立场，放下自我执念。这个过程就是学生运用同理心理解他者、换位思考的过程。同时，理解他人与赞同他人是两回事。在分析影响结果时让学生学会把握火候，面对不同利益是坚持己见还是随波逐流。另外，教师可以在讨论过程中人为增加障碍，以增加分析难度。如在问题的设置中增加同辈压力、权威因素等障碍检测学生在情与理的艰难抉择中是否依旧能够做出正确判断与选择。

（二）发展性品格教育的实践方式

洛克伍德教授在论述发展性品格教育实践方式时强调三种方法：角色扮演法、写作法与讨论法。

角色扮演因不同角色的参与、情节的起承转合及学生直接的投入体验而比最常用、最普遍的说教法更生动、有效。因为人物的多样性、故事的丰富性，学生可以从脚本、台词中获得感官刺激，从而对自己所扮演人物行为的对错进行深入思考，预测故事变化发展并产生情感投入。由于小学生专注时间较短、思考能力有限，教师可选择篇幅较短、涉及价值观较少、台词已完全拟好的剧本。对中学生来说，则可以选择人物多样、价值纠缠、即兴成分较多的剧本，给予学生对某一问题进行透彻思考的空间。另外，需要提醒教师的是，其实任一方法的开展本身也蕴含价值教育，学生如何观看表演、如何点评表演、如何评价人物以及他们的观剧态度也都体现了他们的价值观，蕴含价值教育的契机。

在应用写作法时，学生能更平静地进行思考，有更直接面对心灵、审视自己的独处状态。所以相比其他方法，写作法最能表达学生真实的想法，呈现学生逻辑的思考过程，在价值思考、决策、选择的呈现中，学生的价值原则也一目了然。对于年龄大的学生来说，教师可以在学生完成写作任务后组织小组讨论或班级辩论活动，以加深学生对某一价值问题的思考，用高层次思考水平的学生带动低层次思考水平的学生，同时拓展学生对其他价值问题的思考。

最后，讨论法很常见，任何课堂都可以看到教师应用讨论法。但真正有效的课堂讨论对教师的熟练程度有很高要求，这点常被教师所忽视。在讨论法中，教师更倾向于让学生自行辩论，殊不知教师的引导在讨论中比学生畅所欲言更重要。在学生阐述不同的对错观点并给出原因解释时，教师不仅要时刻抓住学生话语中的关键核心点，还要注意学生使用词语的细微差异，他们是使用"不应"还是"不宜"，是严格的禁止还是模棱两可的允许。所有这些都关系着行动的对错。当然，教师还要根据自己的班级状态适当调整讨论形式，以确定在何种情况下采用全班讨论，何种情况下采用小组讨论。全班讨论可能会忽略内向、腼腆的学生，而小组讨论则会将重任压给组内思路清晰的学生。适当规避形式所带来的弊端是教师的任务。

另外，学校还应设有与价值相关的课外活动，如社会实践、校园社团活动、野营、训练等。学校务必追踪学生活动中的当下感受与活动后的收获反馈，这是学校最易忽视的。若不关注学生的反馈，活动就失去其教育意义，学生也会留下较少的回忆与收获。

参考文献：

[1] WHITE E E. Moral Training in the Public School [J]. The Journal of Proceedings and Addresses of the National Educational Association, 1987(25): 131.

[2] ELSON, R M. Guardians of tradition, American Schoolbooks of the Nineteenth Century [M]. Lincoln: University of Nebraska Press, 1964: 338.

[3] MCCLALLEN B E. Moral education in America: Schools and the shaping of character from colonial times to the present [M]. New York: Teachers college press, 1991: 3-4.

[4] WYNNE E A. Transmitting traditional values in contemporary schools [A] //Moral development and character education. Chicago: University of Chicago Press, 1989: 24.

[5] LICKONA T. Educating for character [M]. New York: Bantam Books, 1991: 26.

[6] LICKONA T. Eleven principles of effective character education [J]. Journal of moral Education, 1996 (25): 95-96.

[7][12][15][17][18][19] LOCKWOOD A L. The case for character education: A developmental approach [M]. New York: Teachers college press, 2009: 12, 16, 26, 69, 69, 70.

[8] LOCKWOOD A L. What is character education [A] //The construction of children's character. Chicago: University of Chicago Press, 1997: 179.

[9] WYNNE E A. The great tradition in education: Transmitting moral values [J]. Educational Leadership, 1986, 43 (4): 7.

[10] PURPLE D E. The politics of character education [A] //The construction of children's character. Chicago: University of Chicago Press, 1997: 140.

[11] LOCKWOOD L. Keeping them in the courtyard: A response to Wynne [J]. Educational Leadership, 1985/1986, 43 (4): 9.

[13] LEMING J S. Research and practice in character education: A history perspective [A] //The construction of children's character. University of Chicago Press. 1997: 34.

[14] CROSS B. What inner-city children say about character [A] //The construction of children's character. University of Chicago Press, 1997: 121.

[16] KOHN A. Punished by rewards: The Trouble with Gold Stars, Incentive Plans, A's, Praise, and Other Bribes [M]. Boston: Houghton Mifflin Company, 1993: 172.

[20] PINKER S. The moral instinct [J]. The New York Times Magazine, 2008 (1): 34.

（作者高洁系首都师范大学教育学院讲师。）

第三章 生态文明教育理论与实践

气候变化教育：联合国行动框架及其启示

孟献华，倪娟

导读：气候变化对人类生活和自然环境产生了重大影响，气候变化教育已经成为联合国可持续发展战略并成为其重要组成部分。在《联合国气候变化框架公约》指导下，联合国各组织部门发布了一系列纲领性文件，从教育政策制定、教育目标设定、课程设计实施、教师能力提升和学校环境建设等方面阐明了气候变化教育的发展路径，在世界范围内开展了卓有成效的教育实践。气候变化教育能够培养学生跨学科的综合性问题解决能力、批判性思维能力和社会责任意识等核心素养，应该关注气候变化的课程开发、教学研究和教师培训。

英语中的"气候"（climate）一词，具有倾斜之意，原指太阳出现在地平线上的斜度，纯属自然现象，自古以来人类通过了解气候变化来适应生存环境。《联合国气候变化框架公约》（United Nations Framework Convention on Climate Change，UNFCCC）将"气候变化"定义为："经过一段时间的观察，在自然气候变化之外，由人类活动直接或间接地改变全球大气组成所导致的气候改变[1]。"这一定义将"气候变化"与自然原因引起的"气候变率"相区别，强调了人类自身行为在减缓或适应气候变化过程中的作用。因此，联合国教科文组织（United Nations Educational, Scientific and Cultural Organization，UNESCO）认为，教育是应对全球气候变化的一个核心举措，不仅要不遗余力地促进公众对气候变化的理解，还要在学生中普及基本的气候知识，帮助学生适应气候变化[2]。

一、政策演化：从环境议题到教育关注

1896年，瑞典科学家斯文特·阿列纽斯（Svante Arrhenius）提出，如果大气中二氧化碳含量减少40%，温度将下降4~5 ℃，并可能引发新的冰川期；反之，如果二氧化碳含量增加一倍，温度则将上升5~6 ℃，产生所谓的"温室效应"（Greenhouse Effect）[3]。

20世纪70年代，随着地球大气系统科学的深入研究和公众对气候问题的广泛关注，应对气候变化成为全球发展的重要议题。20世纪80年代末以来，联合国举行了一系列以气候变化为主题的磋商会议。1988年，为让决策者和公众更好地了解气候变化，联合国环境规划署（United Nations Environment Programme，UNEP）和世界气象组织（World Meteorological Organization，WMO）成立了政府间气候变化专门委员会（Intergovernmental Panel on Climate Change，IPCC）。1990年，经数百名顶尖科学家评议，IPCC发布了第一份评估报告。该报告确定了气候变化的科学依据，对政策制定者和公众产生了深远影响，也奠定了后续国际气候变化公约的谈判基础。

1992 年，联合国环境与发展大会（United Nations Conference on Environment and Development）通过《联合国气候变化框架公约》确定了应对气候变化的原则，并沿用至今。这些原则包括：人类共同关注气候变化、公平发展原则，不同国家"有区别地共同承担责任"和可持续发展原则。各国政府同意在教育赋权、激励利益攸关方和社会团体参与等方面加大努力，寻求减缓气候变化的方案。公约第 4 条提出了气候变化教育的基本理念、国家和国际层面的行动框架。行动框架在国家层面包括：（1）拟订和实施有关气候变化及其影响的教育计划，提高公众意识；（2）保证公众获得有关气候变化及其影响的信息；（3）公众参与应对气候变化及其影响的决策制定；（4）培训科学、技术和管理人员。行动框架在国际层面包括：（1）开发和交流气候变化教育资源，提高公众相关意识；（2）制订并实施教育计划，包括加强组织机构间的人员交流、借调，特别是为发展中国家培训这方面的专家[4]。

20 世纪末，联合国各组织部门一系列的会议备忘录表明，气候变化正成为可持续发展教育（Education for Sustainable Development，ESD）的关注重点。2000 年 9 月，联合国举办了千禧年峰会（Millennium Summit），189 个国家签署了《联合国千禧年宣言》（United Nations Millennium Declaration），明确强调了教育和可持续发展之间的关系[5]。2007 年，联合国人口活动基金会（United Nations Fund for Population Activities，UNFPA）发布了《土著人民权利宣言》（Rights of Indigenous Peoples），指出原住民妇女和弱势群体更易受到气候变化的影响[6]，提出应减少气候变化带来的灾害风险，通过可持续发展教育教会孩子们认真思考可持续原则与社会的关系。

为响应上述文件，2007 年，联合国儿童基金会（United Nations International Children's Emergency Fund，UNICEF）委托世界银行首席经济师、英国经济学家尼古拉斯·斯特恩（Nicholas Stern）完成了一份气候变化与儿童权益相关报告。该报告指出，气候变化给儿童带来了死亡率上升、社会地位不公、失学人数增加等负面影响[7]。2015 年 9 月，联合国峰会通过了《2030 年可持续发展议程》（The 2030 Agenda for Sustainable Development）。该议程将气候变化问题作为世界可持续发展的战略性目标，认为应对气候变化和促进可持续发展相辅相成。如果不采取行动应对气候变化，便无法实现可持续发展；反之，许多可持续发展目标也致力于解决气候变化所引发的种种问题[8]。

气候变化及其影响具有复杂性、严重性和紧迫性，要促使世界各国政府通力合作，采取有效措施遏制全球气候的进一步恶化，教育也成为一个应对气候变化的重要合作领域。

二、联合国气候变化教育框架

（一）多部门共同参与的教育行动

早期的气候变化教育由科学家和地理学家承担，重点讲授其中的科学知识[9]。近 10 年来，人们认识到气候变化教育还涉及社会学、经济学、环境问题以及政策制定等多学科问题，应作为一种跨学科的、培养学生综合素养的课程看待，这一共识成为联合国各部门共同参与气候变化教育的基础[10]。

气候变化教育涉及多个方面：（1）探讨气候变化的根本原因；（2）通过多学科方法形成跨学科问题解决框架；（3）社会公平教育；（4）地方性或人类社会共享的价值观；（5）提供具有重要任务和体现学科方法的课程背景；（6）构建文化学习的环境，激励学习者对未来的种种不确定性进行探究[11]。正如教科文组织前总干事松浦晃一郎（Koichiro Matsuura）所说："气候变化教育就是帮助学习者理解和解决今天全球变暖问题，促成他们态度和行为的转变，并最终让我们的世界获得可持续发展的未来[12]。"

教科文组织提出了气候变化教育的4个核心内容：（1）气候科学与知识，建立气候科学论坛，告知公众和利益相关者——包括政策制定者、弱势群体、社区媒体和科学团体——气候变化对农林渔业、能源与环境的影响，提供气候变化预测，加强社会的应对能力；（2）气候变化与可持续发展，通过创新型教育策略，帮助公众（尤其是青少年）了解、探究如何减缓和适应气候变化，养成应对气候变化意识的公民素养；（3）气候变化与文化，构建全球气候变化观测网站，反思气候变化对全球生态系统和人类社会文化多样性的影响以及减缓和适应这些变化的策略；（4）气候变化与社会伦理，从社会伦理、性别平等、弱势群体保护视角考虑问题，制定出适合的政策，采取更为有效的措施[13]。

作为以科学研究见长的组织，联合国环境规划署的气候变化教育致力于4个方面的提升：（1）适应气候变化，利用社会服务系统，增强各国抵御气候变化影响的能力；（2）减少毁林、防止森林退化（Reducing Emissions from Deforestation and Forest Degradation，REDD），从国家发展的战略高度部署REDD项目，充分考虑生物多样性和人类社会多样性的公共利益；（3）发展低碳经济，支持各国投资发展清洁和可再生能源、提高能源效率和减少能源消耗，向低碳增长和绿色经济过渡；（4）提高气候科学的认识，为国家决策者、社会团体以及私营部门提供有关气候变化的最新研究动态与决策信息[14]。

联合国儿童基金会（2012）指出，社会各行业不同程度地经历气候变化带来的危害，没有哪个部门能够单独解决这一挑战，只有多部门的积极协作，才能确保高质量的教育。表1提供了教育部门与其他部门协同，合作应对气候变化和风险灾害的行动框架。

表1 教育部门与其他部门协同应对气候变化和风险灾害的行动框架[15]

	面临的挑战	基于教育的问题解决
农业、渔业和林业部门	气候变化造成农业产量降低、粮食生产缺乏保障、农林渔业发展的不可持续性，从而带来公众营养卫生和食品安全问题	合理制订学校供餐计划，增加食品安全；规划设计校园苗圃或与气候变化有关的设施；与社区合作实施参与式教学，推广可持续发展的实践和创新教育
环境与能源部门	环境恶化与气候变化	通过教育加强环境管理和可持续发展的生活意识；在学校设计中体现可持续发展理念，包括可再生能源利用、绿色空间建造、清洁用水回收以及绿色、可持续性能源产品的使用
健康部门	气候变化带来腹泻、呼吸系统疾病和营养不良	学校建设足够的卫生设施和洗手设备，提供卫生的餐饮计划和花园苗圃；对学生进行生活技能的教育；培养学生健康的饮食习惯
金融与经济部门	灾害使可利用自然资源减少、公众收入降低，必须增加预防灾害的投入	教会学生以创新型、可持续发展的生活方式适应未来的气候变化、降低灾害风险
城市工作部门	解决城市贫民区的环境拥挤闷热、空气质量差以及卫生设施不足问题；预防地震和有害废物泄漏以及其他灾害，减少危害	绿化学校周边环境；提供足够的卫生设施；学校定期进行应对突发事件的演习和撤离计划；推行减轻伤害的生活技能教育

（二）教育目标：跨学科的综合能力

早在20世纪，气候变化教育的重要性就已经得到公认，但对于教什么、如何教等具体课程制定与实施并没有达成一致。21世纪初，联合国及其合作伙伴组织提出，气候变化教育是一个综合性学习平台,其目标最终指向"培养未来合格公民面对种种不确定环境、做出有效决策的能力"[16]。这些个人能力包括:(1)帮助个人做出明智决定的能力;(2)促进批判性思维和解决问题的能力;(3)预测影响自然环境和人类生态系统事件发生及其后果的能力;(4)形成有助于减少温室气体排放、可持续发展的生活意识[17]。科温(Keown)和霍普金斯(Hopkins)提出,气候变化教育应该在6个方面引发个人转变:问题分析、社会和个人决策、政治决策、社会正义、感知多种文化的能力和生活行为的改变[18]。

联合国儿童基金会认为,气候变化课程的核心在于发展儿童适应气候变化和降低灾害风险的生活能力[19]。对个人和社区而言,学习内容包括:(1)知识,提供相关知识来帮助理解气候变化与环境管理、灾害风险等概念;(2)态度,孩子们学会尊重他人和了解不同群体的生活环境;(3)技能,孩子们参与实践活动保护环境、减缓和适应气候变化,在面临灾害时懂得如何降低风险,成为积极参与社会决策的公民。气候变化教育内容的完整性也要求教学目标体现出全面性、关联性和渐进性(见表2)。

表2 不同阶段儿童气候变化与减灾教育的表现性目标[20]

知识学习:学习者应理解的知识		
学龄前儿童	小学生	中学生
·环境的重要性 ·我能为保持环境卫生做什么 ·如何发现和避免日常生活中的风险	·信息来源的重要性和如何使用信息 ·气候变化、环境保护的基本概念 ·自然资源对生活的重要性 ·水循环、生命周期等生态循环概念 ·什么是风险、威胁和脆弱性 ·觉察和避免日常生活中的风险 ·在灾害发生时如何保护自己 ·根据历史事件,反思自身行为可能对他人和未来环境造成什么后果 ·人类的社会活动,既可能对环境造成破坏,也可能保护环境	·对相关信息进行甄别,判断其有效性 ·什么是减缓气候变化和适应气候变化 ·自然资源是保证生态循环的基础,生态环境与自然资源、社会生活、经济因素相互影响 ·什么是消费品的使用周期和环境保护 ·气候变化和环境问题带来哪些区域和全球影响 ·如何确定风险及其造成的危害 ·脆弱性与风险危害之间的关系 ·社会不平等给个人和社会带来的风险 ·如何评估各种解决气候变化问题方案的优劣
态度形成:学习者的行为表现		
·能够关注和欣赏当地的环境 ·具有基本的环境风险意识 ·远离生活环境中可能的危险 ·负责任地使用自然资源	·能够关注和欣赏当地的环境 ·认识当地常见动植物等自然资源 ·尊重不同背景的人,理解不同观点 ·赞同其他地区人们具有的环境知识 ·意识到在保护环境和降低风险方面,自己和他人的权利与责任 ·能够处理因灾害引起的恐惧、悲伤情绪和财产损失	·关注环境可持续性发展问题和灾害风险的规避,关注本地和全球的环境问题 ·意识到自己和他人,包括当地土著群体在环境保护、降低灾害风险方面的权利和义务 ·关注环境、经济和社会之间的复杂关系,就地区或全球性环境问题进行平等、开放的意见交流 ·购买消费品时,考虑使用它会对环境和社会造成哪些影响

联合国教科文组织的"学校整体参与气候变化教育计划"建议,将气候变化内容作为一个学习的主题,与学生各学科的学习活动相结合,而不需要设定额外的课程,如可以让学生制作数学模型展示能源使用变化,创作关于气候变化的艺术海报等(详见表3)[21]。

(三)气候变化的教育实施策略

20世纪90年代以来,联合国不同组织开发了大量气候变化主题的学习资料和计划,这些资源体现出以下特点:(1)普遍性,资源适用于不同知识背景和经验的感兴趣学习者;(2)针对性,由联合国专业机构从科学角度对气候变化进行专业知识的教育;(3)前沿性,给出了相关领域最新发展的研究成果;(4)整体性,选择全面的、旨在促进学习活动的高质量学习内容[22]。

具体如何开展气候变化教育,联合国教科文组织及其他参与组织采用了以下策略。

1. 实施气候变化教育的政策引领

气候变化教育涉及一系列学科领域的专业知识,包括气候科学、政策法律、社会伦理、经济文化,需要考虑人口迁移和儿童入学、基础设施维护和人力资源管理等因素,决策者必须以此为基础制定教育政策、拟订教育计划、整合教学内容[23]。

这类政策文本最具代表性的是联合国儿童基金会2012年发布的《应对气候变化与减灾教育》,该文件用于指导政府和教育实践者如何开展气候变化教育,明确了政策制定、宣传规划的关键要素,阐述了如何将气候变化教育和国家社会经济发展问题相联系[24]。同年,联合国教科文组织发布《气候变化教育:背景文件与国际案例》,探讨了教育部门和气候变化的关系,从气候变化影响、气候变化教育框架、教育者和学习者应该具备的知识技能等方面,说明各部门如何共同参与、合作交流、实现素质教育[25]。

表3 面向气候变化的学科活动评价框架

参考以下这些案例,思考如何在每个科目中讲授气候变化,哪些例子对你的学校或任教班级有意义?你能想出其他方法来帮助学生理解气候变化,并采取行动适应气候变化吗?	
学科	表现性评价
农业和园艺	设计和维护学校的花园和堆肥场所 采访当地农民和不同性别的成人,了解气候变化对他们的生活、工作造成哪些影响
视觉艺术和表演	制作海报,展示气候变化给人类带来的影响 搜集带有环境主题或信息的歌曲,分析其中的观点和内容
生物	研究气候变化对疟疾等疾病传播的影响 研究学校校园或当地自然环境中的各种生物
公民/政治课	采访当地政府官员,了解他们采取了哪些行动应对气候变化 制订一个规划,给当地的海滩或公园进行一次清理工作
地理	实地考察城市范围扩大的原因及其带来哪些影响 查找世界上受气候变化危害最明显的地区,绘制一份气候变化影响分布图
健康与体育	在学校周围的小路上徒步行走,注意在活动中如何保护自然环境 探究哪些自然环境的改变会给我们的健康造成危害,如空气污染 列出哪些身体锻炼活动需要考虑环境的影响,如户外跑步等
历史	研究历史上人们怎样解决遇到的各种环境问题,其中经历了哪些矛盾冲突 研究生态知识的历史演变,考虑历史对解决当地可持续发展问题有什么样的启迪
语言和文学	运用语言技巧或文学写作能力,描述本地区或全球性气候(环境)问题 观察有关气候变化或其他环境问题的图片、视频,创作相关诗词、故事等艺术作品
数学	绘制学校各种能源使用及其变化的直观图 通过统计数据,判断本地区和世界范围的性别、贫困和营养问题分布情况
科学与技术	调查哪些气候变化是自然变化引起的,哪些是人类活动造成的 评估化学发展给社会、环境和经济带来的影响
职业与技术教育	从为工人提供健康舒适的工作环境视角,评判职业技术工作场所的安全措施 找出解决社会和环境问题的技术方案,在产品设计中体现环境保护和社会责任

2016年,联合国教科文组织与《联合国气候变化框架公约》组织共同发布了《气候变化赋权:教育、培训和提高公众意识的解决方案》[26],从国家战略发展视角提出基于结果的管理方案(Results-based Management),该方案强调气候变化教育政策的透明度和问责制,这一气候赋权行动(Action for Climate Empowerment,ACE)分为4个阶段:(1)启动,包括建立合作关系、明确概念基础、评估现有国家政策和监测制度;(2)规划,需求评估和教育赋权、创建战略方

案、利益相关者进行磋商；（3）实施，建立跨部门合作关系、调配资金与技术人员；（4）评估，项目的过程监测与结果报告。

2. 开展气候变化教育的课程整合

气候变化教育整合到各级学校课程中，可以确保学习结果的有效性和主题理解的深刻性。将气候变化作为特定的学习背景，需要变革现有以学科知识逻辑为主的教学策略，其科学内容、活动设计和措施制定必须考虑当地自然环境和学习者群体特征——如学生年龄、知识水平和学校类型等[27]。

联合国教科文组织"Sandwatch：适应气候变化和可持续发展的教育"[28]项目开始于1998年，现已成为一个全球性计划，获得了50多个沿海和岛屿国家支持。该项目通过互动性学习，指导学习者和从业人员监视当地海洋环境、确定关键问题并制订行动方案，课程设计体现出区域性、主题性和活动性。项目手册提供了8个学习主题，包括探究海滩的组成、海滩上的人类活动、海滩上的动植物、海洋水质、洋流与海浪、海平面上升、海滩杂物清理、创建个人Sandwatch网站。每个主题都融入了气候变化问题，设计多个学生活动，包括进行天气测量、制作海滩地图、视频数据采集、测量海滩剖面、探讨海平面上升对海滩的影响、探究海水酸化、记录海滩上人类活动、搜集分析海滩杂物、观测海面波浪变化、观察海滩上的动物巢穴等。

2011年，联合国环境规划署发布《青少年生活方式指南》，期望通过教导青年人（15~24岁）选择健康的生活方式以减缓气候变化影响，内容包括：气候变化原因及其对地球影响；可持续发展的生活习惯——什么是健康的饮食、休闲购物和旅行交通；提供大量免费在线环境资源等[29]。

2011年，联合国儿童基金会发布《气候变化与儿童权益教育》，为工业发达国家学校教师和课外活动组织者提供教育资源包，帮助学生了解气候变化给他们自身权益带来的影响，指导他们如何采取行动应对气候变化。该工具包还提供了一系列适合13~15岁儿童学习的渐进式课程，通过角色扮演、游戏模拟等活动让学生学习相关知识，获得专业技能[30]。

3. 开发气候变化教育工作者的培训课程

加强教师和教育工作者的教学能力对促进气候变化教育具有至关重要的意义，这包括加深他们对气候和可持续发展问题的理解、发展必要的技能和为他们提供教育支持[31]。此外，教师和教育工作者需要专门的材料支持有关气候变化的学习活动，如实施资源手册、教学培训模型、漫画和视频等。

联合国教科文组织2013年开发的"学校教学中的气候变化"项目[32]，是一项针对中学教师的为时6天的培训项目，内容分别是可持续发展教育理论与实践、全球气候变化历史、气候变化的减缓与适应、地方性问题及全球视域下的气候变化、教育赋权与学生行为激发。项目手册还提供各大洲地方性学习资源包和学习活动设计，成为在多学科领域引入气候变化教学的教师培训课程开发指南。

世界卫生组织（World Health Organization，WHO）发布的《气候变化与人类健康：教师手册》[33]和联合国粮农组织（Food and Agriculture Organization，FAO）发布的《气候变化对粮食安全的挑战》[34]，分别从气候变化与人类健康、气候变化与粮食安全的视角，开发了相应的教师手册和学生手册。课程内容涉及如何选择合理的生活与消费方式，应对全球变暖、环境恶化和世界饥饿，成为实施和发展气候变化教育的重要参与者和负责任的公民。

4. 建设可持续发展的安全校园

联合国教科文组织（2012）发布的《减少灾害风险的学校课程：30个国家案例研究》，考察了 30 个最易受气候变化影响的国家,认为不仅应该将气候变化与环境教育融入学校课程,而且应该将降低灾害风险作为学校基础设施建设和安全程序的重要议题[35]。可持续发展国际研究所(International Institute for Sustainable Development,IISD)指出,应该将学校本身看作气候变化教育的实验室,改善校园生态足迹、强化社区联系,以可持续发展理念提升学校设施规划和运行管理,为学生和工作人员提供促进可持续生活的具体机会与未来生活体验[36]。

可持续发展的学校环境包括充足的自然光线、良好的室内空气质量、水资源和能源的高效利用、使用无毒建筑材料及可再生能源等。在使用太阳能电池板、减少温室气体排放的环境中学习体验,学生能深刻理解可持续发展原则,形成负责任的社会行为和绿色环保思想[37]。

联合国儿童基金会在全球 120 多个国家开展"儿童友好学校项目"(Child Friendly Schools,CFS),帮助各国根据自身特点对学校环境进行规划、设计和完善。《气候变化与环境教育:儿童友好学校手册》是项目组针对气候变化开发的教育手册。手册建议学校建筑和场地应该设计成环境教育的天然实验室,开发的项目包括在校园内植树、引入太阳能水泵、收集雨水加工饮用、安装风力泵、加强废物管理等,从而达到"提升应对气候变化能力、降低灾害风险的教育,促进儿童权益与公平"[38]。

5. 改进气候变化的学习策略

无论是传统的学科知识学习,还是单纯的科学技术解决方案,都无法真正解决气候变化和全球气候变暖问题。气候变化教育最终指向学习者自身行为的反思和转变,从而在未来社会中发挥作用[39]。基于这一发展性目标基础的教育策略强调学习关注 3 个特定维度:(1)减缓气候变化,这方面主要学习人类活动如何影响气候的内容性知识,包括气候变化原因、相关学科知识、个人和社会应对方式,如温室气体性质、能源开发利用等;(2)适应气候变化,在面对气候变化及其灾害时,人们应掌握提高应变能力、减少损失的技能性知识,如农业抗旱方法、洪水管理策略等,也包括超越技术的方面——对社会习俗和文化传统的深刻反思;(3)气候变化深层理解,气候变化威胁巨大、无孔不入,却又难以觉察,如何真正了解气候发生了哪些变化、解决方案中的各方利益权衡——尤其如何判断一些否认或回避气候变化的言论背后的动机等[40]。

气候变化教育的教学策略应体现出综合性、渐进性和活动性。例如,《气候变化的应对行动》提出的一项针对儿童青年的教学策略,就尤其注重地方性问题的发现和解决,包括 7 个主要步骤:(1)初始阶段,找出气候变化带来了哪些环境恶化、人类生存危机等问题;(2)确定议题,选择一个重要问题进行详细分析;(3)行动规划,设计解决选定问题的行动框架,列出所需人力和物力资源、关键技能等;(4)执行方案,包括说服政策制定者出台法规,实现二氧化碳减排,提高公众认识;(5)新闻传播,吸引媒体进行相关报道、知识普及和观点辩论;(6)自我反思,参与或监测一个长期环保项目,不断转变自己的生活方式;(7)后续行动,提出新的议题,吸引更多的人参与适应气候变化和环境保护项目[41]。

联合国教科文组织在 2016 年发布的《应对气候变化:学校教育行动指南》中推荐了黎巴嫩(Lebanon)卡瓦塔中学(Kawthar Secondary School)的气候变化教育案例。卡瓦塔中学侧重学校与社区共同参与的教育活动,包括教师、学生和家庭共同参与植树、回收材料制作工艺品、参观国家森林、回收和节约用水项目,制作拯救地球行动宣传片等。其行动方案主要包括:(1)自我评估,评估当前学校气候变化教育的水平,确定教育重点、目标和衡量标准;(2)确定职责、制订计划,建立具有明确角色和责任的行动小组,协调学校行动计划的提出、实施和修订,行动计划包括发展目标、优先解决的问题以及具体任务,内容涵盖组织管理、教学策略、校园设施优化和建立社区伙伴4个方面；（3）实施行动计划，在学校管理、课程教学、校园设施和社区协作4个方面全面实施计划，特别关注性别平等和全体成员参与；（4）收集行动数据，收集多种类型资料，深入了解行动效果，数据包括能源使用的统计、生物多样性统计、社区民众态度、课程计划和工作安排、气候小组会议记录等；（5）反思与回顾，对行动目标、行动过程等进行回顾反思，有时可能改变原有的目标和行动方案；（6）分享行动成果，交流行动的经验和教训，着重分享具有创造性的成果，包括学生制作的本地电力消耗变化图、校园内张贴的宣传海报、为周边社区家庭提供符合可持续发展理念的生活建议、在会议和学术期刊上发布自己的成果、为创新计划寻求国家或国际认证等[42]。

联合国儿童基金会提供了一个基于结果的气候变化教育程序，便于各部门共同协作、评价效果，它包括7个步骤：（1）促使各部门形成参与教育的意愿；（2）初步制定教育标准和评价指标；（3）选择各部门共同关注的、亟待解决的气候议题；（4）将不同性别、种族、阶层的群体纳入教育的对象；（5）最大限度地考虑各部门教育基准，共同开发教育资源；（6）不断修正教育标准和评价指标，以适应不同部门需求；（7）持续性地监控和评估教育的进展[43]。

三、联合国气候变化教育对我国教育的启示

（一）气候变化教育的价值定位

进行气候变化教育，首先需要明确教育的目标定位，因为课程目标直接决定课程政策制定和课程开发指向。气候变化是当今人类面临的最具威胁的全球环境问题，但气候变化又不同于一般的环境问题。分析1990年至2015年的气候变化教育文献发现，气候变化教育面临诸多任务，如多数年轻人不具备基本的气候科学知识、人们对气候变化成因具有诸多误解、不同国家对联合国拟定的"定期减排"协议存在争议等。可以说，气候变化问题的解决需要个人基本的科学素养，更需要对政治经济、社会文化等深层次问题的理解。

2009年，美国国家海洋和大气管理局（National Oceanic and Atmospheric Administration，NOAA）与美国科学促进会（American Association for the Advancement of Science，AAAS）提出的"气候素养"（Climate Literacy）概念，逐渐得到教育者、研究者和教育政策制定者的认同。具备"气候素养"的人应该能够理解地球系统气候模式的基本原则，知道如何评估气候科学信息，对气候变化问题，与他人进行有效沟通并做出合理的行为决策[44]。比较我国2017年高中学生学科课程标准，地理、化学、生物等提出的"人地协调观""减缓自然灾害""社会可持续发展"等教育理念，将气候变化问题作为学习专题，有助于培养学生的跨学科综合解决问题能力、批判性思维能力以及社会责任意识等核心素养。

（二）"融合、联通、多元"的课程开发原则

将气候变化内容作为独立课程设置必然会导致现有课程的膨胀，所以多数国家采用的是"融合"策略，即"将气候变化融入中小学教育课程或主题，如科学、生物学、公民、历史等学科，内容为气候变化基本原则和概念"[45]。作为最早在国家层面实施气候变化教育的国家之一，菲律宾自2007年开始，将气候变化项目与环境保护、生物多样性、道路安全、和平教育和降低灾害风险等已有国家环境教育议程内容相联系[46]。"联通"指的是通过一个项目主题的学习，让

学生贯通各个学科知识，形成跨学科的问题解决能力，如美国国家层面的《下一代科学教育标准》（Next Generation Science Standards）将天气与气候、地球系统、地球和人类活动、生态系统作为学习主题，进行学科核心概念、工程技术概念和跨学科概念的学习。内容包括了解温室气体的性质、搜集数据证明人类活动对气候的影响、开发模型解释并预测气候变化等[47]。

我国幅员广阔，山区、平原、沿海地带等受气候变化影响的程度不同，表现形式有所差别，解决问题策略各异。不同区域可以结合本地区气候变化特征，开发区域性课程资源、构建不同的教学模型、设计多样化的学习活动。同时，气候变化的影响具有全球性，联合国各组织机构和各国政府建立了大量学习型网站，共享全球范围的气候变化数据和气候变化教育政策行动，这也为我国实施气候变化教育提供了更为广泛的课程资源和教学策略。

（三）实行项目化的教师培训

教师是气候变化教育的执行者，决定了气候变化教育的最终效果。但气候变化问题至今仍属于科学研究的前沿问题，教师一方面担心气候变化教育会冲淡原有的学科教育主题，另一方面多数学科教师缺乏气候变化的专业知识和教学技能[48]。现阶段可以借鉴联合国教科文组织等为教师设计的气候变化教育培训项目模板，从理解气候变化的原因、掌握气候变化适应策略、实施气候变化教育策略等角度，开发面向教师气候变化教育能力提升的培训项目、制作支持教师进行气候变化教育的课程资源包。

参考文献：

[1] PIELKE R. What is climate change?[J].Science and Technology, 2004(8)：1-4.

[2] 张婷婷，董筱婷.联合国教科文组织积极推行气候变化教育[J].比较教育研究，2013(4)：106-107.

[3] ARRHENIUS S. On the influence of carbonic acid in the air upon the temperature of the ground[J].Philosophical Magazine and Journal of Science, 1896(4)：237-276.

[4][16] UNFCCC. Article 6 of the Kyoto Protocol-preparatory work by the secretariat[EB/OL].(2004-10-29)[2021-6-12]. https：//www.docin.com/p-1377176929.html.

[5] UN. United Nations Millennium Declaration[EB/OL].(2002-07-05)[2021-06-12]. https：//www.thefreedictionary.com/United+Nations+Millennium+Declaration.

[6] UN. United Nations declaration on the rights of indigenous peoples[EB/OL]. (2007-09-17)[2021-06-12]. http：//www.ucn.ca/sites/RI/research/Documents/UN%20Declaration%20on%20the%20Rights%20of%20Indigenous%20Peoples.pdf.

[7] UNICEF. UK climate change report 2008.Our climate, our children, our responsibility：the implications of climate change for the world's children[EB/OL].(2007-11-30)[2021-06-12]. http：//www.doc88.com/p-6911882930885.html.

[8] UN. Transforming our world：the 2030 agenda for sustainable development[EB/OL].(2015-10-22)[2021-06-12].https：//www.un.org/ga/search/view_doc.asp?symbol=A/RES/70/1&Lang=E.

[9][10][18] KEOWN M, HOPKINS R. Rethinking climate-change education：everyone wants it, but what is it?[J].The Green Teacher, 2010(01)：18-21.

[11] FUMIYO K, DAVID S. Education and climate change：living and learning in interesting times[M]. London：Routledge, 2009：12.

[12]SHAW R,OIKAWA Y. Education for sustainable development and disaster risk reduction, disaster risk reduction: methods, approaches and practices[M]. Tokyo: Springer Japan, 2014: 54.

[13][14]UNESCO. Climate change starter's guidebook: an issue guide for education planners and practitioners[EB/OL].(2011-07-29)[2021-6-12].http: //sa.indiaenvironmentportal.org.in/content/335811/climate-change-starters-guidebook/.

[15][19][24][43]UNICEF. Climate change adaptation and disaster risk reduction in the education sector: resource Manual[EB/OL]. (2012-12-01)[2021-6-18]. https: //www.doc88.com/p-57587155750113.html.

[17][22]UNCC. Integrating climate change in educational primary and secondary level[EB/OL].(2013-11-20)[2021-06-15]. https: //www.docin.com/p-1717811847.html.

[20][37][38]UNICEF. Climate change and environmental education: a companion to the child friendly schools manual[EB/OL].(2013-06-25)[2021-06-15]. https: //childfriendlycities.org/wp-content/uploads/2017/11/CFS_ Climate_E_web-1.pdf.

[21][42]UNESCO. Getting climate ready: a guide for schools on climate action[EB/OL].(2017-02-03)[2021-06-16]. https: //www.unesco.de/sites/default/files/2019-03/Getting_Climate-Ready-Guide_Schools.pdf.

[23][27][31]UNESCO. Climate change education for sustainable development in small island developing states: report and recommendations[EB/OL]. (2012-09-30)[2021-6-18]. https: //www.doc88.com/p-23273022321204.html.

[25]UNESCO. Education sector responses to climate change: background paper with international examples[EB/OL].(2012-11-30)[2021-06-15]. http: //www.doc88.com/p-1176985791465.html.

[26]UNESCO & UNFCCC. Action for climate empowerment: guidelines for accelerating solutions through education, training and awareness-raising[EB/OL].(2012-11-30)[2021-06-16]. https: //unfccc.int/sites/default/files/action_for_climate_empowerment_guidelines.pdf.

[28]UNESCO. Sandwatch: adapting to climate change and educating for sustainable development[EB/OL].(2010-10-04)[2021-06-16]. https: //www.gcedclearinghouse.org/sites/default/files/resources/%5BENG%5D%20Sandwatch_1.pdf.

[29]UNEP. Youth Xchange climate change and lifestyles guidebook[M]. Kenya[EB/OL].(2011-12-13)[2021-06-16]. https: //bangkok.unesco.org/content/youthxchange-guidebook-climate-change-and-lifestyles.

[30]UNICEF. Education kit on climate change and child rights - how to defend child rights affected by climate change: a teacher's guide for exploration and action with children 11-16 years old [EB/OL].(2011-12-01)[2021-06-16]. https: //www.unicef.ca/sites/default/files/legacy/imce_uploads/UTILITY%20NAV/TEACHERS/DOCS/GC/Education_Kit_on_Climate_Change_and_Child_Rights.pdf.

[32][39]UNESCO. Climate change in the classroom[EB/OL].(2013-01-14)[2021-06-16]. http: //www.unesco.org/new/fileadmin/MULTIMEDIA/HQ/ED/CCESD/framework/files/assets/common/downloads/framework.pdf.

[33] WHO. How is climate change affecting our health? A manual for teachers[EB/OL].(2008-04-07)[2021-06-15]. https：//apps.who.int/iris/bitstream/handle/10665/205311/B4297.pdf?sequence=1&isAllowed=y.

[34] FAO. Food security and climate change challenge badge[EB/OL].(2010-10-12)[2021-06-15]. http：//www.fao.org/3/ax743e/ax743e.pdf.

[35] UNESCO. Disaster risk reduction in school curricula：case studies from 30 countries[M].[EB/OL].(2012-07-26)[2021-06-15].https：//sustainabledevelopment.un.org/content/documents/928unesco11.pdf.

[36] IISD. Guide for sustainable school in Manitoba[EB/OL].(2014-10-20)[2021-06-15]. http：//www.unece.org.net4all.ch/fileadmin/DAM/env/esd/7thMeetSC/Official_Docs/sustainable_guideManitoba.pdf.

[40] HILLMAN M, FAWCETT T. The suicidal planet：how to prevent global climate catastrophe[M]. New York：Thomas Dunne, 2007：72-75.

[41] UNICEF & the Alliance of Youth CEOs. Climate change：take action now! A guide to supporting the local actions of children and young people with special emphasis on girls and young women[EB/OL].(2016-06-21)[2021-06-15]. https：//www.doc88.com/p-9159381905460.html.

[44] NOAA. Climate literacy—the essential principles.[EB/OL].(2009-03-21)[2021-06-15]. https：//www.doc88.com/p-9159381905460.html.

[45][46] SHAW R, OIKAWA Y. Education for sustainable development and disaster risk reduction, disaster risk reduction：methods, approaches and practices[M]. Tokyo：Springer Japan, 2014：63, 69.

[47] National Research Council. Next Generation Science Standards[M]. Washington, DC：The National Academies Press, 2013：60.

[48] MONROE M, PLATER R. Identifying effective climate change education strategies：a systematic review of the research[J]. Environmental Education Research, 2017(03)：1-23.

（作者孟献华系南通大学教育科学学院副教授，教育学博士，美国波士顿学院访问学者；倪娟系江苏省基础教育研究所研究员，教育学博士。）

北欧国家生态文明教育的三维向度

陈帅,黄娟,崔龙燕

导读: 生态文明教育是世界各国面临的共同课题,作为提出并实践可持续发展的先行地区,北欧国家积极探索生态文明教育模式,主要体现在动因、内容、实践三个维度。在动因维度,生态文明教育是北欧国家实施绿色立国战略的基石、推动教育绿色转型的依托、满足公民绿色需要的抓手。在内容维度,北欧国家生态文明教育内容丰富、涉及面广,主要包括生态认知、生态技能、生态伦理和生态消费等方面,旨在全面提升公民的生态文明素养。在实践维度,北欧国家制定并实施生态文明教育战略、建立并完善生态文明教育机构、构建并执行生态文明教育法律、推广并运用生态文明教育技术,开创了颇具特色的北欧生态文明教育道路。

北欧国家包括瑞典、丹麦、芬兰、挪威、冰岛五国,是当今世界生态文明教育的先发地区,引领着全球生态文明教育发展的新趋势。生态文明教育是建设生态文明的重要途径,关乎人类社会的生存与发展,需要在全球范围内推广与普及。综合学术界相关观点,本文认为生态文明教育是指社会把生态文明思想、理念、原则与方法融入教育各方面和全过程,推动全体社会成员形成符合生态文明要求的观念与行为的社会实践活动。北欧国家积极探索生态文明教育,形成了独特的生态文明教育模式,值得关注并加以研究。本文遵循"为什么、是什么、怎么办"的逻辑主线,从动因、内容、实践三个维度,系统探讨北欧国家生态文明教育模式,以把握生态文明教育本质规律与内在逻辑。

一、动因维度:生态文明教育的内生动力

动因即某种事物得以产生和发展的根本原因。人的一切活动都与各种需要有关,人的需要是人类所有活动的内在动力。生态文明教育作为人类的实践活动是为满足人类生存和发展需要而产生的。北欧国家开展生态文明教育主要基于国家需要、教育需要、公民需要,三者共同构成北欧生态文明教育的初始动因和逻辑起点。

(一)实施绿色立国战略的基石

在全球范围内,北欧国家率先通过顶层设计提出并确立绿色立国战略,明确绿色立国的价值取向、战略目标、整体布局与实践路径。绿色立国战略,是北欧国家将可持续发展理念融入国家大政方针,开创绿色、低碳、循环的可持续发展新路,最终实现经济社会可持续发展目标的战略。瑞典制定了《瑞典转向可持续发展》《瑞典可持续发展国家战略》[1],挪威制定了《可持续发展的环境政策》《21世纪可持续发展国家行动》[2],丹麦制定了《一个共同的未来——均衡发展》《共同创造绿色未来》[3]等,把可持续发展理念作为国家发展的基础,以实现经济、

生态和社会领域的可持续发展。生态文明教育是北欧国家实施绿色立国战略的根本途径，北欧国家通过生态文明教育引导全体公民推动经济社会生态可持续发展。为实现经济可持续发展，北欧国家开展生态文明教育提高民众绿色生产意识，推动北欧经济由"浅绿色"向"深绿色"转型，实现经济增长与环境质量协调兼顾[4]。为实现生态可持续发展，北欧国家通过生态文明教育强化民众生态保护意识，推动森林资源、生物多样性、海洋生态等方面保护，使生态环境系统步入良性循环轨道。为实现社会可持续发展，北欧国家开展生态文明教育提升民众生态公平意识，确保不同国家、地区、群体公平享有发展权利，营造良好的生产和生活环境。北欧国家生态文明教育为实现可持续发展提供了强有力支撑，成为实施绿色立国战略的重要基石。

（二）推动教育绿色转型的依托

工业社会以来，工业文明教育模式占据主导地位，但随着时代的发展，工业文明教育模式的弊端日益凸显，人类开始反思工业文明教育的本质与目的、过程与手段。著名生态教育家大卫·奥尔（David W. Orr）指出："传统的教育弘扬的是关于人的一切，但恰恰遗漏了人类依赖大自然这一点[5]。"工业文明教育模式缺少生态维度，是导致人与自然关系异化的主要根源，所以迫切需要转向生态文明教育模式。北欧国家以生态文明教育为依托，把生态文明理念融入教育理念、教育目标、课程体系等方面，全面推动教育实现绿色转型。以课程体系为例，课程体系是完成教育目标的基本途径和重要载体，生态文明教育是教育的合理内核，理应被纳入学校课程体系的范畴。早期北欧国家生态文明教育分散于相关课程，呈现出"碎片化""分散化""割裂化"的状态，严重影响生态文明教育的实际效果。北欧各国及时总结经验教训，对学校课程体系进行全方位改革，把生态文明教育纳入教学大纲，确立为小学至大学期间的必修课程，在课程政策、课程结构、课程实施、课程评价、课程标准、教材与教科书等方面提供保障，构建系统完整的学校课程体系。2014年，芬兰颁布《国家基础教育核心课程2014》[6]（National Core Curriculum for Basic Education 2014），提出学生必须具备的七大通用能力，尤其强调培养学生"参与并创造可持续发展的未来（Participating, involvement and building a sustainable future）"方面的能力，为芬兰将生态文明教育纳入学校课程体系提供了重要保障，推动芬兰从工业文明教育转向生态文明教育，使芬兰的教育在当今世界教育领域遥遥领先。

（三）满足公民绿色需要的抓手

绿色是人类对美好生活追求的根本体现。绿色需要是人类生存与发展、生产与生活的基本需要，主要包括绿色生态需要、绿色生产需要和绿色生活需要（简称绿色"三生"需要）。北欧国家属于发达地区，公民注重生活质量，绿色"三生"需要与日俱增。为满足公民绿色"三生"需要，北欧国家以生态文明教育为抓手，大力开展绿色"三生"教育。一是开展绿色生态教育，促使公民主动保护资源环境生态，形成优美生态环境，满足公民绿色生态环境需求。如，瑞典在全国建有90所左右的自然学校，教师将上课地点选在自然保护区和公园，使学生以直观的方式了解自然，培养学生对大自然的喜爱之情[7]。二是通过开展绿色生产教育，将绿色观念引入生产各环节和全过程，构建绿色生产方式和产业结构，实现生态保护和生产发展双赢，满足公民绿色生产需求。北欧国家实施生产者责任制度，引导企业进行绿色生产，减少对生态环境的破坏[8]。三是开展绿色生活消费教育，促使公民践行绿色消费、绿色居住、绿色出行，满足公民绿色生活需求。丹麦对产品设有环保指标，引导消费者购买达标产品，推动形成绿色生活风尚[9]。在绿色"三生"教育中，绿色生态教育是基础，绿色生产教育是关键，绿色生活教育是根本，三者形成一个密切联系的有机整体。北欧国家通过开展生态文明教育，不断提高公民绿色"三生"意识，促进绿色"三生"和谐共赢发展，最终建成集绿色生态、生产和生活于一体的绿色北欧，满足了公民不断增长的绿色"三生"需要。

二、内容维度：生态文明教育的核心要义

生态文明教育是一项系统工程，生态文明教育内容是其核心组成，目的是解决"教什么"和"学什么"的问题。基于绿色立国战略、教育绿色转型和公民绿色需要的现实诉求，北欧各国开展了内容丰富的生态文明教育，涉及生态认知、技能、伦理和消费等方面，形成了较为完备的生态文明教育内容体系，为北欧国家成功开展生态文明教育提供重要支撑。

（一）广泛开展生态认知教育

生态认知是指人们对自然及人与自然关系的基本认知，构成了生态文明教育的基础内容。生态认知能力的培养关键是普及生态知识，生态知识是解决环境问题的决定性力量[10]。早在2002年，丹麦制定了《明确的目标》（Clear Goals）和《课程指南》（Curriculum Guidelines），提出学校有责任确保所有学生掌握基本的生态知识[11]。时至今日，北欧国家形成了全民性的生态文明教育体系，从学生到各行各业从业者均被纳入生态文明教育范围，并根据不同层次人的需要，采取不同的教育方法，传授不同的生态知识，真正做到了"因材施教"。针对学生群体主要采用正规教育方式，要求学生在校期间系统学习生态知识，形成完整的生态知识链条。在幼儿园阶段，就要求孩子学习"爱护自然""节约用水""保护环境"等文字，进行生态启蒙教育[12]；在小学阶段，教师主要教授简单的自然常识，让孩子明白自然对人类的意义，培养他们与大自然的亲近之情，形成责任意识；在中学阶段，任课教师会根据各学科的不同角度，解释一些环保的基本原理；在大学阶段，学校设置相关环境科学机构，开发专业课程，培养学生生态文明方面的专业素养。针对从业者则采取非正规教育方式，把生态文明教育有机融入各行各业[13]，鼓励各行各业探索符合自身行业特色的生态文明教育方式方法，帮助从业者提高生态认知能力，掌握认识、利用、保护和美化生态环境的基本知识。北欧国家通过实施全民性和层次化的生态文明教育，让所有公民在不同阶段接受良好的生态文明教育，形成完整的生态文明知识体系，显著提升了国民整体生态文明素养。

（二）全面加强生态技能教育

生态技能是指人们在处理人与自然关系时应具备的基本能力和手段方法，是生态文明教育的核心内容。北欧国家注重生态技能教育，主要通过正规教育和非正规教育培养民众的生态技能。在正规教育领域，北欧国家主要通过学校课程培养学生的生态技能，要求每门课程都要帮助学生发展他们处理人与自然关系的能力[14]。地理课程要让学生掌握自然景观的演变规律及人类活动对自然景观的影响，帮助学生养成正确的环境态度和立场；化学课程要求学生具备基本的化学理论知识，并且能够灵活运用于资源利用、污染防治和生态循环等领域；生物课程要培养学生关心自然并为自然负责的态度，培养他们参与健康问题以及人与自然和谐相处问题的讨论能力；物理课程要求学生具备环境、资源和生态方面的知识，提高学生从生态视角分析人类活动的技能；社会课程要求学生具有参与生态文明建设的知识与技能，能够对地方和全球环境问题采取正确的行动[15]。北欧国家以学校课程为载体，在授课过程中融入生态技能教育，在潜移默

化中提高学生的生态技能。在非正规教育领域,北欧国家注重生态文明教育实践活动,有计划地把生态文明知识渗入各种实践活动之中,在潜移默化中提高民众生态技能[16]。芬兰设立自然保护区和自然公园,作为推进生态文明教育的实践基地,保护区的管理部门充分利用管理设施开展生态文明教育[17],培养参观者资源节约、环境治理和生态保护等方面的技能。

(三)高度重视生态伦理教育

生态伦理是指人们在处理人与自然关系时应遵守的道德规范,是开展生态文明教育的重要内容与主要方面。生态伦理教育的核心是帮助民众正确认识人与自然的关系,构建人类对自然的道德责任感,目的是实现人与自然和谐共生。北欧国家注重国民生态伦理教育,培养民众价值批判与反思能力,激发其保护自然的责任感与义务感。一是生态道德教育。北欧国家积极推动民众转变角色,即由自然的征服者转变成自然的调节者,要求民众将其道德关怀从社会领域延伸到自然领域,把人与自然的关系确立为一种道德关系。在瑞典,大自然几乎是瑞典人信仰的宗教,他们怀着宗教般的虔诚尊重自然、景仰自然[18]。二是生态平等教育。生态平等注重解决世代之间、当代之间、人与自然之间的公平问题[19]。北欧国家强调人类拥有平等的生态权利和义务,积极培养民众的"代内平等"和"代际平等"意识,要求民众在开发自然资源过程中主动承担生态责任,推动民众树立正确的生态平等观。三是敬畏生命教育。北欧国家要求民众敬畏自然界的大小生命,以实现自然界的生态平衡。如,瑞典的学校要求全体教职员工必须鼓励学生尊重自然界的生物[20]。北欧国家通过生态伦理教育使民众坚信自然界万物都有其内在价值和生存权利,要像对待自己生命一样敬畏自然界一切生命,进而实现人与自然和谐相处。

(四)重点强化生态消费教育

生态消费是指符合人的健康和环保标准的各种消费行为和消费方式的总称,是生态文明教育的关键内容。北欧人普遍认为"通过物质获取幸福的时代已经结束"[21],因而不太看重物质消费,将绿色生态消费理念融入衣食住行中。一是绿色穿着教育。北欧国家倡导穿衣简约和环保,热衷于穿着生态环保的衣服,对奢华服饰和名牌比较反感;倡导旧衣物再利用,流行互赠儿童衣物,有效提高衣物的利用率,减少了资源消耗与垃圾污染。二是绿色饮食教育。北欧国家倡导简单快速烹饪,一日三餐追求简单少量,推行"食物负责制"[22],要求每个人对自己的这份菜负责,在餐馆,如果有人浪费食物,那么他就会被罚款。为引导北欧民众践行绿色饮食消费,丹麦Opus研究中心还开发和测试了一种绿色、健康的新北欧饮食(NND)[23]。三是绿色居住教育。北欧国家鼓励民众设计住房时要将尊重生态环境、利用现有资源放在首位;在建材方面制定严格标准,鼓励民众采用绿色建材,营造简单和环保的居住环境。芬兰绿色建筑委员会牵头制定了建筑性能指标和准则,以衡量建筑物的环境和能源效率、生命周期成本和居住者的福祉[24]。四是绿色出行教育。交通运输消耗大量的能源,是温室气体排放量增加和诱发其他能源问题的重要原因[25]。北欧国家不断完善和改进公共交通系统等基础设施,鼓励居民乘坐公共交通或骑自行车出行,以减少燃油消耗和改善空气质量。北欧国家通过绿色生态消费教育,引导民众树立正确的生活消费观,在全社会形成了绿色生态消费新风尚。

三、实践维度:生态文明教育的实然应答

北欧国家生态文明教育取得了显著成就,既源于国家需要、教育需要和公民需要的驱动,也依赖于系统完整的生态文明教育内容体系的支撑。更重要的是,北欧国家从战略、机构、法

律和科技等层面保障生态文明教育，使生态文明教育落地生根，在现实之境中焕发出巨大感召力和影响力。

（一）制定并实施生态文明教育战略

"生态文明教育事关人类未来"是北欧各国的普遍共识，对生态文明教育进行顶层设计与战略布局是开展生态文明教育的根本前提。在全球范围内，北欧国家是最早通过顶层设计提出并实施生态文明教育战略的地区。北欧国家围绕生态文明教育，制定了一系列纲领性文件，强有力地推动了生态文明教育实践。早在20世纪初，瑞典就制定了《1919国家学校计划》（National School Plan of 1919），初步提出学校推进生态文明教育的计划[26]。随后，制定或参与制定《人类环境宣言》《生态教育的国家策略》《夏甲宣言》《波罗的海地区21世纪教育议程》等文件，把生态文明教育上升到国家战略的高度。芬兰政府以高瞻远瞩的战略眼光，成立可持续发展委员会负责生态文明教育工作，先后制定了《芬兰可持续发展教育纲要》和《十年规划（2005—2014）》政策文件，针对普通教育、职业教育、成人教育等提出了实施战略和行动意见，有效推进了生态文明教育发展[27]。北欧国家通过制定生态文明教育战略方案，将生态文明教育与国家意志紧密结合，明确了生态文明教育总目标与路线图，为成功开展生态文明教育提供了根本保障。

（二）建立并完善生态文明教育机构

推进生态文明教育必须建立生态文明教育机构，健全的生态文明教育机构是开展生态文明教育的坚实保障。北欧国家建立并完善生态文明教育机构，充分发挥管理机构在生态文明教育中的引导作用。"瑞典政府等国家机关在环境教育中扮演着强有力的集权角色。瑞典拥有全国性的统一的领导环境教育的机构，如国家教育机构、国家自然保护机构、瑞典可持续发展教育国际中心（Swedish International Centre of Education for Sustainable Development）、瑞典国际开发合作署（Swedish International Development Agency）等[28]。"同时，瑞典财政部把生态文明教育纳入财政优先考虑范畴，不断加大对生态文明教育的财政拨款和支持力度，确保生态文明教育能够保质保量地实施。以全国性的教师在职培训项目"提升教师"[29]（Lifting the Teachers）为例，瑞典财政总计投资28亿瑞典克朗，为生态文明教育提供高质量的师资保障。此外，瑞典还成立民间组织机构"环境资源人员"（Environmental Resource People）协会，致力于推动学校环境工作和地方环境教育[30]。挪威是世界上第一个设立环境部的国家，后续设立了海洋管理和污染控制署、气候变化署、自然资源管理署等下属机构[31]，主要负责制定并执行国家的各项环境政策，并就环境政策内容开展各种宣传和教育活动。北欧国家生态文明教育机构有明确的职责划分，确保生态文明教育有条不紊地进行，有力支持这些国家生态文明教育向纵深发展。

（三）构建并执行生态文明教育法律

立法先行是北欧国家开展生态文明教育的显著特征。北欧国家建立了以生态文明教育法律为主、相关教育法律为辅的完善的生态文明教育法律体系，为开展生态文明教育奠定了坚实的法律基础。瑞典政府制定了生态文明教育相关法律，如《学习小组法》《瑞典环境法》《瑞典环境教育法》《绿色学校奖法令》等，规定学校教育和成人教育都要涵盖生态文明教育，推动瑞典生态文明教育走向法制化轨道[32]。挪威建立了完善的生态文明教育法律体系，主要包括《教育法》《成人教育法案》《环境教育促进法》《绿色学校发展条例》等，对生态文明教育作出了明确的规定，使生态文明教育的实施得到强有力的保障[33]。冰岛构建了一整套生态文明教育法律框架，相继制定了《教育法》《公立教育法》《环境教育法》等法律，详细规定推进生态文明教育的举措，为生态文明教育提供法律保障[34]。在加强生态文明教育立法的同时，北欧国家实施严格、公正、有效的执法和监督，最大限度保护民众接受生态文明教育的权利。正是完备的生态文明教育法律体系为北欧生态文明教育提供了强有力的法律保障。

（四）推广并运用生态文明教育技术

当今时代，以大数据、云计算、移动互联网为代表的新一代信息通信技术（ICT）迅速发展，已经深刻影响人类的生态、生产与生活方式，极大地推动了人类从工业文明迈向生态文明的步伐。北欧国家顺应信息时代发展新趋势，将信息技术推广运用到生态文明教育中，不断提升生态文明教育的信息技术含量。丹麦政府先后制定《教育中的ICT行动计划》[35]（ICT Action Plan in Education）《义务教育学校的信息技术规划》（IT Planning in Compulsory Schools）《信息技术宏大计划》[36]（Ambitious IT Program）等文件，推动信息通信技术在包括生态文明教育在内的各类教育中的渗透、推广和应用。芬兰政府主导开发"环境在线"主题网站，学生可以通过该网站进行环境信息的实时共享。"环境在线"是一所虚拟学校，它将每学年分成四个阶段，分别对应一个环境主题。学生根据主题内容收集环境信息，每个主题结束时举办活动周进行学习和讨论，在潜移默化中提高学生生态文明素养[37]。挪威成立教育信息化中心（Center for ICT in Education），旨在通过ICT推动各类教育高质量发展，其中就涵盖生态文明教育[38]。此外，挪威还建有"National Digital Learning Arena""ottvas. no""Utdanning. no"[39]等网站，向挪威公民及国际使用者免费提供包括生态文明教育在内的各类数字教育资源。北欧国家审时度势抓住新信息技术的发展机遇，实现信息通信技术与生态文明教育的深度融合，极大地推动了生态文明教育的发展。

四、结语

当今时代，世界各国积极探索生态文明教育，尤以北欧国家的教育成效最为显著。鉴于北欧国家生态文明教育模式的成功探索，本文坚持问题导向，基于"为什么、是什么、怎么办"的基本思路，全方位透视北欧国家生态文明教育动因、内容和实践，主要得出以下一些研究结论与启示。

第一，坚持"为什么"的拷问，探讨生态文明教育在北欧国家"何以能"问题，即北欧国家为什么开展生态文明教育以及为何高度重视生态文明教育。研究发现，绿色立国战略、教育绿色转型、公民绿色需要共同构成北欧国家生态文明教育的初始动因和逻辑起点。生态文明教育在北欧国家绿色立国、教育转型、公民需要中发挥着基石、依托和抓手的作用，从而赋予了北欧国家生态文明教育的高站位。

第二，基于"是什么"的探讨，分析北欧国家生态文明教育"何以立"问题，即阐释北欧国家生态文明教育的核心内容。本文认为"生态认知、生态技能、生态伦理、生态消费"教育，共同构成北欧国家系统完整的生态文明教育内容体系。其中，生态认知教育重在夯实公民的生态认知，生态技能教育旨在培养公民的生态技能，生态伦理教育重在提升公民的生态道德，生态消费教育旨在引导公民的绿色生活。这些构成了北欧国家生态文明教育的重要内核，也成了北欧国家生态文明教育的活力之源。

第三，解答"怎么办"的疑惑，探析北欧国家生态文明教育"何以成"问题，即分析北欧国家生态文明教育保障措施。北欧国家生态文明教育之所以堪称典范、成效显著,得益于科学的顶层设计、健全的组织机构、完善的法律体系和先进的信息技术。在顶层设计层面,北欧国家制定一系列纲领性文件,将生态文明教育提高到国家战略的高度,规划了生态文明教育的路线图。在组织机构层面,北欧国家的官方教育机构和民间教育机构形成了生态文明教育的强大合力。在法律层面,北欧国家强化生态文明教育立法,为生态文明教育提供了法律支撑和保障。在科技层面,信息通信技术在生态文明教育中的推广与运用,开辟了生态文明教育新的时空场域,扩大了生态文明教育的渗透力和影响力。

诚然,北欧国家生态文明教育的成功经验值得我们吸收和借鉴。但是,任何事物都不可能尽善尽美,北欧国家生态文明教育也在发展完善中。由于各国面临的世情、国情、民情大不相同,生态文明教育内容、目标和要求也有所不同。世界上没有放之四海而皆准的生态文明教育模式,北欧国家生态文明教育模式也不能简单照搬移植,各国要因地制宜探索具有自身特色的生态文明教育模式。

参考文献:

[1] Sweden's national strategy for sustainable development 2002—A summary of government communication [R]. Stockholm: Swedish Ministry of the Environment, 2001/02: 172.

[2] Ministry of Finance. Sustainable Development, National Agenda 21 [EB/OL]. (2005-04-29) [2018-02-14]. https://www.regjeringen.no/en/dokumenter/Sustainable-Development-National-Agenda-/id419468/? q=sustainable%20development.

[3] Ministry of Energy, Utilities and Climate.Together for a greener future [EB/OL]. (2018-10-09) [2019-01-10].https://en.kefm.dk/news/news-archive/2018/oct/together-for-a-greener-future.

[4] 卢洪友,许文立. 北欧经济"深绿色"革命的经验及启示[J]. 人民论坛·学术前沿,2015(3):84-94.

[5] DAVID W O. Hope is an Imperative: The Essential David Orr Reader by David W. Orr [M]. Washington, D. C.: Island Press, 1992: 24.

[6] Finnish National Board of Education. National Core Curriculum 2014 [M]. Helsinki: National Board of Education Publications, 2016: 36.

[7] 王海燕. 21世纪以来瑞典中小学可持续发展教育研究[D]. 昆明:云南师范大学, 2014.

[8] 周珂,林潇潇. 环境生态治理的制度变革之路——北欧国家环境政策发展史简述[J]. 人民论坛·学术前沿, 2015(01): 35-52.

[9] 周长城,徐鹏."新绿色革命"与城市治理体系的创新——丹麦可持续发展经验对中国的启示[J]. 人民论坛·学术前沿, 2014(22): 74-83.

[10] Swedish Government Statement. Ecological Sustainability [R]. Stockholm: Governmental Document, 1997/98: 13.

[11] GERARD B. The Assessment of Pupils' Skills in English in Eight European Countries 2002 [R]. Paris: European Network of Policy Makers for the Evaluation of Education Systems, 2004: 26-27.

[12] ESHACH H, FRIED M N. Should science be taught in early childhood [J]. Journal of Science Education and Technology, 2005, 14(3): 315-336.

[13] PETER Plant. The Five Swans: Educational and Vocational Guidance in the Nordic Countries[J]. International Journal for Educational and Vocational Guidance, 2003, 3(2): 85-100.

[14] ULLA-STINA R. Education in Sweden[R]. Stockholm: Swedish Ministry of Education and Science, 2003: 24.

[15] Swedish National Agency for Education.Curriculum for the compulsory school, preschool class and schoolage educare (Revised 2018)[M].Stockholm: AB Typoform, 2018: 166-227.

[16] OGRE T. The environmental attitudes of Turkish senior high school students in the context of post materialism and the new environmental paradigm[J]. International Journal of Science Education, 2009, 31(4): 481-502.

[17] 潘康. 芬兰、瑞典生态环境建设与保护机制[J]. 贵州师范大学学报(自然科学版), 2000, 18(4): 18-21.

[18] 李清玉. 北欧人这样过生活[M]. 北京: 旅游教育出版社, 2009: 168.

[19] VINCENT M, CAROL Z, OMOTAYO F.An overview of environmental justice issues in primary care—2018[J].Physician Assistant Clinics, 2019, 4(1): 185-201.

[20] SIV S. The educational system and environmental education in Sweden[C]//Swedish National Commission for UNESCO. The Documentation for Environmental Education Processes in Formal Education. Stockholm: EO Print, 2003: 44.

[21] 本田直之. 少即是多: 北欧自由生活意见[M]. 李雨潭, 译. 重庆: 重庆出版社, 2015: 4.

[22] 黄娟, 王幸楠. 北欧国家绿色发展的实践与启示[J]. 经济纵横, 2015(7): 122-125.

[23] ARUN M. Consumer acceptance of the New Nordic Diet. An exploratory study[J]. Appetite, 2013(70): 14-21.

[24] REIDUN D S. Experiences with LCA in the nordic building industry—challenges, needs and solutions[J]. Energy Procedia, 2016(96): 82-93.

[25] BENJAMIN K S. Reviewing Nordic transport challenges and climate policy priorities: Expert perceptions of decarbonisation in Denmark, Finland, Iceland, Norway, Sweden[J]. Energy, 2018(165): 532-542.

[26] SOREN B, PER W. The progressive development of environmental education in Sweden and Denmark[J]. Environmental Education Research, 2010, 16(1): 9-37.

[27] Education for Sustainable Development—a Response From the Nordic Countries[EB/OL]. (2012-07-25)[2018-05-01]. http://www.education4sustainability.org/tag/finland/.

[28] 傅建明, 蒋洁蕾. 二战后瑞典环境教育的框架及启示[J]. 外国教育研究, 2013(1): 89-95.

[29] RUTH C W, ALETHEA A. How nations invest in teachers[J]. Educational Leadership, 2009, 66(5): 28-33.

[30] AXELSSON H.Environment and school initiatives-ENSI[R].Göteborg: University of Göteborg Department of Education and Educational Research, 1993: 1-5.

[31] Ministry of Climate and Environment.The Ministry consist of five departments and a communicaton unit[EB/OL].(2010-01-01)[2018-01-10].https://www.regjeringen.no/en/dep/kld/organisation/departments/id695/.

[32] 资料整理于瑞典环境和能源部网站[EB/OL].(2009-01-01)[2018-07-10].https://www.

government.se/government-of-sweden/ministry-of-the-environment/.

[33] 资料整理于挪威气候与环境部网站[EB/OL].(2010-03-12)[2018-03-12].http://www.regjeringen.no/en/dep/kld/documents-and-publications/acts-and-regulations/acts.html?id=704.

[34] 资料整理于冰岛环境与自然资源部网站[EB/OL].(2011-10-06)[2018-10-06].https://www.government.is/ministries/ministry-for-the-environment-and-natural-resources/.

[35] ANNE L. National Policies and Practices on ICT in Education: Denmark[M]. Greenwich: Information Age Publishing, 2009: 244-247.

[36] U. S. Department of Education. International Experiences with Educational Technology: Final Report[R]. Washington, D. C.: Office of Educational Technology, 2011: 115-126.

[37] 谢燕妮. 芬兰中小学可持续发展教育研究[J]. 世界教育信息, 2017(5): 50-59.

[38] Ministry of Education and Research.Brochure of Ministry of Education and Research[EB/OL].(2007-10-03)[2018-10-06].https://www.regjeringen.no/en/historical-archive/Stoltenbergs-2nd-Government/andre-dokumenter/kd/2007/broshure-about-ministry-of-education-and/id482407/.

[39] 张文丽. 挪威教育信息化发展概述[J]. 中国教育信息化, 2015(23): 7-11.

[作者陈帅系中国地质大学（武汉）马克思主义学院博士研究生；黄娟系中国地质大学（武汉）马克思主义学院教授，博士生导师；崔龙燕系山西师范大学马克思主义学院讲师。]

欧洲生态学校：理论、政策与实践创新

柳思思

导读： 由于全球变暖与破坏环境类犯罪问题的凸显，开展生态文明教育工作显得迫在眉睫。欧洲生态学校是生态教育的典型代表，其理论背景、政策与机制设置、教学实践创新等值得深入解读。笔者在回顾相关文献的基础上，对欧洲生态学校总部的工作人员进行了访谈，并以电子邮件方式对 2800 名生态学校师生进行问卷调查，结合访谈与调查问卷结果，梳理了欧洲生态学校紧密围绕学生的教学政策、"三位一体"的机制及其丰富多彩的实践形式。本文旨在通过对欧洲生态学校的解读，加强国内学界对国际前沿生态教育理念与实践的认知。

人类中心主义和生态中心主义是理解人类与自然界关系的两种方式。"人类中心主义是造成生态危机、人口过剩和许多非人类物种灭绝的根源；生态中心主义是以生物群落为主体，努力维持生态系统和谐运转的模式[1]。"对人与自然关系的不同理解影响着人们的世界观与价值观，而上述差异决定了人们如何解决现有环境问题以及理解环境危机是否具有迫切性。以人类为中心的教育模式，在于教导人类如何看待与开发利用自然界，其出发点和落脚点都在人类；以生态文明为中心的教育模式，其目标在于传播生态文明的价值与理念，将自然界放在重要地位。

随着时代变迁与教学理念革新，"生态学校"（Eco-Schools）这一理念被用于欧洲生态文明教育领域。欧洲生态学校（European Eco-Schools）是环境教育基金会（Foundation for Environmental Education）的跨国教育倡议，是以"教育青少年的今天就是捍卫生态环境的明天"[2]为准则，培养学生的生态知识与环境素养，涵盖幼儿园、小学、中学、大学、继续教育学院的教育计划。欧洲生态学校经历了从中心向外围不断延伸扩展的过程，它于 1992 年在丹麦创设，核心成员有丹麦、英国、德国、希腊、土耳其、保加利亚、塞浦路斯、葡萄牙、斯洛文尼亚的生态学校，2001 年，扩大至南非的生态学校。截至 2018 年底，它已突破地理局限，涵盖了越来越多的亚洲、非洲国家的生态学校。

一、欧洲生态学校理论层面的研究

欧洲生态学校的理论研究经历了两代学者的努力。第一代学者提出欧洲生态学校是一种新型教育模式，高度评价它的重要意义与发展现状。柯克·迈耶（Kirk Meyer）表示："欧洲生态学校能促进生态文明教育目标的实现[3]。"他还列举了欧洲生态学校对学生有益的诸多原因："使用体验式教学方法、新颖的教学风格、多感官教学方式，培养学生良好习惯、责任心等[4]。"罗斯·芬尼（Ross Finnie）认为："至关重要的是，青少年要意识到他们的行为对环境产生的影响。欧洲生态学校鼓励学生了解和改善环境，倡导有利于环境的可持续生活方式，最终对社会的可持续发展做出重要贡献[5]。"

杜安·克内尔（Dušan Krnel）和斯坦卡·纳利奇（Stanka Naglič）对233位斯洛文尼亚学生进行知识测试和调查问卷后指出："生态学校这一教学方式能有力增进学生对生态环境的认知和了解[6]。"莫根森·芬恩（Mogensen Finn）、迈耶·米其拉（Mayer Michela）对13个欧洲国家生态学校的发展现状做了比较研究，总结这些生态学校的相同点和不同点，还分析了"通过环境教育促进学校发展"计划（School Development through Environmental Education，SDEE）、"环境和学校倡议"（Environmental and School Initiatives，ENSI）的执行情况[7]。

第二代学者研究欧洲生态学校的动态演变，通过调查问卷与定量分析，总结其机遇挑战及发展趋势。卡罗林·贝茨（Carolyn Bates）、艾米·伯纳特（Amy Bohnert）、达纳·格尔斯坦（Dana Gerstein）认为："越来越多的学生在城市长大，他们对大自然充满好奇，这为建设生态学校提供了契机。生态学校能教授生态环境知识，提倡学生体验自然室外空间（如绿色校园、绿色社区），最终将取得积极效果[8]。"玛丽·摩尔（Mary Moore）等指出："生态学校尽管设计了一种新型的学校管理方法，实施了基于国际标准化组织（International Organization for Standardization）的环境管理系统（Environmental Management System），但也面临诸多挑战，包括技术更新缓慢、部门协调困难、课程设计问题等[9]。"

维多利亚·德尔（Victoria Derr）认为："欧洲生态学校的发展方向是以可持续发展教育为重点，构建本科生与中学生'一帮一'的制度[10]。"欧洲生态学校越来越重视推进生态大学与中学合作，通过设计绿色节能项目和举办绿化校园的活动来传承可持续发展的理念，将可持续发展教育的校际合作与生态学校的价值理念相结合。阿塔纳西娅·查茨福图亚（Athanasia Chatzifotiou）与凯伦·泰特（Karen Tait）通过对两所欧洲生态学校的教师、从业人员、学生进行半结构式访谈，指出："学生在实现生态文明教育目标方面起到越来越重要的作用[11]。"乔纳斯·格雷夫·莱斯加德（Jonas Greve Lysgaard）与尼尔斯·拉尔森（Niels Larsen）根据对丹麦四所知名生态学校的调研结果，从动态多维角度区分了生态学校短期与长期、局部与整体的建设效果[12]。

生态学校的目标是通过直接和间接的影响来改善环境，其直接影响是实施环境管理标准所产生的在学校范围内的短期效用，间接影响是对学生生态意识的长期培养。彼得·范·彼得格姆（Peter Van Petegem）团队基于59所学校（包括38所生态学校和21所普通学校）的比较研究[13]，从3个层面探讨了生态学校的有效性：提供生态知识；改变学生对环境的态度；改善周边环境。他们通过多元回归分析模型，最终得出两个结论：一是生态学校学生与普通学校学生的生态知识存在明显差距；二是生态学校既要培养学生的生态意识，也影响学校周边的生态环境。

赫尔德·斯宾诺拉（Helder Spinola）调研了491位欧洲生态学校学生的生态知识、态度、行为，认为"生态学校提高了学生的生态素养"[14]。生态素养不仅包括生态知识，还包括对环境更友好的态度及行为。简·钦塞拉（Jan Cincera）与简·克拉汉兹（Jan Krajhanz）调研了生态学校的1219位学生，分析生态学校对节约水资源与降低不可再生能源消耗的作用，指出"同样的生态学校教学政策对男生和女生以及生态团队的成员和非成员之间造成的教学效果不同"[15]。

通过上述分析可知，欧洲生态学校的构建是一个系统过程。这一过程涉及众多因素，内部因素有全校动员和计划落实，外部变量包括社区支持与社会许可。它既能实现校内的、短期的、局部的环境变化，又能造成周边社区的、长期的、整体的环境变化。上述研究并未涉及欧洲生态学校的政策设置、机制安排、教学实践创新，这些是本文的研究重点。

二、欧洲生态学校的政策设置与机制安排

笔者调研了欧洲生态学校位于丹麦哥本哈根斯堪的卡德大街13号的总部，访谈了主要工作人员妮科尔·安德鲁（Nicole Andreou），梳理了欧洲生态学校紧密围绕学生的教育政策与"三位一体"的机制设置模式。

（一）欧洲生态学校的政策设置

欧洲生态学校总部确立了8项教育政策：授权学生参与改善校园环境的决策过程；培养学生的生态意识和对环境负责的态度；鼓励学生组成实践团队；支持学生在现实校园中检验他们课堂学到的科学假设原理，倡导学以致用；提倡学生将生态环保理念视为校园文化的一部分；鼓励学生分享学习感受，形成共享生态环保知识的良好学习氛围。上述6条都是关于学生的，第7条和第8条是对学校的要求。第7条要求学校不断探索生态教学的新方法和技术，第8条要求确保学校的生态教学内容与时俱进。此外，欧洲生态学校总部鼓励成员间开展教师互访和学生交流，重点推进丹麦、英国、希腊、意大利、爱尔兰、马耳他、挪威、苏格兰等国的生态学校师生互助。

成员学校获得欧洲生态学校总部认证需要经历7个步骤：组建环保委员会；开展环境评估；制订且执行环保行动计划；监测与实时跟进环境变化；设计生态环保课程；推广生态环境保护理念；制作生态守则。在这一过程中，学校成立环保委员会且定期召开会议，整合全校力量开展校园环保行动。环保委员会成员一般包括学生、教师、学校领导、行政人员、家长等，其中明确规定总人数的2/3以上必须是学生。环境评估有助于了解学校整体环境情况，为后续环保行动提供依据。环保行动计划是生态学校工作的核心，其可行性、可衡量性、及时性、明确性都十分重要，计划必须包括项目具体负责人、行动时间、行动目标等。

定期监测环境变化能直观检验申请学校是否成功实现行动计划中规定的目标。实时更新是用于和以往的环境状况进行对比分析。生态环保课程是确保生态理念能真正融入校园并教育学生了解在现实生活中如何减少环境污染的重要步骤。生态环保的推广可以通过会议、公告板、网站等方式，甚至采取戏剧创作、时装表演等生动活泼的形式。生态守则代表学校对生态环境的承诺，一般使用灵活多样的格式，包括生态箴言、生态歌谣、生态诗词等。

正是在欧洲生态学校总部政策的统一领导下，生态学校获得了诸多国际认可。例如，它获得"欧洲委员会南北中心"（North-South Centre of Council of Europe）和"国家合作与可持续发展委员会"（National Committee for International Cooperation and Sustainable Development）颁发的全球教育奖，还被联合国环境规划署（United Nations Environment Programme）确定为可持续发展教育的创新性范例。

（二）欧洲生态学校的机制安排

欧洲生态学校涉及5.9万所学校，吸引了130万教师和2000万学生[16]。拥有数量如此庞大的学校师生，它是如何成功运转的？这一问题的答案在于它分工合理的运作机制。

1. 各国运营机构

各国运营机构是指获得欧洲生态学校总部授权的分支机构，是所有生态学校所在国的日常联系单位，如挪威环境教育基金会（Foundation for Environmental Education-Norway）、德国环境教育基金会（Foundation for Environmental Education-Germany）、拉脱维亚环境教育基

金会（Foundation for Environmental Education-Latvia）、芬兰环境教育基金会（Foundation for Environmental Education-Finland）、保持英国清洁基金会（Keep Britain Tidy Foundation）、保持瑞典清洁基金会（Keep Sweden Tidy Foundation）、法国环保协会（TERAGIR-France）、丹麦户外委员会（Danish Outdoor Council）、立陶宛绿色运动组织（Lithuanian Green Movement）、乌克兰非政府生态倡议协会（NGO Ecological Initiative-Ukraine）等。如果对所在国家、地区的生态学校有任何疑问，都可联系上述机构。

2. 与国际组织间的合作

欧洲生态学校的成功运转得益于它与国际组织的合作。它和联合国教科文组织（United Nations Educational, Scientific and Cultural Organization）、世界未来委员会（World Future Council）、高校环境协会（The Environmental Association for Universities and Colleges）、小硕士项目基金会（International Foundation for the Young Masters Programme）构建了亲密合作的伙伴关系。欧洲生态学校被联合国教科文组织誉为"可持续发展教育全球行动计划"（Global Action Programme on Education for Sustainable Development）的主要推动力，其教育理念获得了后者的高度认可，双方签署合作伙伴协议且在官方网站上互相推荐。欧洲生态学校也取得了联合国环境规划署的认同，两者就共同帮助发展中国家学校实施生态环境保护、共建环保系统、减少垃圾等议题达成一致。欧洲生态学校还与世界未来委员会、小硕士项目基金会签署了谅解备忘录，它们一致认可应加大力度举办青年教育活动。

欧洲生态学校借助目标组织（The Goals. org）的免费学习网站，鼓励用户通过手机、电脑进行学习。从2014年以来，该网站陆续提供免费的在线教育软件，让来自世界各地的学生共同学习生态环保知识。欧洲生态学校还与地球宪章（Earth Charter）委员会签署了谅解备忘录，达成关于可持续发展的16点框架协议，共同推动生态文明教育事业的发展。

3. 与企业和基金会的合作

任何行为体的机制运转都依赖于资金链条。欧洲生态学校总部的资金来源主要是企业资助和基金会的捐款。企业与欧洲生态学校之间是一种互惠互利的关系。一方面，企业为欧洲生态学校提供财物资助；另一方面，企业也通过资助过程植入广告获得彰显优质形象的机会。一个典型例子就是丰田基金（Toyota Fund）资助了308所欧洲生态学校、3244位教师、34287名学生。丰田基金还资助了欧洲生态学校的各种项目，如"气候变化：让我们节约能源""环境与创新"等，倡导爱护环境、降低能源消耗。

箭牌公司基金会（The Wrigley Company Foundation）7年来为欧洲生态学校的"减少垃圾运动"项目提供了680万美元的经费支持。该项目覆盖35个欧洲国家、180万名学生，教育学生区分可回收垃圾与不可回收垃圾，主张应减少浪费并培养正确的环境责任观。美铝基金会（Alcoa Foundation）支持欧洲生态学校的环保计划，鼓励学生提出应对环境挑战的创新性解决方案。汇丰银行（The Hongkong and Shanghai Banking Corporation）资助欧洲生态学校的碳减排项目。

除企业资助外，欧洲生态学校总部还设置了全球森林基金（The Global Forest Fund）并号召大家捐款。该森林基金采用的口号是"抵消你的二氧化碳，帮助世界能够呼吸"（Offset Your CO_2, Help the World Breathe），鼓励公众先通过网站附带的Excel表格计算个人二氧化碳消耗量，如个人旅行中通过火车、飞机、船只、汽车等交通工具产生的碳消耗量，再换算成货币对其丹麦总部银行账号进行捐赠。欧洲生态学校总部承诺基金捐款全部用于植树造林、绿化校园等活动，将捐款行为定义为个人弥补碳消耗过失、完善自我的机会，突出了捐赠人人有责的概念，且每年在其官方网站公布收支明细以接受社会监督。

三、欧洲生态学校的教学实践创新

除了前文所述的政策设置与机制安排，欧洲生态学校的教学实践创新也是笔者的研究要点。笔者通过电子邮件形式发放了调查问卷，并根据调查结果分析欧洲生态学校的教学实践创新。

（一）抽样调查

笔者选取了欧盟28个国家的生态学校联系人，共发放2800份调查问卷，对每个国家生态学校的师生发放了100份调查问卷。截至2019年2月21日，笔者共回收有效问卷2001份，回收率达到71.46%。笔者设计的问卷采用选择题为主、问答题为辅的形式，内容主要集中在课程设计、主题教育、在线教育、研讨式教学、体验式教学、奖励举措六个领域。

（二）调查结果

1. 课程设计

在回收的2001份有效问卷中，1405位（70.21%）受访者表示生态学校采用的课程设计模式不是开设全新的生态教育课程，而是将生态理念融入原有教学科目之中。99.05%的师生认为教师的素质是影响教学效果的关键因素，94.05%的师生有过参与生态环保领域专题讲座的经历。专题讲座形式多样，能帮助教师将生态教育与自己任教学科建立联系，完善教师的生态环保知识储备，还能突破常规教学模式，激发学生的学习积极性。

75.26%的师生表示一般通过地理、科学、生物课学习生态知识。在地理课、生物课上，师生对周边生态环境问题进行观察并收集数据，将课堂所学与环境检测相结合。在科学课上，教师教育学生通过科技手段解决环境恶化问题，培养学生的科学环保意识，使学生充分认识到科技对环境的"双刃剑"作用。数学课充分发掘数学与生态教育的共同点，建立两者合理的联系，教师指导学生调查周围能源的使用情况，整理分析数据，最终提出节能方案。这实际上运用了数学与统计学知识。在计算机课上，教师指导学生利用电脑就特定的环境项目进行演讲，使用信息发布软件或网络方式来发布生态报告，制作统计生态环境问题的电子图表。

24.74%的受访者表示通过人文社会科学课程获得生态知识。教师在文学课程上需要介绍季节变换，提议学生针对气候变化主题撰写诗歌文章。新闻学教师鼓励学生调查社会环境问题，为当地政府、新闻媒体、相关企业提供环保建议。

值得一提的是，问卷结果显示欧洲生态学校总部鼓励各成员学校采用各具特色的艺术形式来表达生态价值观。例如，英国生态学校组织艺术节、展览、生态庆典等来展现取得的环保进步；德国生态学校制作海报、宣传手册和徽章来宣传环保理念；法国生态学校通过绘画、壁画和雕塑等作品体现生态环境价值观。

2. 主题教育

主题教育与常规教育相较，形式更加活泼生动，对学生的吸引力也更强。欧洲生态学校的主题教育特点是突破学科分类，设置跨学科的教育专题，构建跨国教育新形式。根据问卷结果可知，欧洲生态学校设置的主题教育形式包括："生物多样性与自然"（Biodiversity and Nature）、"学校操场"（School Grounds）、"能源"（Energy）、"垃圾"（Litter）、"全球公民"（Global Citizenship）、"餐饮"（Food）、"健康与幸福"（Health and Wellbeing）、"海洋和海岸"（Marine and Coast）、"气候变化"（Climate Change）、"运输"（Transport）、"浪费"（Waste）、"水"

（Water）等。

根据受访者的答案，最受欢迎的四种主题教育形式依次为"生物多样性与自然""学校操场""能源""垃圾"。501人选择第一项，450人选择第二项，300人选择第三项，250人选择第四项，总人数占全体受访者的75.01%。"生物多样性与自然"关注美丽的校园生物，鼓励学生观察校内外的动植物群，增强学生对生物多样性和自然界的认知。"学校操场"提议在操场上为户外教育提供设施以补充课堂教学形式，目标是调动学生的学习积极性。"能源"建议师生共同学习能源知识，提高学校的整体能源利用效率。"垃圾"检查校园垃圾对周边环境的影响，探讨减少校园垃圾的切实途径。上述四种主题教育形式紧密围绕校园生活，能激发师生的强烈参与感。

此外，"全球公民"等主题教育形式也得到受访者的青睐。"全球公民"是呼吁保护环境人人有责，将生态环保明确为公民的责任，要求师生审视自身消费习惯对世界环境的影响。"健康与幸福"是把健康和环境保护联系起来，实现个体健康幸福与周边生态环保的协调发展。"海洋和海岸"是教导学生如何保护当地或世界其他地区的海洋和海岸。"餐饮"是鼓励学生及家长减少烹制与就餐过程中制造的环境污染。"运输"是鼓励师生提高对运输过程中产生碳消耗的认识，倡导绿色出行方式。"浪费"是检查废弃物对环境的影响，探讨如何减少废物的产生。"水"是介绍水资源的重要性，增进学生对节约用水的认识。

3. 在线教育

受访者表示，欧洲生态学校的在线教育形式不仅包括官方网站，还有脸书（Facebook）、推特（Twitter）、雅虎网络相册（Flicker）、领英（Linkedin）、照片墙（Instagram）等。1982位受访者表示其所在生态学校使用了脸书和推特，占整体比例的99.05%。近期欧洲生态学校的脸书和推特议题是"告别食物浪费"（From The March For Awareness On Food Waste）、"学校生态足迹"（School Ecological Footprint）、"如何成为生态学校？"（How To Be An Eco-School？）、"不要成为一个浪费者，成为一个拯救者"（Don't Be A Waster，Be A Saver）、"一场安静的革命"（A Quiet Revolution）、"生态学校周年纪念活动"（Eco-Schools Anniversary Event）、"什么是可持续性？"（What Is Sustainability？）、"什么是碳足迹？"（What Is Carbon Footprint？）等。

生态学校除了借助上述社交网站进行宣传推广，还积极使用电子合作平台（eTwinning）为师生提供在线教育服务。"该平台拥有28种语言版本、60万注册用户，使超过40个国家的生态学校的师生能通过视频、语音会议等形式共享教学资源[17]。"它有助于欧洲生态学校成员之间建立跨学校、跨国家的合作关系。

4. 研讨式教学

结合受访者的答案可知，欧洲生态学校积极推进研讨式教学。其中，1949人接受过研讨式教学，占总体受访者的比例为97.40%。欧洲生态学校在葡萄牙举办"通过生态学校进行能源教育"（Energy Education Through Eco-Schools）的跨国研讨会，邀请成员学校就教学质量、评价标准、教学方法开展深入研讨，还在诺萨勒顿、伯明翰、维冈、伦敦组织了4次"生态学校战略论坛"（Eco-Schools Strategy Forum），邀请112名代表参会。近年来，欧洲生态学校召开的"零浪费倡议"（Zero Waste Initiative）、"城市自然挑战"（City Nature Challenge）等研讨会，探讨共同面对的环境恶化挑战、动植物威胁、城市垃圾治理等问题，引发世界关注。

5. 体验式教学

在回收的问卷中，1954位（97.65%）受访者有过体验式教学的经验。体验式教学是把对学习环境和内容的直接体验注入教育过程,强调学生的所思所感对促进教学的意义[18]。欧洲生态学校的体验式教学步骤是教师带领学生主动进行生态实验→获得具体体验→反思观察周边环境→抽象出假设→再进行假设检验。这一套教学步骤培养了学生的4种能力:参与生态教学实践的能力、积极反思的能力、使用分析技能来概念化经验的能力和解决现实环境问题的能力。体验式教学的具体类型包括:"户外教学"(Outdoor Education)、"户外花园教学"(Garden-Based Learning)、"气候变化教学"(Climate Change Education)等。

6. 激励举措

欧洲生态学校的激励举措是授予绿旗。申请学校通常需要实施生态计划满2年且获得较高水平的绩效,方可申请获得绿旗。绿旗能帮助学校提高声誉和知名度,是学校环境卓越且受到国际认证的标志,将带来长远的经济效益和环境收益。此外,部分问卷结果显示,学校在被授予绿旗前通常需要经历内部检查,且要获得"节约能源""垃圾处理""避免餐饮浪费""回收利用""节约用水""绿色操场""绿色交通"等10项绿色主题徽标中的7项。

绿旗不仅为学校获得荣誉与认可,还为师生带来了更多的现实益处。绿旗学校之间本着优势互补、资源共享的合作精神,建构了互惠互利、协调发展的跨国教育合作,共享生态教学资源,例如鼓励教师跨国、跨校中短期互访,共同召开生态教育领域的国际研讨会,组织知名环保专家教授举办流动讲座,互相为学生提供短期夏令营、暑期实践的机会,允许学生跨校选修环保类专业课程。

四、结语

如上所述,欧洲生态学校基于紧密围绕学生的教学政策,通过"三位一体"的运作机制,结合主题教育、在线教育、研讨式教学、户外教育、绿旗奖励等实践形式,在师生心中树立了良好的品牌形象,推广了生态文明的理念与原则,使越来越多的师生认识到生态教育的重要性并申请加入它的阵营。在欧洲生态学校的教学政策中,学生能够在学校的环境管理政策中拥有重要发言权,从而获得成就感。在欧洲生态学校的组织结构中,各国分支机构是总部的基础支撑,合作的国际组织为它提供了外援力量,企业伙伴付出了资金,收获了名誉。总之,欧洲生态学校的教学政策设置、"三位一体"的机制安排、丰富多彩的教学实践形式等都具有创新性,改变了生态教学的传统认知。在传统教学思维里,生态文明教育并非主干课程,仅仅是一个附加或选修的科目,主要采用课堂讲授的教学形式。然而,欧洲生态学校通过上述教学创新,确立了生态教育的重要地位,突破了狭窄的校园空间,走向整个社会和全球网络,不但促进学校所属社区、城市环境的优化,使教学过程与改善校园和当地社区、城市环境紧密结合,还能对跨越国家界限的学生家庭生活与认知产生积极影响。

参考文献:

[1] KATHERINE V K, COLLEEN F M.Ecocentrismand anthropocentrism: moral reasoning about ecological commons dilemmas[J].Journal of Environmental Psychology, 2001, 21(3): 261-262.

[2] Ecoschools.Engaging the youth of today to protect the planet of tomorrow[EB/OL]. (2017-09-23)[2019-02-21].http://www.ecoschools.global/.

[3][4] KIRK M.Green Schoolyards as an element of reform[J].Education Week, 2010, 30(2):

18, 19.

[5]ROSS F, LASCELLES E, SWEETMAN A. Qui poursuit des etudes superieures? L'incidence directe et indirecte des antecedents familiaux sur l'acces aux etudes postsecondaires[EB/OL].(2005-02-23)[2021-06-15].https：//ideas.repec.org/p/stc/stcp3f/2005237f.html.

[6] KRNEL D, NAGLIč S. Environmental literacy comparison between eco-schools and ordinary schools in Slovenia[J].Science Education International, 2009(20)：5.

[7] GRAAF A V D .ECO-schools：trends and divergences.A comparative study on ECO-school development processes in 13 countries[J].Australian Journal of Environmental Education, 2006(22)：123.

[8] BATES C, BOHNERT A, GERSTEIN D. Green schoolyards in low-income urban neighborhoods：natural spaces for positive youth development outcom[J].Frontiers in Psychology, 2018(9)：1.

[9] MOORE M, LEARY P O, SINNOTT D, Extending communities of practice：a partnership model for sustainable schools[J].Environment, Development and Sustainability, 2018(2)：1.

[10] VICTORIA D.Through a university environmental design program and middle school partnership[J].Applied Environmental Education and Communication, 2017(16)：129.

[11]FILHO L W. Sustainable Development research at universities in the United Kingdom[M].Cham：Springer International Publishing, 2016：45-46.

[12] VICTORIA T, DECLAN D, JORGEN K, ROBERT D.Responsible living[M].Cham：Springer International Publishing, 2016：135-136.

[13] PERPIGNAN C, ROBIN V, GIRARD P.Vers une éducation intégrée du développement durable dans l'enseignement technologique dès le secondaire[C].Prague：Confer23ème Colloque des sciences de la conception et de l'innovatione, 2016.

[14] SPINOLA H.Environmental literacy comparison between students taught in eco-schools and ordinary schools in the madeira island region of portugal[J].Science Education International, 2015(26)：392.

[15] CINCERAA J, KRAJHANZL J.Eco-Schools：what factors influence pupils' action competence for pro-environmental behaviour?[J].Journal of Cleaner Production, 2013(61)：117.

[16] Eco-Schools. Eco-schools history & statistics[EB/OL].(2021-06-01)[2021-06-15].https：//www.eco-schools.org.uk/about/eco-schools-history-and-statistics/.

[17] British Council.Enabling schools in more than 40 european countries to collaborate online[EB/OL].(2018-12-30)[2021-06-15].https：//www.britishcouncil.org/etwinning.

[18] JAMES C, GAYLE W W.Experiential learning：a definitive edge in the job market[J].American Journal of Business Education, 2010(3)：115-118.

（作者柳思思系北京第二外国语学院副教授，北京青年拔尖人才，博士。）

面向可持续发展：
法国中小学环境教育的政策与实践探析

李默妍，祝怀新

导读：面向可持续发展的环境教育是法国中小学教育的重要组成部分。1977年以来，法国中小学环境教育经历了起始、发展与普及阶段，截至目前，已经形成较为完整的环境教育体系，并成为法国可持续发展战略的重要环节。为了普及环境教育，法国政府出台了一系列环境教育战略，将环境教育纳入政策法规，规定环境教育的目标、内容，同时对较好地施行环境教育的中小学进行认证。法国中小学环境教育的实践模式将环境教育渗入现行课程中，并结合校内与校外的环境活动进行环境教育。虽然法国中小学环境教育在教育模式的结构改善以及可持续发展的内容整合方面有待提升，但依然在提高青少年的环境素养、培养合格的未来公民中起到了重要作用。

随着全球环境问题的加深，面向可持续发展的环境教育（Education à l'environnement et au développement durable）成为世界各国的关注焦点。在法国，环境教育有着悠久的历史，并逐渐成为法国可持续发展战略的重要组成部分。2004年法国颁布的《环境宪章》（Charte de l'environnement）指出："环境教育和培训必须有助于行使本宪章规定的权利和义务，即人人有权在平衡和健康的环境中生活，人人有义务参与保护和改善环境[1]。"环境教育是一个非常广泛的领域，涉及物理、化学、生物以及各种社会学科，贯穿法国的教育体系。中小学是法国的基础教育阶段，政府十分重视中小学的环境教育，力求通过环境教育提高青少年的环境素养，培养合格的未来公民。

一、法国中小学环境教育的历史沿革

早在18世纪启蒙运动时期，卢梭（Rousseau）在《爱弥儿》中阐述了自然教育思想。卢梭主张要对儿童进行"自然教育"，让儿童远离喧嚣的城市而回归大自然，以保护儿童的天性，促进儿童自然发展，最终培养出具有理想人格的"自然人"。卢梭的自然教育思想对后世有着深远影响，法国的环境教育思想就从中汲取智慧，主张在大自然中进行教育。法国中小学内正规的环境教育始于1977年《哈比政府公报》，至今经历了起始、发展、普及三个阶段。

（一）环境教育的起始阶段

第二次世界大战后，法国经历了"光辉30年"，经济繁荣，人口飞涨，医治了战争的创伤。但随着工业化与城市化进程的加快，法国产生了严重的环境污染问题，例如，在20世纪中叶，法国的工业区大规模出现酸雨污染。因此，人们希望加强环境教育，提高国民环保意识，通过改变一代人的观念从根本上解决严峻的环境问题。与此同时，国际社会也高度重视环境教育，并于 1975 年在原南斯拉夫首都贝尔格莱德召开"国际环境教育研讨会"，提出全球范围内环境教育的基本理念和框架。在此背景下，法国在 1977 年 8 月发表《哈比政府公报》，明确提出"应在义务教育阶段进行环境教育，使儿童和青少年了解自然，并掌握解决环境问题的技能。为了实现这个目标，应在中小学的所有学科中渗透环境教育的理念，并让学生们在环境中直接接受教育"[2]。《哈比政府公报》确立了环境教育在义务教育阶段的地位，明确了中小学环境教育的实施策略，标志着法国中小学环境教育正式开始。

（二）环境教育的发展阶段

20 世纪八九十年代是法国中小学环境教育的发展阶段。1983 年，政府成立学校与自然网络（Réseau Ecole et Nature）。学校与自然网络的目标并不是提供具体环境教育，而是为环境教育工作者与环境教育机构提供服务，构建从本地到国际的沟通与交流网络，确保知识的汇集与分享，探索新的环境教育方法，完善教学设施，促进环境教育的顺利开展。

1992 年，法国全国课程计划委员会（Conseil National des Programmes）对环境教育提出建议，指出环境教育应超越传统的学科教学，实现行动与反思相结合的环境教育项目，且要经常去校外进行调研活动。1993 年，法国教育部与环境部联合发表《关于环境教育的议定书》，指出环境教育应着重强调以下三个概念[3]：环境的价值，应从科学与文化的角度揭示自然环境、景观、土壤等环境遗产的价值，并指出环境与人类活动密切相关；良好的公民环境素质，让青少年意识到他们的行为，如节水、使用公共交通等对环境的有利影响；在环境方面的责任感与团结，让青少年意识到法国与贫穷国家之间的环境是不平等的。这体现了环境教育的一般精神，但缺乏可操作性，使得一线中小学无所适从，因此环境教育在很多中小学没有得到普及。

（三）环境教育的普及阶段

1992 年，联合国在里约热内卢召开联合国环境与发展大会，讨论可持续发展的实施方法，并通过了可持续发展的行动纲要《21 世纪议程》。会后，法国政府积极推行可持续发展理念，并于 2003 年批准《国家可持续发展战略》（Stratégie nationale de développement durable），教育是其主题之一。随着可持续发展战略的实施，法国环境教育开始向可持续发展延伸，并逐渐走向普及化。2011 年，法国政府针对环境教育的发展出台《2011 年第 41 号政府公报》，总结了自 2004 年以来环境教育的不同阶段，并为环境教育的未来发展制定新目标[4]。

2004 年到 2007 年是法国环境教育普及的第一阶段。在这一时期，法国政府意识到教育在改善环境问题中的决定性作用，并对 1977 年《哈比政府公报》进行修订，将可持续发展内涵融入环境教育，形成了"面向可持续发展的环境教育"。修订后的 2004 年第 2004-110 号政府公报《面向可持续发展的环境教育的普及》指出，应确定一个连贯和渐进的面向可持续发展的多元化环境教育模式，并贯穿中小学各个年级的所有课程。此外，政府还建立学术指导委员会，设立环境教育的国家学术培训计划[5]。

2007 年到 2011 年是法国面向可持续发展的环境教育普及的第二阶段。在这一阶段，法国制定《2007—2010 年可持续发展教育三年计划》（以下简称《三年计划》）。该计划的重点有三个方面[6]：更广泛地将可持续发展理念纳入小学、初中以及高中的课程教学大纲中；增加开展面向可持续发展的环境教育的学校数量；对各学科的教师进行环境教育培训。随着《三年计划》的开展，法国中小学更有效地将可持续发展与教育相结合，将可持续发展的主题与问题，如代际平等、消除贫困等纳入环境教育的范围，扩大了环境教育的外延。

2011年起，法国面向可持续发展的环境教育走向普及的第三阶段。在这一阶段，《2011年第41号政府公报》在2007年《三年计划》的基础上，增加三项新的目标[7]：动员学生、教师、管理监督人员、国家教育合作伙伴等所有可持续发展教育的参与者，以加强教育的治理与监督；允许更多合作伙伴加入可持续发展教育，如国家机构、地方当局、协会、公共机构、研究中心、公司等，这些合作伙伴可以提供更多可持续发展教育资源，使受教育者能更好地了解当地、国家以及全球的环境问题；加强信息传播，并分享成功案例，使可持续发展教育的项目与行动可以更好更广泛地实施。

二、法国中小学环境教育的政策内容

（一）环境教育的目标

面向可持续发展的环境教育的基本目标是"唤醒青少年的环境意识，一方面要培养学生对空气质量、气候变化、资源和能源管理、保护生物多样性等重大环境问题的思考；另一方面，它也必须促使青少年改变生活和消费方式，以负责任的态度和丰富的环境知识来保护我们地球的生态"[8]。法国政府还在《2011年第41号政府公报》中明确设定面向可持续发展的环境教育的终极目标："向未来的公民传授复杂的可持续发展理念，使其能够作出理性的判断与选择，在个人生活以及社会生活中以一种负责任的态度行事[9]。"具体来说，法国中小学环境教育的目标就是要通过环境教育改变中小学生对环境的态度，以此教育中小学生形成公民意识。首先是改变中小学生对环境的态度。环境教育需要通过传授多学科的客观知识使青少年了解环境问题、理解环境的多样性与复杂性，并通过方法的传授、工具的使用、分析能力的提升等培养青少年的创造性与自主性，促使青少年参与环境保护。青少年将通过学校的环境教育改变对环境以至对世界的态度，重新思考人类在这个世界中的位置，并付诸行动。其次是培养中小学生的公民意识。作为未来的公民，中小学生应在环境教育中形成自我评估、自我规划的能力，能够负责任地计划、分析、评估其行动，以培养其独立生活的能力以及独立、负责的人格，树立代际平等、互相尊重的可持续发展理念，进而与他人合作共创美好未来。

（二）环境教育的内容

中小学面向可持续发展的环境教育所涉及的内容十分广泛。在法国，"环境"被定义为"在一定时间内，所有可能会对生物以及人类活动产生直接或间接、短期或长期影响的物理、化学、生物和社会经济因素"[10]，环境教育涉及气候、生态系统、垃圾、空气、水等环境领域的内容。"可持续发展"被定义为"在不损害子孙后代利益的情况下满足现在需求的发展"[11]，面向可持续发展的环境教育还将纳入可持续发展的主题，如满足当代人的需求、与未来的人共享全球资源、资源管理、理解生物多样性、以负责的方式生产及消费等，覆盖环境、经济、社会等多领域的知识。因此，面向可持续发展的环境教育是一种跨学科、宽领域、多层次的综合性教育，所有学科都应为环境教育做出贡献，以达到环境教育的目标。在法国，环境教育不是一门独立的新学科，而是化整为零地渗透到整个教学中，以连贯和渐进的方式在中小学各个年级的每个学科内，以及不同学科之间展开。基于青少年的不同心理发展阶段，小学、初中、高中环境教育的内容均有所不同。

在小学，鉴于小学生的年龄以及理解能力，面向可持续发展的环境教育优先考虑环境部分内容的教学，主要涉及生物多样性、景观演变、生态环境管理、资源的节约与循环再利用这四个领域，包括水、气候、可持续发展、生物多样性、垃圾、自然危机、环境/生态系统、健康、能源、栖息地、食品、空气、消费、自然景观等14个主题[12]。在小学高年级，小学生也将接受关于保护环境、实现可持续发展的公民教育。

在初中，初中生们将继续深入学习有关环境的知识，同时对可持续发展形成一个初步的概念，所涉及的领域主要有：人类在环境变化中的作用；人类与社会之间相互依存的关系；作出负责任的选择的必要性；在全球范围内团结一致等[13]。其中包括可持续的环境管理、可持续发展的城市建设、可持续的景观管理等主题。同时，初中生也应初步掌握技术工具的使用等实用技能。

在高中，由于法国高中课程众多，其环境教育内容也十分全面。例如，物理与化学课程内容包括物理规律、化学元素、化学反应等更加深刻的环境知识；社会与经济课程内容包括发展的不平等、发展成果的共享、消除贫困、社会流动等更加深刻的可持续发展知识。通过高中的环境教育，高中生应能够基于一个环境主题进行充分的思考，形成比较成熟与全面的看法，能够进行自由辩论以表达自己的想法，并进一步掌握保护环境、改造环境的技能。此外，2011年，法国在技术类高考中设立了"工业与可持续发展科学技术"类别（STI2D）[14]，将可持续发展理念与建筑、能源、环境、生态设计等专业相结合，更有力地促进了面向可持续发展的环境教育在高中全面开展。

（三）环境教育的认证

2013年，为了满足教育界的需求，并为小学、初中与高中面向可持续发展的环境教育的开展提供参考，法国教育部出台文件，设立"走可持续发展之路的学校"（Etablissementen Démarche de Développement Durable，以下简称E3D）认证标签[15]，并规定了认证标签的三个等级以及获得相应标签的条件。E3D认证标签的设立提高了中小学开展环境教育的积极性，是法国中小学环境教育政策的重要内容。

申请E3D标签的中小学首先需要满足以下六个基本条件[16]：以课程为基础，整合学校的活动以及基础设施，使其均成为环境教育的资源；根据学校的社会、经济与环境背景，向外部进行开放；将可持续发展环境教育计划与学校发展规划相结合；与合作伙伴的关系正规化；从环境教育计划开始的第一年就对其实施情况保持关注；设立相关的传播与推广方案。

在满足基本条件的基础上，学校可以根据自身环境教育计划开展的深度与广度，申请不同等级的E3D标签。E3D标签一共有三个等级，第一级为参与级，第二级为深化级，第三级为全面开展级，即最高级[17]。参与级的具体内容包括：学校须做到明确考虑环境、社会、经济乃至其他与可持续发展相关领域之间的关系；将环境教育的实施方法呈现给学校行政理事会，以将其纳入学校的发展规划中；根据学校的需要选择不同的合作伙伴，并与合作伙伴进行对话。深化级的内容有：对学校的教师和职工进行渐进式培训，以实现可持续发展教育目标；实现与可持续发展有关的所有活动（课程、科学研讨会、实地考察、绿色课程等各种项目）的内部协调；与合作伙伴共同创造价值，并反映在项目的运作和成果中；迈出传播教育成果的第一步。全面开展级的内容有：学校运作出现整体变化，能够对可持续发展做出明显贡献；为其他参与者创造出色的项目模范，其项目可以在其他地方推广；制定可持续发展的道德标准，如制定学校的可持续发展章程等；明确提出永久施行可持续发展教育的战略。

获得E3D认证标签并不是中小学开展面向可持续发展的环境教育的终点与结果，而是敦促其不断改进教育方式的一个过程。获得E3D标签将不断激励学生、教师、职工在学习与工作生活中践行可持续发展战略，最终促进社会的健康可持续发展。

三、法国中小学环境教育的实践模式

（一）通过现行课程开展环境教育

在法国，中小学环境教育并不是单独设课，而是渗透在现行课程中。中小学充分挖掘现行课程中的环境因素，利用现行课程开展环境教育，化整为零地达到环境教育的目标。在法国中小学中，法语、体育、数学、艺术、外语、物理、化学、历史、地理、生命与地球科学、公民教育是贯穿小学高年级到高中的必修课，每门课程都从自己的特定角度出发，对学生进行环境教育。

地理学科是中小学环境教育的重要载体，由于其学科特点，在环境教育的开展中起到了其他学科无法比拟的作用。法国中小学的地理学科以人口、资源、环境等为主题组织教学内容，并开展关于社会、经济、环境的可持续发展教育，有效地提高学生的环境素养，进而培养其可持续发展的观念。以"人口"主题为例，学生在小学阶段，学习"我生活的地方"专题，了解当地的人口知识；在初中阶段，"世界上人口分布"专题中学习人口的发源地、聚集地，了解世界上的大都市；在高中阶段，人口问题以案例的形式出现，如学生将会分析中国与印度的人口与发展问题，分析两国的人口政策，以理解人口与发展之间的相互作用关系。

物理、化学、生命与地球科学等理科学科旨在用科学理论来解释宇宙，帮助中小学生理解自然规律，学会使用科学的实验方法验证假设，帮助学生追求真理，从而培养科学的环境观念与可持续发展观念。为此，首先要向学生传授自然科学知识，如物质循环、自然资源、环境化学等，在教授知识基础上，还应通过科学实验培养学生的实验精神，鼓励学生观察与调查，从中提出问题，之后收集相关的信息，提出假设，设计实验进行验证，最后得出自己的结论。

体育学科中的健康教育是环境教育的重要组成部分。教师向学生传授健康的重要性，学生通过接受健康教育而自觉地采纳健康的生活方式，如注重饮食的安全与健康，注重参与体育活动，遵守生活中的安全规则，预防疾病。通过健康教育，学生从做到尊重自己开始，学会尊重他人，尊重环境。

公民教育学科可以使学生以未来公民的身份思考环境与可持续发展问题。中小学时期是青少年人格形成与公民意识培养的重要阶段，中小学内的公民教育传递《宪法》与《环境宪章》所承载的基本价值观和原则，让学生获得对环境以及社会的归属感，行使作为一个公民的权利，同时履行公民的义务，积极参与改善生活环境的行动。例如，在高中的公民教育课上，学生们会对人权、政治参与、全球化等可持续发展的议题进行资料查找，形成报告，并进行自由辩论。

法语、数学、艺术、外语、历史等科目在环境教育教学中发挥着自己的独特优势。例如，在法语或外语课堂上可以学习有关环境与可持续发展的课文，培养学生输出其环境观点的表达能力与写作能力。在数学课上，环境教育以数学题目的形式出现，如在小学，就会有"一家人一天用217升水，那么这家人一周将用多少升水"等问题，促使学生节约水资源。在艺术课堂上，教师可以通过绘画、音乐、电影等艺术形式开展环境教育，提高学生的环境审美能力。在历史课堂上，学生以时间为维度，以史为鉴，更深入地思考现代社会的环境问题与可持续发展问题。

（二）通过实践活动开展环境教育

鉴于环境教育的特殊性，法国中小学环境教育实施多元化的教学模式。在课堂知识的传授之外，还开展实践活动式的教学，让中小学生在实践活动中接受环境教育，在活动中培养主动性、创造性、责任感,并培养将理论转化为实践的意识与能力。

例如,位于法国南特的亚历山大·文森特小学从 2006 年起承包学校附近的一个池塘作为开展环境教育的教学点。学校定期组织学生去游览、观察,体会池塘的生态价值,也会每年组织学生与家长对池塘进行清理与维护。学校与当地的绿色环保组织合作,定期对池塘内的生物进行清点,以衡量生物的多样性。如今,该池塘已经成为当地的自然保护区,小学生们也在游览、观察中学习生物多样性知识,在亲自参与池塘清理的过程中体验生态管理的方法[18]。位于勒芒的勒龙瑟雷初中与当地的社区和其他学校合作,在校园内开辟了一个花园,学生们可以在花园中种植植物,加工木制工艺品,或在花园的围栏上张贴关于环境的画作。通过植物的种植活动,学生们可以观察植物的生长过程,体会大自然的奇妙与生命的神奇,形成保护植物、维护生物多样性的想法。通过工艺品的加工,学生可以锻炼设计思维与动手能力,并学会使用工具。通过环境画作的创作,学生可以锻炼想象力,培养对环境的艺术审美能力[19]。

除了校内活动,法国中小学活动式环境教育还拓展到校外。2004 年政府公报《面向可持续发展的环境教育的普及》就提出:"所有形式的学校外出活动,如去海边、去雪地等亲近大自然的绿色旅行都有利于环境教育的开展。为此,教师与学校应基于当地的自然资源情况,与当地企业、社区、机构等发展合作关系,以丰富教学方法[20]。"此外,各级教育部门、环保部门、志愿服务组织、地方当局等机构与学校联合起来提供教育资源,如设立活动中心、建立生态保护中心、开展自然探索课堂等,以更好地促进中小学环境教育的开展。例如,位于肖莱的罗伯特·舒曼高中经常与当地倡导公平贸易的"世界工匠"(Artisans du Monde)组织合作,开展公平早餐项目或组织圣诞市场,在产品的准备、交易等过程中理解公平贸易的精神[21]。

实践活动式的环境教育实施模式可以调动学生的积极性,改变学生作为传统的知识"接受者"的角色,促使学生实现从被动学习到主动寻求知识的转变。在活动中,学生不仅更好地理解与掌握了知识点,还发展了思维能力、动手能力、合作能力等多重能力,培养全面健康的人格。

四、法国中小学环境教育展望

经过四十余年的发展,法国中小学环境教育取得了显著的成就,这离不开法国政府的大力支持以及各种社会团体对环境教育资源的整合,也得益于学校课程内连贯、渐进且多元化的教学模式。但若对法国中小学的环境教育加以审视,就会发现其并非尽善尽美,而是可以进一步完善与发展的。

(一)改善教育模式的结构

20 世纪 70 年代,英国学者卢卡斯(Lucas M. A.)提出了著名的卢卡斯环境教育模式,即环境教育包括"关于环境的教育"(Education about the environment)"在环境中的教育"(Education in the environment)"为了环境的教育"(Education for the environment)三个方面[22]。若以此为分类依据对法国小学内的科学课程进行统计,则其教育模式的不足一览无余:在课堂上传授环境知识的"关于环境的教育"平均占比为 72%,培养学生环境态度、价值、情感的"为了环境的教育"占比为 23%,而在环境系统中亲身体验环境教育的"在环境中的教育"仅占 5%[23]。在中学,由于课业压力加大,这种情况更加突出。由此可见,法国中小学生被置于被动接受环境知识的角色,有可能导致其缺乏解决环境问题的实际技能。这是因为,在法国中央集权的教育体制、精英主义教育传统以及法国民族文化等因素的影响下,学生面临层层分流的巨大升学压力，为了取得一个好分数并进入精英教育的轨道，与环境教育相关的技能、情感被部分地摒弃。

鉴于面向可持续发展的环境教育的独特性，环境教育的实施不应局限于课堂上知识的灌输，学生还应深入环境、参与学校或社区组织的环境活动，以掌握客观事物的本质规律，树立可持续发展的道德观念，并灵活地运用科学知识解决可持续发展的核心问题。正如美国教育学家杜威（Dewey J.）所倡导的"教育即生活""在做中学"，学生应在真实的情景活动中产生问题，探寻问题的解决方法，并通过实践检验方法的有效性[24]。在项目活动与思想碰撞中，学生可以完成环境知识体系与情感观念的自我建构，培养批判性思维、个人与集体责任感，更好地掌握促进可持续发展的技能。因此，关于环境的技能、价值观、创造力不应成为应试教育的牺牲品，法国政府应更加重视环境教育活动的开展，或将对环境的态度、改善环境的能力等环境素养的因素纳入学生的评价标准，使学生不仅注重知识的获取，也重视综合环境素养的提升。

（二）整合可持续发展的内容

可持续发展具有深刻的内涵，包括经济可持续发展、社会可持续发展、生态环境可持续发展三个方面。2004年，法国政府就已规定将可持续发展的内涵融入环境教育中，但在实际教学中，法国中小学环境教育较为侧重生态环境这一方面的知识，缺乏对于可持续发展内涵的全面强调。例如，中小学每次开展环境教育活动，总以生物多样性、垃圾分类、水资源等环境方面的话题作为活动主题，较少涉及经济、社会等方面的话题。此外，法国的一份针对中小学教师的问卷显示，当提及"可持续发展"时，教师们最先想到的几个词语有"环境""生态"和"垃圾"[25]。因此，教师也将可持续发展与环境保护相对应，这不利于学生了解可持续发展理念丰富的内涵。这背后的原因是多样的，例如，面向可持续发展的环境教育是由单纯的环境教育发展而来，发展时间较短，尚不完善；可持续发展是一个宏大的跨学科议题，对学校的教学质量以及教师素质要求较高。

随着全球环境、社会、经济等领域问题的凸显，传统的环境教育已不再适应时代的发展，面向可持续发展的环境教育在使学习者在尊重文化多样性的同时为当代和后代作出实现环境完整、经济可行和社会公正的明智决定和负责任行动等方面具有重要作用[26]。联合国教科文组织在《全球可持续发展教育行动计划》中指出，各国应"将可持续发展的重要问题纳入教育和学习，采取创新和参与性的教育和学习方法，使学习者能够并且有动力为促进可持续发展采取行动，并加强教育工作者、培训人员和其他变革推动者的能力，使之成为可持续发展教育学习的促进者"[27]。因此，法国政府应遵循国际社会公认的原则，对环境教育进行重新定位，更好地将可持续发展的内涵融入中小学的课程体系，并加强师资培训，让青少年更好地理解可持续发展内涵的复杂性，培养他们的可持续发展的技能与价值观。

总之，面向可持续发展的环境教育已经成为法国中小学教育中不可或缺的组成部分。各中小学通过现行课程开展环境教育，将环境教育的内容化整为零地纳入各个学科中，既不增加学生的负担，又完成了环境教育的目标，还通过实践活动的方式进行环境教育的教学，在丰富的环境教育活动中激发了学生的学习兴趣，培养了学生的环境技能以及合作能力、沟通协调能力。虽然法国中小学的环境教育尚存在一定的不足，但是瑕不掩瑜，中小学环境教育依然在提升学生综合环境素养、培养合格的未来公民中发挥着无可替代的作用。

参考文献：

［1］Conseil constitutionnel. Charte de l'environnement［R］. Paris：Conseil constitutionnel, 2004：2.

［2］［10］Ministère de l'éducation Nationale. Circulaire n°77-300 du 29 août 1977［R］. Paris：Ministère de l'éducation Nationale, 1977：1.

［3］Ministère de l'éducation Nationale et de la Culture et Ministère de l'Environnement. Protocole entre le ministère de l'éducation nationale et de la Culture et le ministère de l'Environnement［R］, Paris：Ministère de l'éducation Nationale et de la Culture et Ministère de l'Environnement, 1993：1-3.

［4］［7］［9］Ministère de l'éducation Nationale. Bulletin Officiel n°41 du 10 novembre 2011［R/OL］.（2011-11-10）［2018-03-30］. http：//www. education. gouv. fr/pid25535/bulletin_officiel. html?cid_bo=58234.

［5］［20］Ministère de l'éducation Nationale. Bulletin Officiel n°28 du 15 juillet 2004［EB/OL］.（2004-07-15）［2018-03-27］. http：//www. education. gouv. fr/bo/2004/28/MENE0400752C. htm.

［6］Institut Français de l'éducation. Le plan triennal（2007-2010）pour éduquer au développement durable［EB/OL］.（2018-03-27）［2018-03-27］. http：//acces. ens-lyon. fr/acces/thematiques/eedd/climat/pedagogie/triennal_EDD.

［8］République Française. La loi n°2013-595 du 8 juillet 2013 d'orientation et de programmation pour la refondation de l'École de la République[R]. Paris: République Française, 2013: 41.

［11］BRUNDTLAND G H. Our common future［J］. Earth & Us, 1991, 11（1）：29-31.

［12］FOINET T. L'éducation au développement durable: intégration et difficultés à l'école primaire[D]. Guadeloupe: École supérieure du professorat et de l'éducation, 2016.

［13］PERPIGNAN C, ROBIN V, GIRARD P. Vers une éducation intégrée du développement durable dans l'enseignement technologique dès le secondaire[C]. Prague: 23ème Colloque des sciences de la conception et de l'innovation, 2016.

［14］Ministère de l'Education Nationale. Arretédu 22 juillet 2011［R］. Paris：Le Ministère de l'Education Nationale, 2011：30.

［15］［16］［17］Ministère de l'éducation Nationale. Bulletin officiel n°31 du 29 août 2013［EB/OL］.（2013-08-29）［2018-03-30］. http：//www. education. gouv. fr/pid285/bulletin_officiel. html?cid_bo=73193.

［18］Académie de Nantes. L'éducation au développement durable［R］. Nantes：Académie de Nantes, 2013：19.

［19］［21］Académie de Nantes. Éduquer au développement durable[R]. Nantes: Académie de Nantes, 2015: 17, 25.

［22］祝怀新. 环境教育论［M］. 北京：中国环境科学出版社, 2002：53.

［23］AMICY A S. L'éducation relative à l'environnement dans le programme des deux premiers cycles du niveau fondamental en Haïti. Analyse comparative des programmes de sciences expérimentales de France, Haïti et Ontario[D]. Paris: Université Paris-Est, 2016.

[24] 赵祥麟, 王承绪编译. 杜威教育论著选[M]. 上海: 华东师范大学出版社, 1981: 191.

[25] JEZIORSKI A, LUDWIG-LEGARDEZ A. Éducation au développement durable: la difficulté de concevoir une action éducative interdisciplinaire[C]. Clermont-Ferrand: Colloque international francophone du développement durable: débats et controverses, 2011.

[26] 联合国教科文组织. 2030年教育仁川宣言和行动框架[R]. 仁川: 联合国教科文组织, 2016: 49.

[27] 联合国教科文组织. 全球可持续发展教育行动计划[R]. 巴黎: 联合国教科文组织, 2014: 2-4.

（作者李默妍系浙江大学教育学院硕士研究生；祝怀新系浙江大学教育学院教授，浙江大学成人教育研究所副所长，博士生导师。）

以色列中小学环境教育多元化途径探析

祝怀新,卢双双

导读: 以色列十分重视通过环境教育来提高公民的环境素养。在中小学环境教育的课程中,以色列采用课程渗透和单独设课相结合的教育模式。一方面,将环境教育的理念融入科学技术教育课程体系内,并根据不同学龄段学生的特点调整环境教育的内容和方法;另一方面,采用渗透模式教学,将环境教育理念渗透于其他学科中。在校外实践中,以色列通过创建绿色学校、建立环境教育中心、开展丰富多彩的校外教育活动等方式,促进学校的可持续发展及社区、学校、校外组织之间的良好互动,培养学生的环境情感。以色列中小学环境教育途径呈现多元化趋势。

以色列是一个十分重视环境保护及环境教育的国家。在中小学环境教育中,一方面,学校正规教育中的环境教育以学科渗透模式为主,单独设课为辅;另一方面,非政府组织发挥了重要的推动作用,强调社区、学校之间的良好互动,充分体现出可持续发展的理念,构成了学校、校外组织、社区三者之间相互配合的良好机制。此外,以色列还通过一系列体验式教育,让学生在自然环境中接受环境教育,加快促进其环境教育的发展。

以色列十分重视公民环境素养的提升,并力求通过多种方法和途径开展环境教育。2010年,以色列环境政策中心(The Environmental Policy Center)颁布的《2030年可持续发展展望:以色列环境的未来发展》(Sustainability Outlook 2030:Environmental Futures for Israel)指出,以色列环境的未来发展需要由持续和长期的公共政策来引导[1]。2015年,以色列发布环境公报,将环境教育置于"保护公民获得健康和安全环境权利"的地位,并提出要通过发展和实施环境教育来促进生态系统的复原[2]。在新的历史阶段,以色列环境教育已贯穿于整个公立学校教育系统,其实施途径已呈现多元化趋势。

一、以色列环境教育的产生及发展

以色列是一个以犹太民族为主体的国家,由于历史的原因,犹太民族历经了2000多年的流散历程,最终于1948年建立以色列国。一方面,犹太民族沿袭了几千年来古老文化的优良传统,酷爱学习,热爱知识,重视教育[3];另一方面,以色列人民十分珍惜国土资源,并渴望通过教育的手段来提高以色列中小学生的环境素质,促进对自然的保护[4]。以色列的环境教育发展主要经历了以下三个阶段。

(一)环境教育的雏形

以色列的环境教育伴随着以色列国家的建立而兴起。早在1949年建国初期,以色列在其颁布的《义务教育法》中就明确提出,要"培养学生对自然环境、国土和周边景观的尊重和责任感"[5]。1953年，以色列颁布了《国家教育法》，完善了教育体系，其中就强调"要在知识和科学所涉及的和人类以各种形式在不同时代所创造的活动领域构建适合儿童学习的知识，并鼓励他们身体力行地参与活动"[6]，并进一步明确了环境教育在国家教育体系之中的地位。此外，基于"大地伦理"的理念，在20世纪50年代初期，以色列在全国范围内开展了以徒步旅行的方式来了解这片"神圣土地"上的植被和动物的活动[7]。在以色列教育系统建立初期，以色列就将环境意识反映在了以色列小学的通识课程中，开设了"自然学习"（Nature Studies），即之后的"国土"（Homeland）和"土地知识"（Knowledge of the Land）等课程。如今，以色列中小学的课程依然传承了这种环境意识与环境保护价值观念。

以色列环境教育产生的缘由主要有两个方面。一方面，与其主体民族——犹太民族的信仰有着密不可分的联系。犹太民族信仰犹太教，其核心精神是敬天爱人，犹太教对于地球的热爱是犹太民族不断开展环境教育的原因[8]。犹太民族认为，人类所做的每一件事情都应当趋向于保护生物群落的完整、稳定和美丽，道德上也要尊重植物、动物、水和土壤在一种自然状态中持续生存的权利。在其信奉的《圣经》中记载：上帝造出第一个人后，就带着他在伊甸园参观树木。上帝认为伊甸园中这些美丽的树木都是他的作品，所以，不要破坏这些树木[9]。因此，犹太人把爱护大自然作为一种神圣的职责，犹太民族的3个重大节日——逾越节、五旬节和住棚节也都是在收获的季节庆祝犹太民族和土地的和谐关系[10]。

另一方面，与其自然条件有关。以色列是一个地域狭小、人口密集的国家，其国土面积的2/3为沙漠，土地贫瘠，自然资源极其贫乏。加之以色列全年有7个月无雨，淡水资源奇缺，人均淡水量仅为世界人均水资源的1/50。由于自身资源、环境的特点，以色列许多非政府组织也积极地投身于环境教育的行列。其中，自然保护协会（Society for the Protection of Nature in Israel，简称SPNI）是以色列最大的、历史最为悠久的非政府组织之一，设有环保部门、教育部门和旅游部门，其成立的目的就是协调人们对社会发展的需求及环境保护之间的关系。该协会最早的活动就与以色列野花的保护有关。这项野花保护活动围绕儿童的环境教育展开，希望通过儿童去影响他们的父母，并结合法律手段，规劝人们不要采花，杜绝人们的采花行为，从而达到保护自然环境的目的。

（二）环境教育的发展

20世纪70年代初，伴随着国际社会对"环境教育"概念的提出和课程的发展，以色列也进一步对环境教育相关课程做出了调整，借助科学技术教育来发展环境教育，并突出学科渗透的课程模式。以色列将环境教育融入国家正规教育系统中的自然科学类（Nature Sciences）课程[11]，之后又建构了科学、技术和社会课程，简称STS（Science Technology and Society）[12]。1996年，以色列又将"生态系统""地球和宇宙"作为以色列中学（7~9年级）国家科学和技术课程领域中单独的两个科目，课时均为30个小时[13]。

为了在恶劣的地理条件下谋求生存之路，以色列十分重视科技和教育兴国，在学校教育的任何一个年级都强调科学与技术教育[14]，环境教育作为其中的一个重要组成部分，也受到了政府的重视，甚至允许一部分学生在其高中毕业考试中选择自然科学类的学科作为必考科目之一。

为响应1972年联合国斯德哥尔摩人类环境会议精神，以色列于1973年成立环保服务部（Environmental Protection Service），为国家实现全面的、现代化的环境管理迈出了第一步[15]。

1988年，以色列成立环境部（Ministry of Environment）[1]，以适应国家对环境保护和公民对公共健康的需求。这个时期，以色列教育部、环境部教育司、环境教育中心（Enviromental Education Centers）的工作人员与中小学教师共同合作，制订了正规教育阶段的环境教育课程，注重环境教育的多学科性以及渗透的课程模式。与此同时，以色列的大学也成立了有关环境研究的学术部门，积极开展环境污染与人类健康的相关研究。

（三）面向可持续发展的环境教育

以色列是比较早进入后工业化时代的国家，科学技术高度发达，但20世纪90年代以后却逐渐暴露出由此带来的一些环境问题。在国际社会影响下，以色列更加重视国家的环境问题，在环境教育中更是注重以自然主义为导向[16]，以促进国家可持续发展战略目标的实现。

1992年，联合国环境与发展大会在里约热内卢召开，并颁布了《21世纪议程》，提出要"确保教育能满足青年在经济和社会方面的需要，并把环境认识与可持续发展观念纳入课程，扩大职业训练，采取能够增进公民实际技能（例如环境观察技能）的创新方法"[17]。在《21世纪议程》的指导下，以色列根据本国的特点，提出了可持续发展战略的3个目标，其中就包括了在大力发展经济的同时，保护和改善环境质量。同时，在教育和研究方面明确提出：可持续发展战略的实施以资源和环境保护技术的不断更新、全体人民特别是决策者的观念转变为基础。根据国际公约，以色列政府决定将环境教育作为国家战略的核心部分，以此促进环境的保护，保证人民的生活质量。从这个意义上来说，以色列不断扩大环境教育项目的范围也是环境教育全球趋势的一种体现[18]。

为了实现国家的可持续发展，1996年11月，以色列环境部邀请有关部门的专家就制定以色列可持续发展战略召开了研讨会，并以这次研讨会形成的框架内容为基础，于1997年正式出台了以色列可持续发展战略规划。2002年，在南非约翰内斯堡全球可持续发展大会之后，以色列政府又根据会议决议于2003年5月颁布了《以色列可持续发展战略计划》[19]，正式将可持续发展作为国家政策加以实施。根据该项计划的内容，以色列于2004年出台了一份旨在提高以色列科学技术教育的课程《标准文件》（Standards Document）。这份文件对以色列学校的可持续发展教育产生了深远的影响，许多学校参照实施[20]。

二、以色列中小学环境教育的课程模式及内容

（一）环境教育课程模式

以色列中小学的环境教育采取渗透与单独设课相结合的课程模式。长期以来，传统的环境教育课程模式包含两类，一是渗透模式（Infusion Model），二是单一学科模式（Singlesubject Model）。前者是依据现行课程目的与目标，将适当的环境内容（包括概念、态度、技能等）渗透到各门学科之中；后者则强调将有关环境科学方面的内容整合发展成为一门独立的课程[21]，两者各有利弊。

为了更好地开展面向可持续发展的教育（Education for Sustainable Development），以色列在中小学环境教育中同时采用这两种课程模式。其中，渗透模式为主要形式，具体表现为：依据课程的目标，将环境教育理念及内容融入国土学（Homeland Studies）、社会学（Social

---

1　以色列环境部（Ministry of Environment），于2006年更名为"以色列环境保护部"（Ministry of Environmental Protection）。

Studies)、土地知识（Knowledge of the Land）、地理及环境与农业学习（Environmental and Agricultural Studies）等课程[22]。以色列也吸收了单一学科模式的长处，突出了中小学科学与技术类课程在培养环境认识方面的作用。目前，以色列中小学科学与技术类课程包括5个科目，即材料科学、生命科学、地球与宇宙科学、技术、环境科学。这5个科目都与环境教育有着密切而直接的关系。由于科学与技术类课程本身的性质和教学内容的特点，使其在实现环境教育的认知目标上，具有其他学科不可替代的作用[23]。

以色列中小学的课程分为必修课、选修课和学校自定课程3类，涵盖了数学、科学、文学、历史等所有常规课程。其中，科学课程是以色列1~10年级必修的课程，其课程目标为：让学生明白科学在现在和未来、个人与社会之间的关系。同时，作为一个学生和未来公民，可以通过科学学习树立个人和社会责任感，以及和现实问题相关的价值取向及道德行为[24]。鉴于学生年龄和接受能力的差别，以色列教育部根据学生各年龄阶段的特点，在科学课程大纲中分别加入了适合小学、初中和高中阶段的环境教育内容，指导学校开展环境教育活动。

（二）环境教育课程内容

根据课程《标准文件》的指导，以色列整个小学阶段环境教育的重心在于学生的认识能力、探究能力和情感的培养。

1~2年级阶段：主要课程集中在开展自然与环境科学教育，以及与之相关的现象教育方面；

3~4年级阶段：主要让学生了解现象、结构、产生这些现象的原因以及具体进程，重点放在影响环境的因素方面；

5~6年级阶段：学生将知识面扩大到现象、进程和体系更加复杂的部分，重点放在影响环境组成部分的相互作用方面[25]。

在小学1~6年级的科学技术课程中，"环境"作为7个必修的科目之一，包括以下几个方面的内容：材料科学、生命科学、地球与宇宙科学、技术和环境科学。这几个方面涵盖了材料和能源、健康和生活质量、生态系统与环境质量等方面的内容[26]。以色列教育部建议，小学阶段的学生需每周保证6小时的科学技术课程学习时间。同时，基于小学生的认知水平及其生活经验，在选择教育内容的时候，偏向选择与学生的现实生活和环境直接有关的内容，如解释自然现象（现实世界）、人类发展以及自然与人类之间的关系等有关内容。

到了初中阶段，随着学生求知欲和认知能力的提高，环境教育也相应地更关注学生对认知发展、系统知识技能的掌握[27]。《标准文件》规定，无论宗教与种族，凡7~9岁的学生必须参与科学与技术学科所有科目的学习，以领会人类在自然与环境中的独特作用和参与程度，总课时为540小时。

到了高中阶段，学生分析问题和思考问题的能力不断提高，心理上也表现出强烈的自主性和独立性。因此，高中阶段的环境教育更注重学生对实际环境问题的思考以及培养学生独立探究环境问题的能力，使学生对环境问题的理解更为全面。高中阶段的科学大纲强调，要通过激发学生的思维、教授学习技巧，激发学生对科技主题及问题的好奇心和兴趣，使学生能够运用科学知识解释自然现象和技术发展。在10~12年级科学技术课程设计中，开设了与人类生存环境相关的"地球科学与宇宙"及"技术"类课程。

此外，以色列教育部还批准在高中阶段实施环境研究的选修课程。在该课程的基础阶段，要求学生在掌握一定环境概念的基础上，探索学校附近特定地点的环境问题。这是一个由学生独立开展的学习项目，涉及实地工作、观察、调查和论文提交。学生通过对水资源短缺、城市问题或空气污染等问题的研究，提升开展社会工作的能力，培养正确的环境价值观，掌握现代技术和方法，最终形成人对自然的热爱和环保责任意识。

2007年6月，以色列教育部颁布了《环境教育——以色列教育系统的关键挑战，促进环境教育行动计划》，强调以色列中小学在新的学年中应重点以多学科渗透的形式开展环境教育[28]。例如，将有关酸雨的内容渗透到地理、化学、农业等课程中，将有关气候、空气污染、水污染和水循环的内容渗透到地理课中，将有关水的酸度及动植物的内容渗透到化学课中，将有关化肥生物和化学控制的内容渗透到农业课中等。

三、以色列中小学环境教育的实践活动

（一）创建"绿色学校"

2003年5月，以色列政府决定实施一项战略计划，以促进可持续发展教育，其中一项重要的举措就是"绿色学校"（green school）的认证计划[29]。"绿色学校"是由以色列国家环保部和教育部倡导，自然和公园管理局（the Nature and Parks Authority）、绿色网络、工程技术大学（Technion University）及自然保护协会参与推进的一个长期教育项目，旨在通过课程、社会互动和在学校能源的使用上减少资源的浪费，推动整个学校走向绿色环保，最终促进学生可持续发展意识的养成。学校一旦获得"绿色学校"认证，国家将给予其每年1万谢克尔（约17600元人民币）的财政支持。

"绿色学校"的认证有以下四个条件：

1. 理论学习。环境质量学习须整合在小学课程之中，每个学生每年至少保证参与30个小时的环境教育项目。

2. 可持续地使用资源。学校至少减少一种资源的使用，如水、电、纸等，至少对3种可循环使用的资源进行收集，如纸张、电池和有机材料。

3. 社区参与。学校须开展与社区相联系的活动项目，增加学生对于环境问题的关注度，促使学生养成环境保护的意识和行为。例如，增加物品循环利用的意识，减少塑料袋的使用等。

4. 绿色委员会。建立包含学生、教师及家长在内的绿色委员会，以推进"绿色学校"认证进程，委员会中的所有成员都有责任参与环境教育活动决策的制定[30]。

2010年4月，以色列在《以色列国家报告》中强调，要将可持续发展教育作为政府和公共组织优先考虑的问题[31]。同年，以色列环保部出台了一份名为《以色列可持续发展之路》的文件，指出年轻一代要成为环境革命的先锋者，要将"让我们探求绿色"（Let's Think Green）作为应对如今环境挑战的标语，并通过可持续发展教育，使越来越多的学校走向绿色，让新一代实现可持续发展的理想[32]。环保部也将主要资源投入正规学校（尤其是幼儿园和小学）的环境教育。近几年，以色列的"绿色学校"更注重与社区的互动，相关部门也重视对其开展可持续发展教育的实践进行评估[33]。"绿色学校"项目为孩子提供了更多在校内外获得自然体验的机会，同时作为学校课程的一部分，极大地培养和养成了孩子保护环境的意识及行为。该项目鼓励学校与行政机构、学生、家长及社区之间合作，在教授环境知识的同时，也促进资源的保护及可持续发展的实践。

（二）建立"环境教育中心"

为了更有效地将环境教育纳入学校课程，以色列于1982年建立了环境教育中心（Environmental

Education Centers）[34]，旨在为从幼儿园到高中阶段正规教育体系中的环境教育提供新的标准和教学方法。该中心与当地教师合作，一同开发环境教育课程，同时对在职教师进行培训，创新环境教育的教学方法。此外，该中心还为教师及对环境教育感兴趣的公民提供教材，鼓励公民参与环境教育相关讲座、研讨会、环境旅游和相关培训课程，积极推进非正式环境教育的发展[35]。

环境教育中心针对不同年龄阶段学生的特征以及不同的季节和气候设计教育教学活动，采用体验式教学方法进行环境教育。幼儿园和小学学龄段的孩子，主要通过旅行对其开展环境教育。例如，在旅行过程中告诉孩子他们没有吃完的沙拉最后的去向，介绍将垃圾转化为肥料的红虫，解释蠕虫的栖息地及其在自然循环过程中的重要性。对初中学龄段的学生，主要通过体验培养其思考问题的能力以及动手能力。例如，让学生爬山眺望以色列城市，了解加油站、道路等城市建设，了解人们生活中车辆的使用，了解现代所产生的负面影响，由此引导学生思考如何更智慧地使用有限的资源。到了高中阶段，学生已经建立了较为完备的知识体系。此时，环境教育中心向学生提供以色列垃圾量的数据，让其讨论有关垃圾回收、燃烧和倾倒这3种技术的利弊。此外，该中心还针对高中阶段的学生设立"绿色学生委员会"，该委员会的学生可以参与环境研讨会，针对上述问题提出自己独特和实用的解决方法[36]。

（三）开展多种校外环境教育实践活动

为了配合国家中小学环境教育的创建及绿色学校的发展，以色列非政府组织也积极开展了一系列校外环境教育活动，作为学校环境教育的延伸和补充。以色列自然保护协会作为最主要的组织，在推动环境教育实践活动方面起着至关重要的作用[37]。

以色列自然保护协会在1~9年级开展了各式各样的体验式项目，培养学生的好奇心，鼓励学生探索和发现大自然。

1. 社区花园项目（Community Garden）

该项目是一个立足于社区和学校的项目，也是自然保护协会的标志性计划项目。该项目主要采用社区居民集体自种、自管花园的模式，将花园土地划分成小块，多人协作开展小规模的种植活动。19世纪以来，社区花园受到越来越多的民众欢迎。时至2012年，以色列的社区花园活动组织（The Organization of Activists for Community Gardens）已开发了近120个社区花园，2015年增加到500个。该项目的参与者包括学校工作人员、家长、儿童和社区人员等。自然保护协会开展的这一活动，有效地促进了学校的绿色管理以及学生环保意识的提高[38]。

2. 孩子影响力项目（Children Make a Difference）

该项目是一项在以色列中小学校及非正规教育系统同时开展的生态教育（Ecoeducation）项目，其合作对象包括环保部、教育局、地方当局及项目学校的教师[39]。该项目的目的是促进孩子的环境情感，培养孩子对大自然的责任意识，让孩子在日常行为中践行环境保护的理念。参加该项计划的孩子在一学年中可参与15~30次不同领域或内容的教学课程或活动，包括能源的回收利用、社区花园、能源使用率、可持续性及其他环境问题的探讨。这些课程极大地促进了孩子对环境保护的参与度。

3. 绿色网络项目（Green Network）

该项目是环境保护协会响应环保部推进可持续发展教育，将可持续发展作为教育理念的核心部分的号召，鼓励各社区和学校与不同的专家和教育者共同开展的环境教育项目。该项目提倡学生离开教室走到现实的环境中，鼓励学生以小组的形式开展活动，由此加强教师和学生的责任意识，从而很好地形成课堂内外教学相辅相成的机制。绿色网络项目从2005年起每年都开展一项特别的海洋环境教育项目——"沿海项目"（Along the Sea）。"沿海项目"的开展加深了学生对于海洋环境和海洋生态问题的理解，同时也加强了学生与他所处周围环境的联系。

4. 美丽以色列项目（A Beautiful Israel）

这一项目是以色列自然保护协会2006年在舒斯特曼和普拉特基金会的支持下推出的一个环境教育项目。该项目整合了课堂学习、实地考察、绘制周边地图和对当地自然遗址进行保持和维护等多种活动，旨在培养孩子对周围环境的责任心。目前，该项目已经在以色列十几个城市实施。"美丽以色列"教育团队制定的课程，也得到教育部和环境保护部的批准，在以色列所有中小学开始实施[40]。

5. 其他与环境教育相关的短期活动

以色列的非政府组织也不定期地在中小学开展一些与环境教育相关的短期活动，这些活动在一定程度上丰富了环境教育的实践。如2008年，自然保护协会在一所中学组织了一场模拟的"国鸟海选"活动，吸引了全校1500多名学生积极参与、踊跃投票。活动前，以色列自然保护协会的鸟类学家对学生进行了3个月的鸟类知识教育。他们向学生推荐了专家和自然爱好者挑选出的10种以色列人喜爱的鸟类，请学生投票选出"国鸟"。活动中，10名学生分别代表10种鸟类"竞选"。他们模仿伦敦海德公园"演讲角"的模式发表演讲，介绍此种鸟类的可爱之处、生活习性以及对生存环境的要求，特别是人类活动和环境变化对它们生存的影响。该活动的成功举办不仅让学生们在参与中受到了良好的环境教育，同时也反映出了社会对环境保护教育活动的支持。

此外，自然保护协会还与学校合作开发了不少环境教育课程及活动，进一步丰富了以色列的环境教育。

参考文献：

［1］The Jerusalem Institute for Israel Studies. Sustainability outlook 2030：environmental futures for Israel［R］. Jerusalem：The Environmental Policy Center, 2010：10.

［2］GABBAY S. Israel environment bulletin［R］. Jerusalem：Ministry of Environmental Protection, 2015, 41(16)：55.

［3］肖宪，张宝昆. 教育立足的民族和国家——犹太人和以色列［M］. 昆明：云南大学出版社，2005：1.

［4］WAHBEH N A. Teaching and learning science in palestine, dealing with the new palestinian science curriculum［J］.Mediterranean Journal of Educational Studies, 2003, 8(1)：135-159.

［5］［25］陈腾华. 为了一个民族的中兴：以色列教育概览［M］. 上海：华东师范大学出版社，2005：43, 44, 55, 71.

［6］［7］［13］［18］SAGY G, TAL A. Greening the curriculum：current trends in environmental education in israel's public schools［J］. Israel Studies, 2015(01)：59, 74, 85.

［8］TEUTSCH R D.Attitudes, beliefs and values shaping Jewish practice［EB/OL］(2016-11-15)［2017-05-07］.https：//www.reconstructingjudaism.org/article/attitudes-beliefs-and-values-shaping-jewish-practice.

［9］王志刚. 犹太人做人经商的智慧全集［M］. 北京：中国电影出版社，2008：79.

［10］NILI SIMHAI. Why Jewish Environmental Education Matters［EB/OL］. (2015-11-11)［2017-07-20］.http: //zeek.forward.com/articles/117452/, 2015-11-11.html.

［11］［22］GOLDMAN D, YAVATZ B, PE'ER S. Environmental Literacy in Teacher Training in Israel: Environmental Behavior of New Students［J］. The Journal of Environmental Education, 2006(01): 4, 3-23.

［12］［19］［26］［28］SHALASH R. Environmental Education In Israel［J］. Studia Unicersitatis Moladaviae, 2014(05): 160-162.

［14］KIPPERMAN D. Science and technology links in israeli secondary schools-do we have a reason to celebrate?［EB/OL］. (2006-06-19)［2017-06-17］. http: //citeseerx.ist.psu.edu/viewdoc/download;jsessionid=4944F171C2E7627E8C827D14489F461A?doi=10.1.1.571.9511&rep=rep1&type=pdf.

［15］Jewish Virtual Library. Israel Cabinet Ministries: ministry of environmental protection［EB/OL］.(2016-01-24)［2017-6-14］.https: //www.jewishvirtuallibrary.org/israeli-ministry-of-environmental-protection.

［16］DE-SHALIT A. From the political to the objective: the dialectics of zionism and the environment［J］. The Journal of Environmental Politics, 1995(01): 70-87.

［17］UNCED, Agenda 21［R］. Rio de Janerio, Brazil: The United Nations Program of action from Rio, 1992.

［20］BAUM D, DORON D, BAR O. Education for sustainable development-ministry of environment［R］. Jerusalem: National Priorities in the Environmental Field in Israel, The Institute of Shmuel Neaman, 2004.

［21］［23］［27］祝怀新. 环境教育的理论与实践［M］. 北京: 中国环境科学出版社, 2005: 47, 55, 67.

［24］TALI T, ABRAMOVITCH A. Activity and action: bridging environmental sciences and environmental education［R］. New York: Research in Science Education, 2013(06): 1665-1687.

［29］［30］MARCUS A. Implementation of environmental education case study: activating the "green school"program among elementary school students in Israel［J］.Geographia Technica, 2012(02): 52.

［31］［32］［39］Ministry of Environmental Protection. The Path Toward Sustainable Development in Israel［R］. Jerusalem: Ministry of Environmental Protection, 2010: 1-26.

［33］EILAM E, TAMAR T. Valuating school-community participation in developing a local sustainability agenda［J］. International Journal of Environmental and Science Education, 2013(08): 376.

［34］Israel Foreign Affairs. Environmental Education［EB/OL］.(1994-12-30)［2017-09-30］.https: //mfa.gov.il/MFA/InnovativeIsrael/Pages/default.aspx.

［35］Ministry of the Environment. The environment in Israel［R］. Jerusalem: Ministry of the Environment, 2002: 58.

［36］Center for Environmental Education. Community awareness［EB/OL］.(2017-03-28)［2017-09-30］.https: //www.eecp.org/.

［37］［40］The Society for the Protection of Nature in Israel(Mission)［EB/OL］.(2015-11-15)

[2017-09-30].https：//natureisrael.org/Who-We-Are/Mission.

[38] YODAN R. Community gardens in Israel：characteristics and perceived functions [J]. Urban Forestry and Urban Greening, 2016(17)：152.

（作者祝怀新系浙江大学教育学院教授，教育学博士；卢双双系杭州学习生活促进会研究员，教育学硕士。）

第四章 公民教育变革策略

国际视域下学前儿童公民教育：
理念嬗变与发展趋势

徐 鹏

导读：近年来，学前儿童公民教育愈发受到各国学者的关注，并逐渐成为学前教育课程的重要内容，传统的儿童公民理念也出现了新的发展动向。首先，作为儿童公民教育的核心，儿童公民身份正在由"等待中的公民"向"今日之公民"逐渐过渡；其次，儿童公民身份的核心范畴也由单纯包含儿童权利扩展为主动参与、身份认同和归属感、公民责任等内容。上述理念嬗变彰显了学前公民教育丰富公民理念与内涵、以公平为逻辑起点、关注儿童参与和体验、立足本土历史文化等发展趋势。但是，学前儿童公民教育的未来发展仍然面临诸多潜在挑战，如理念的转向困难、本土立场难以明确以及课程内容与实践的形式化等。

当下，在西方民主国家中，青少年的政治参与热情、履行公民权责的兴趣逐渐下降。为了扭转这种趋势，进而更好地促进国家的民主建设，公民教育愈发受到西方各国的重视。作为儿童终身学习和发展的奠基阶段，学前教育阶段的公民教育也逐渐成为西方国家学前教育课程的重要内容。经济合作与发展组织（OECD）的研究报告《强力开端2017：早期儿童教育和看护关键指标》（Starting Strong 2017：Key OECD Indicatorson Early Childhood Education and Care）显示，在参与统计的24个国家中，2011年在学前教育阶段开展公民教育的国家数量不足总数的20%，到了2015年，该比例则上升到大约80%[1]。此外，近年的研究表明，学前教育阶段的公民教育对儿童的后继学习和全面发展具有不可替代的奠基性作用。公民教育不但满足了学龄前儿童个性化的教育需求，帮助他们获得关于文化、民族的身份认同感[2]，而且能够帮助儿童形成和提升尚处于萌芽阶段的对于权利、责任、参与、平等等概念的认识，为日后更好地参与到政治、经济和社会生活之中奠定基础[3]。在此背景之下，本文将着重分析近年来西方学界关于学前儿童公民教育的理念嬗变，进一步分析其显著特征和发展趋势，思考学前儿童公民教育所面临的潜在挑战。

一、学前儿童公民教育的理念嬗变

公民身份（citizenship）是公民教育的核心[4]。理解和界定儿童的公民身份、梳理和概括其所囊括的核心范畴及主要内容，既是我们梳理国际上关于儿童公民教育研究的起点，又是我们全面理解儿童公民教育理论与实践的关键所在。

（一）学前儿童的公民身份

当下西方学界关于"儿童公民"的概念界定尚存在许多争议，不同的理论流派对儿童公民存在着不同的界定方式。总的来看，当下西方学界对儿童公民身份的界定正由"等待中的公民"向"今日之公民"过渡。

1. 等待中的公民

传统的公民共和主义（civic republican）和自由主义（liberalism）将儿童视为"等待中的公民"（citizens in waiting），原因在于儿童的发展水平低于成人，缺乏行使公民权利以及履行公民义务的能力[5]。自由主义以权利为核心，认为公民权利、政治权利和社会权利是构成公民身份最重要的维度；共和主义以公共责任为基础，认为纳税、服兵役、参与政治活动是每一个公民必须履行的义务[6]。相较于成人，儿童既没有行使权利的能力，亦无法胜任公民所应承担的义务，因此只能被视为"等待中的公民"。对儿童教育的主要目的是培养未来的合格公民，在学前教育阶段也并未设置与公民教育相关的课程内容。以英格兰20世纪末基于公民共和主义的公民教育改革为例，公民教育开始于初等教育末期，涵盖关键阶段3（11~14岁）和关键阶段4（14~16岁），其主要的教育内容是有关国家政治体制、公民权利和责任等内容。与此同时，随着新自由主义（neoliberalism）的兴起，以美国、加拿大等西方国家为主导的学前教育改革逐渐呈现出注重管理绩效、关注课程质量、将儿童视为经济发展的人力资本等倾向。在新自由主义影响下，公民教育的相关内容开始进入学前教育阶段，儿童公民观由传统的"等待中的公民"演化为"未来的工人"（citizen-workers of the future）。以美国为例，基于新自由主义教育改革，学前教育以儿童的入学准备为主要目标，儿童并未被视为公民，虽然儿童被视为一种可能产生丰厚回报的"投资品"，但为了培养能够胜任后继学习和工作的劳动力，其课程标准中设立了与公民教育相关的领域内容。在美国早期教育课程标准《开端计划早期学习成果框架》（Head Start Early Learning Outcomes Framework）中，与儿童公民教育相关的合作、参与等内容就包含在新提出的社会情绪发展和学习品质等领域之中。但是，由于过分强调与未来工作相关的核心素养和关键技能培养，过于重视遵守规则的意识的培养，儿童的全面发展、主动参与和质疑的批判能力、身份认同及归属感、对多元文化的理解和认同等在很大程度上被忽视了。

2. 今日之公民

伴随着传统公民教育理念在儿童公民教育领域弊端的日益凸显，同时伴随着20世纪90年代初的"儿童运动"，以及批判主义、跨国主义、多元文化主义等理论流派的发展，"今日之公民"（citizens now）的儿童公民观逐渐得到了世界各国学者的认同。以批判主义教育学为例，其所倡导的"反歧视课程"（anti-bias curriculum）就强调了儿童的公民身份，并倡导公民教育应该帮助儿童建立自信和身份认同，培养多元文化认同感，发展批判性思维[7]。总的来看，"今日之公民"的儿童公民观对于学龄前儿童的公民教育有如下几点影响：首先，这种儿童公民观颠覆了传统的"等待中的公民"的儿童公民身份界定，进一步丰富了学前儿童公民教育的内涵，使公平、平等、多元化等价值理念成为公民教育的重要内容；其次，儿童公民身份由传统意义上的法律地位和社会关系延伸为早期教育阶段的经验与实践[8][9]。这也使得公民教育由单纯的知识传授和价值观养成转变为注重儿童的参与和体验，以体验式学习（experience learning）为基础的教学方式也取代传统的直接教学方式，成为培养儿童公民素养和能力的基本途径之一。当下，越来越多的研究肯定了儿童具有作为一名公民所应具有的关于权利和义务的意识以及主动参与的能力，同时也批评了传统的"等待中的公民"的儿童公民观，认为它在教育理念上忽视了儿童的权利和主体性，在教育实践中忽视了儿童的主动参与和实际体验。例如，英格兰学者奥司勒（Audrey Osler）和斯塔基（Hugh Starkey）就认为，在不正视儿童公民身份的前提下，儿童在实际的教学过程中会感觉到被排除在了学校和社区之外,这将不利于他们身份的认同和归属感的养成[10]。阿黛尔(Jennifer Adair)等学者在一个关于美国、澳大利亚、新西兰学前儿童公民教育的比较研究中也指出,儿童并非"等待中的公民",在日常的生活和学习中,他们已经具有公民的意识和行为,能够关心集体,并能够为集体做出贡献[11]。

综上所述,儿童公民身份因社会、政治和文化背景而变化,新兴理论对于传统理论的挑战和批判并非在于否定其对儿童公民身份及公民教育的贡献。与之相反,在尊重儿童权利和儿童主体性的基础之上,批判主义等新兴理论批判性地接受并丰富了传统公民理论中关于公民参与、权利、个体发展等内容,同时倡导多元化的培养内容、多样化的培养方式和差异化的公民身份,从而逐渐形成了一种更加包容的、多元的、适宜的学前儿童公民身份界定方式,也丰富了学前儿童公民的核心范畴(详见表1)。

表1 学前儿童公民身份界定及相应理论流派观点比较

儿童公民身份	等待中的公民				今日之公民	
理论流派	共和主义	自由主义	新自由主义	批判主义	跨国主义	多元文化主义
主要观点	1.重视公民的社会责任及贡献; 2.强调公民参与; 3.关注集体利益。	1.尊重个人权利; 2.将公民视为一种身份。	1.重视学前教育质量; 2.制定课程标准和质量评价标准; 3.重视核心素养的培养。	1.尊重儿童多元化的社会文化背景; 2.关注社会公平; 3.重视儿童经验; 4.倡导"做中学"。	1.倡导多维度的公民身份(例如,国家公民、世界公民); 2.强调平等、民主等理念。	1.重视少数族裔的权利; 2.重视少数族群的文化; 3.重视对文化的认同感。

主要资料来源:Kathleen Knight Abowitz, Jason Harnish. Contemporary Discourses of Citizenship [J]. Review of Educational Research, 2006, 76(4):653-690. Lois Christensen, Jerry Aldridge. Critical Pedagogy for Early Childhood and Elementary Educators [M]. Netherlands: Springer, 2013.

(二)学前儿童公民身份的核心范畴

儿童公民身份的演变逐渐丰富了学前儿童公民的核心范畴,进而为在学前阶段开展公民教育提供了内容依据。1989年联合国发布的《儿童权利公约》使儿童权利话语成为儿童公民教育的基础。近十年来,西方学者在尊重儿童权利的基础上,对学前儿童公民所包含的核心范畴进行了深入的探讨。李斯特(Ruth Lister)指出,一个全面的关于儿童公民的定义需要包含身份、权利、责任、平等的地位以及尊重和认可(equality of status, respect and recognition)等四个方面[12]。菲利普斯(Louise Phillips)和莫洛尼(Kerryn Moroney)则认为,儿童公民的核心范畴包含公民身份、集体责任、公民主体性、公民意识和公民参与等五个方面[13]。总的来看,西方学界关于学前儿童公民核心范畴的探讨主要涵盖以下四个方面。

1. 儿童权利

儿童权利是将儿童视为"今日之公民"的逻辑起点,也是构筑现代儿童公民身份的基石。《儿童权利公约》为不同年龄、性别和民族的儿童设立了权利的基本标准和原则。相关学者基于该公约内容,进一步明确了学龄前儿童的权利。例如,史密斯(Anne Smith)认为,学龄前儿童的公民权利主要包含参与权、被保护权、接受教育和看护权[14]。当下西方学界的相关研究指出,儿童权利的真正落实和普及既需要在国家政策层面明确和强调儿童的公民权利,同时也需要在实践层面帮助儿童了解权利内涵、养成权利意识、逐渐学会尊重和维护自身及他人权利。例如,加拿大阿尔伯塔省早期教育课程标准《游戏、参与和可能性:阿尔伯塔早期学习和儿童看护课程框架》(Play, Participation, and Possibilities: an Early Learning and Child Care Curriculum

Framework for Alberta）提出了"民主行为"这一学习目标，强调儿童需要学会理解自身和他人的权利。在课程实践中，教师可以鼓励和支持儿童参与到游戏和学习活动的计划过程中，并为儿童提供发表自己意见和参与决策的机会[15]。

2. 主动参与

参与是儿童的基本权利之一。《儿童权利公约》指出，对于所有能够影响儿童人生发展的事情和活动，儿童都享有积极参与的权利。近年来许多研究将参与和权利并列为儿童公民的核心范畴之一，并指出参与并非儿童后天习得，而是一种出于天性的、追求和实现社群利益的公民行为[16]。在学前教育阶段，儿童逐渐建构了对自己、他人和世界的认识，并开始意识到自己具有发起和参与各种事情的权利和能力，鼓励儿童参与可以帮助他们养成民主意识，并培养其作为公民所具有的能力和素养。尽管当下儿童参与仍然是一个研究难点，但是许多国家依然将参与作为学前教育阶段课程的重要内容。以澳大利亚为例，其早期教育课程标准《归属、存在和形成：澳大利亚幼儿教育框架》（Belong, Being and Becoming：the Early Years Learning Framework for Australia，下文简称《幼儿教育框架》）就强调了社区参与对儿童公民教育的重要性，并建议教师鼓励儿童积极参与社区活动，尝试为社区做出力所能及的贡献[17]。

3. 身份认同和归属感

儿童公民的第三个核心内容是身份认同和归属感。在学前教育阶段，儿童已经开始意识到自身与他人的异同之处，进而形成对自我身份的认同。肯普（Kristen Kemple）通过比较社会素养和公民素养后发现，公民身份认同是儿童发展其他核心素养的基础，基于对自身的认同，儿童才能够在设定目标的时候进行自我导向并坚持完成既定目标，逐步发展同理心、沟通等奠基未来学习和社会生活的关键能力[18]。此外，儿童在小组及社区活动中的参与和贡献也基于他们已经形成的对文化、社会、宗教等的认同和归属感。新西兰、加拿大等国家均将身份认同和归属感作为学前教育课程的重要内容。如，加拿大不列颠哥伦比亚省的《归属、反思、多样性和参与：早期学习框架》（Belonging, Reflection, Diversity and Engagement：Early Learning Framework）就将归属感和身份认同列为学龄前儿童的发展目标之一。新西兰的《特发瑞奇：早期课程》（下文简称《特发瑞奇》）将归属感作为五大教育领域之一，并将儿童身份认同作为贯穿五大教育领域的重要课程内容。以健康领域为例，该领域的发展需要教师营造一个安全、稳定和能够响应儿童需求的环境，同时这种环境也能够更好地支持儿童形成对自身和环境的认同感[19]。

4. 公民责任

儿童公民的最后一个核心内容是责任。对于学龄前儿童来说，他们并不能够履行成人的公民责任（如纳税、服兵役等）。然而，这并不能否认他们正在学习抑或是已经具备了一些履行公民基本责任的意识、能力和素养。总的来看，西方学界对学前儿童责任的划分主要包括自我照看、家庭责任、道德品质、环境责任、学校责任、社区责任等方面。在可以观察到的行为中，学龄前儿童已经能够显示出分享、关心他人感受等能力，并能维护公共区域的秩序，看护班级和学校的设备及玩具，这些都是儿童日后承担公民责任所必需的意识和能力。对于教师和家长，帮助儿童学会为自己的言行负责任，并能够了解和遵守基本的社会准则和法律法规，对儿童未来成为一名合格的公民大有帮助。以美国华盛顿州的《早期学习和发展指南：从出生到3年级》（Early Learning and Development Guidelines：Birth through 3rd Grade）为例，其5岁儿童的科学领域发展目标就指出，儿童需要承担起照顾身边动植物的责任（喂鱼、浇花等）；在该年龄段的社会学习（social studies）领域同样也强调培养儿童对于责任的认识，主要的教学策略包含鼓励儿童在角色扮演游戏中体验不同的家庭角色和社区角色，或者与他们讨论长大后所希望从事的职业等[20]。

二、学前儿童公民教育的国际趋势

学前儿童公民理念的变迁丰富了传统理论流派对公民概念的界定，扩展了公民权利与责任的范畴。学前教育阶段的公民教育逐步以公平为逻辑起点，教育方式由传统的课堂教学逐渐转变为儿童参与和体验。与此同时，一些国家和地区开始基于本土的历史和文化建构了学前儿童公民教育模式，为突破传统的、以英国和美国为主导的公民教育话语体系带来了极大的可能性。

（一）扩展公民权责，丰富公民理念内涵

传统意义上，公民是权责统一、个体主体和类主体相统一的人，没有无义务的权利，也没有无权利的义务[21]。也正因此，由于儿童，尤其是学龄前儿童，他们在发展和认知水平上与青少年和成人处于不同阶段，普遍被认为缺乏权责的意识和履行权责的能力，因此很长时间被排除在公民这一范畴之外。然而，基于近年来西方学界在理论和实践方面的进展[22][23]，笔者发现，将学龄前儿童视为公民，能够使理论研究者和实践者重新审视和理解公民教育的本体论，变革了传统意义上的局限于成人的公民身份和公民教育，丰富了权利、义务、民主等核心概念。首先，公民的权责不再局限于成人公民的人身自由、选举投票、纳税等内容，也囊括了儿童公民的受教育、从事与年龄相宜的游戏和学习活动、初步了解并能够遵守公共道德和社会准则等内容。其次，将儿童视为公民，并非仅仅因为他们已经显示出履行公民义务的素养和能力，而是因为基于该立场下的儿童教育能够变革成人对于儿童公民身份的传统观念，从而更好地培养他们在成年以后履行成人公民义务的态度、价值观和能力。以北欧国家为例，其高水平的学前教育正是基于该地区将儿童视为"今日之公民"，由此幼儿教育成为"民主实践场"[24]，不但强调儿童权利以及民主参与，而且鼓励儿童在参与的过程中成为真正的公民。如哈斯（Chris Haas）和阿什曼（Greg Ashman）指出，"在治愈世界的伤口之前，他们（儿童）需要首先学会热爱这个世界"[25]。最后，儿童作为公民，能够为成人带来审视权利、责任、公平等核心公民范畴的全新视角。吉尔（Judith Gill）和霍华德（Sue Howard）通过研究发现，尽管儿童并不具备足够的关于公民、民主和政治的知识，但是他们能够就日常生活中关于权利、社会发展等话题进行讨论并给出建设性的意见[26]。恩格勒（Christina Ergler）等人则通过对新西兰和澳大利亚3~5岁幼儿的调查，证明学龄前儿童能够为城市环境的设计提供不同于成人的有价值的意见[27]。

（二）以公平为逻辑起点，保障儿童权利的实现

1989年，联合国颁布的《儿童权利公约》明确了儿童所应享有的权利，所有缔约国也均将儿童权利作为早期教育的理论基石。然而，长期以来忽视儿童的公民身份和地位、忽视儿童公民参与和体验等现象使得对儿童权利的尊重仅仅是纸上谈兵。随着儿童公民理念逐渐受到认同，如何进一步体现对儿童权利的尊重，凸显公平作为公民教育价值逻辑起点的重要性，也成为当下儿童公民教育的重要发展趋势之一。一直以来，对儿童公民的忽视导致了儿童在公民教育的过程中被排斥和边缘化。以公平作为儿童公民教育的逻辑起点，能够为儿童得到同成人公民平等的地位和待遇提供前提。此外，在正视儿童公民身份的前提下，教师和家长能够与儿童形成

一种更加民主和平等的关系，营造一种更为和谐的园所环境和家庭氛围，这能够使儿童意识到自己被他人认可与重视，从而进一步激发他们参与日常游戏、学习活动以及社区活动的热情。最后，在平等对待的基础上，教育公平所提倡的差异对待和补偿原则能够使来自不同文化背景的、处于不同发展水平的儿童得到差异化的公民教育，实现每一名儿童的全面发展和个性化发展，也能够使处境不利的儿童得到重视，从而为他们日后成为主动的、负责任的社会公民奠定基础。

（三）注重儿童的参与体验，变革传统的公民教育内容与实践

理念内涵的丰富也带来了教育内容的扩展以及教育实践的变革。首先，基于对儿童主体性和公民权利的重视，越来越多的国家将培养儿童公民作为学前阶段课程的主要目标之一。以澳大利亚的《幼儿教育框架》为例，其主要目标在于使儿童成为"成功的学习者、充满自信与创造力的个人以及积极知情的公民（active and informed citizens）"[28]。在具体的教学目标方面，也囊括了身份认同感、形成对周围环境的理解并尝试做出贡献、有效沟通交流、尊重文化多样性和民族多样性等与儿童公民教育紧密相关的内容。除此之外，越来越多的学者也开始关注游戏对学前儿童公民教育的作用。拉金斯（Cath Larkins）和阿黛尔等学者都指出，游戏能够支持儿童的公民行为，并为儿童提供了表达公民权利、体验公民身份的最佳机会[29][30]。同时，核心素养也逐渐与学前儿童的公民教育紧密联系在一起，为学前阶段的公民教育提供了课程指引。在新西兰的《特发瑞奇》课程中，健康领域强调儿童要能够管理和表达自己的想法和需要，这就与自我管理（managing self）这一核心素养紧密联系起来[31]。加拿大安大略省的《培养学前儿童的坚韧性：0~6岁儿童家长手册》（Building Resilience in Young Children: Booklet for Parents of Children from Birth to Six Years）则将儿童的责任与参与作为坚韧性等素养发展的重要影响因素，指出承担责任和积极参与是个体获得自我发展、建立良好人际关系、为家庭和社区做出贡献的途径和保障[32]。此外，尽管社会学习被视为儿童公民教育的主要课程领域，但公民教育也与其他发展领域或学科紧密联系、相互影响。对儿童公民知识、能力和素养的教育贯穿于各个课程领域之中，这样既确保了儿童各个领域的均衡发展，同时也能够使儿童在学前阶段获得更加全面的公民教育。科尔森（Caroline Cohrssen）和佩吉（Jane Page）在一项针对儿童数学领域发展的研究中发现，鼓励儿童积极参与数学领域的活动，不仅能够锻炼儿童的数理逻辑思维，而且也能够帮助他们发展作为积极公民的核心素养[33]。

（四）立足本土历史文化，突破传统英美公民教育话语体系

当下儿童公民理念和实践的变迁同样也体现了世界各国对传统英美关于公民教育的主流话语的挑战。20世纪80年代以来，以英美为代表的新自由主义改革不仅推动了国内经济的发展，而且也影响着世界各国经济以及教育发展的走向。学前教育领域的改革也愈发关注学校管理绩效、投资回报收益、教育质量与评价等方面，并对其他各国政策话语和教育传统带来了冲击。以北欧国家为例，其传统的基于民主和儿童幸福的社会教学法取向就受到了英美入学准备取向的冲击[34]。但是，新自由主义注重市场逻辑而忽视了教育的育人本质，重视入学准备而忽视了儿童的权利。对儿童公民教育来说，这种入学准备取向的教育不但不利于他们认同、继承和发扬本民族和本地区的优秀文化传统，而且由于在教育过程中过分重视知识、能力的养成而忽视儿童的直接经验与亲身体验，从而无法真正实现儿童的全面发展。同时，单纯借鉴西方教育实践经验而忽视本国经济发展水平、社会文化背景也会导致文化殖民现象的发生，不利于国家公民的培养以及本土文化的传承和发扬。国际上部分国家和地区也开始尝试建构不同于主流英美

话语体系的、适合于本地区情况的公民教育课程。以苏格兰为例,虽然与英格兰同属于英国,但是由于其不同的文化历史传统,苏格兰地区的政策制定者和教育研究者就以建构不同于英格兰的课程为出发点,在培养"苏格兰公民"的理念引领下建立了基于"今日之公民"的《卓越课程》(Curriculum for Excellence)。该课程覆盖了学前教育、初等教育和中等教育阶段,并将培养主动和负责任的儿童公民作为 3~16 岁儿童教育的主要目标之一。此外,一些国家也将国内少数民族或者土著民族的历史文化传统作为早期公民教育重要的理论基础和课程内容。例如,加拿大政府于 2018 年出台了《原住民儿童早期学习和看护框架》(Indigenous Early Learning and Child Care Framework),突出了梅蒂斯(Metis)和因纽特(Inuit)等土著民族的历史和文化价值,为学前儿童的文化身份认同、社区参与等公民能力和素养的培养提供了重要参照。此外,新西兰的《特发瑞奇》课程则将毛利教育理论"卡帕帕毛利理论"(Kaupapa Maori Theory)和"帕希菲卡方法"(Pasifika Approaches)作为培养儿童公民的理论基础。这种理论和方法均强调将新西兰土著民族的传统理念融入早期教育课程之中。以卡帕帕毛利理论为例,该理论基于毛利民族的历史文化传统,强调儿童为平等的公民和主动的参与者,倡导将毛利文化中的传统价值理念作为培养儿童公民的主要内容。

三、学前儿童公民教育未来发展的挑战与思考

虽然当下西方学界对学前儿童公民身份和公民教育的研究逐渐深入,美国、加拿大、澳大利亚、新西兰等国也逐步形成了具有一定可操作性的学前儿童公民课程。但与此同时,学前阶段的公民教育仍然是各学段公民教育中最薄弱的环节,面临着诸多的困难和挑战。

在理念层面,学前儿童公民观的变革以及不同公民理论体系的冲突与融合在为世界各国教育改革提供新可能性的同时,也带来了巨大的挑战。如前所述,传统的"等待中的公民"的儿童公民观忽视了儿童的主体性和权利,限制了学前儿童公民教育的内容和实践,但因其扎根于西方公民教育的传统理论之中,因此仍具有较大的影响力。笔者认为,如果想要真正使儿童权利不再只是纸上谈兵的话,对当下世界各国的学前儿童公民教育发展,其首要任务是彻底转变"无知""懵懂"等对儿童的传统印象,正视并重视他们的公民身份和参与权利,形成平等于成人但不同于成人的公民身份。前述学者阿黛尔等人就认为,如果社会和教育不能够将儿童视为主动的贡献者的话,最后教育出的儿童仍然只能是无知和脆弱的[35]。此外,通过分析近年西方学界的相关研究,笔者发现,单纯借鉴其他国家的理念和模式,并不适用于一个国家学前儿童公民教育的发展和改革。在多种理念的冲突融合中,加拿大、新西兰等国家和苏格兰等地区开始尝试摒弃美英等国的主流话语和传统公民教育模式,基于本国和本地区情境建构适宜的儿童公民教育理念和模式。但如何在国际主流话语和本土历史文化之间进行权衡与取舍,在培养儿童本土立场的同时兼具国际化的视野,仍然是各国未来公民教育发展的难题。

在课程内容和实践方面,如何将学前儿童公民教育进一步系统化也面临诸多困难。在课程内容中,学前儿童公民教育课程囊括了公民知识、态度、价值观、能力和素养等内容。但是,如何明确平等、自由等民主价值,平衡知识、能力和素养的比重分配,破解知识传授与素养养成的二元对立,都需要做进一步的研究[36]。在课程实施中,当今的学前儿童公民教育摒弃了传统的知识传授方式,而是基于学龄前儿童的发展特点,形成了一种以儿童为中心,基于儿童体验式学习,重视儿童与周围人、事、物进行互动的实践方式。但是,在成人与儿童的互动过程中,

还存在着难以将儿童视为平等公民的困难。例如，一方面，在儿童享有表达观点和被倾听的权利的同时，他们仍然需要被成人保护和照顾；另一方面，当下公民教育鼓励儿童主动参与、大胆质疑，但同时他们也需要服从权威、遵守规则。根据迪瓦恩（Dympna Devine）等人的研究[37][38]，可以发现，上述矛盾不仅仅表明儿童公民理念尚处于冲突调和阶段，同时也体现了成人公民与儿童公民在关系和互动上的权力失衡（power imbalance）。这种失衡限制了成人对儿童公民身份的理解，使他们低估了学龄前儿童公民教育的重要价值，难以在教育过程中组织适宜儿童的民主参与和体验活动，也容易导致在教育实践过程中儿童参与的形式化与公民体验的表面化。基于已有研究，笔者认为，这种失衡根源于长期以来的文化历史传统和教育实践模式。真正扭转这种权力失衡，则需要对学前儿童公民教育进行更多跨学科的、多层次的、多视角的持续性深入研究。

四、结语

加州大学洛杉矶分校的卡洛斯·托雷斯（Carlos Torres）教授在2016年世界比较教育大会的主旨报告《位于21世纪十字路口的比较教育与世界比较教育学联合会》（The State of the Art in Comparative Education and WCCES at a Crossroads in the 21st Century）中指出，民主、公民身份和多元文化不仅应该是当下研究的理论指导和方法论基础，更应是研究者的热情所在，这样才能够创造一个更美好、更具人文关怀、更公正和可持续发展的世界[39]。当下西方学界虽然已经在学前儿童公民教育方面取得了一些进展，并呈现出了积极的发展趋势，但如何使儿童能够真正成为建设这个美好世界的参与者和贡献者，仍然任重而道远。

参考文献：

[1] OECD. Starting strong 2017: key OECD indicators on early childhood education and care[R]. Pairs: OECD Publishing, 2017: 132-133.

[2] HANCOCK R. Global citizenship education: emancipatory practice in a New York preschool[J]. Journal of Research in Childhood Education, 2017, 31(3): 1-10.

[3] BRWONLEE J, SCHOLES L, WALKER S, JOHANSSON E. Critical values education in the early years: alignment of teachers' personal epistemologies and practices for active citizenship[J]. Teaching & Teacher Education, 2016, 59: 261-273.

[4] 冯建军. 公民教育课程及其设计[J]. 东北师大学报(哲学社会科学版), 2015(1): 9-14.

[5] ABOWITZ K, HARNISH J. Contemporary discourses of citizenship[J]. Review of Educational Research, 2006, 76(4): 653-690.

[6][10] OSLER A, STARKEY H. Learning for cosmopolitan citizenship: theoretical debates and young people's experiences[J]. Educational Review, 2003, 55(3): 243-254.

[7] PHILLIPS L. Young children's active citizenship: storytelling, stories, and social actions[D]. Queensland: Queensland University of Technology, 2010: 6.

[8][12] LISTER R. Why citizenship: where, when and how children?[J] Theoretical Inquiries in Law, 2007, 8(2): 693-718.

[9] PHILLIPS L. Possibilities and quandaries for young children's active citizenship[J]. Early

Education and Development, 2011, 22(5): 778-794.

[11] [30] [35] ADAIR J, PHILLIPS L, RITCHIE J, SACHDEVA S. Civic action and play: examples from Maori, Aboriginal Australian and Latino communities [J]. Early Child Development & Care, 2016, 187(5-6): 1-14.

[13] [16] PHILLIPS L, MORONEY K. Civic action and learning with a community of Aboriginal Australian young children [J]. Australian Journal of Early Childhood, 2017, 42(4): 87-96.

[14] SMITH A. Children as citizens and partners in strengthening communities [J]. American Journal of Orthopsychiatry, 2010, 80(1): 103-108.

[15] Alberta Ministry of Education. Play, participation, and possibilities: an early learning and child care curriculum framework for Alberta [EB/OL].(2015-02-10) [2018-12-23]. http://childcareframework.com/play-participation-andpossibilities/.

[17] [28] Australian Department of Education. Belong, being & becoming: the early years learning framework for Australia [EB/OL].(2009-07-16) [2018-10-22]. https://docs.education.gov.au/node/2632.

[18] KEMPLE K. Social studies, social competence and citizenship in early childhood education: developmental principles guide appropriate practice [J]. Early Childhood Education Journal, 2017, 45(5): 621-627.

[19] [31] New Zealand Ministry of Education.Te Whariki: early childhood curriculum [EB/OL].(2017-04-12) [2018-07-04].https://education.govt.nz/assets/Documents/EarlyChildhood/Te-Whariki-Early-Childhood-Curriculum.pdf.

[20] Washington State Department of Early Learning. Early learning and development guidelines: birth through 3rd grade [EB/OL].(2012-01-01) [2018-09-10]. http://www.k12.wa.us/EarlyLearning/guidelines.aspx.

[21] 孙智昌. 公民教育的逻辑起点 [J]. 教育研究, 2011, 32(11): 13-17.

[22] PHILLIPS L, RITCHIE J, ADAIR J. Young children's citizenship membership and participation: comparing discourses in early childhood curricula of Australia, New Zealand and the United States [J]. Compare: A Journal of Comparative and International Education, 2020, 50(4): 592-614.

[23] [36] BATH C, KARLSSON R. The ignored citizen: young children's subjectivities in Swedish and English early childhood education settings [J]. Childhood, 2016, 23(4): 554-565.

[24] [34] 李敏谊, 郭宴欢, 陈肖琪. 北欧国家幼儿教育和保育政策话语的新变迁 [J]. 比较教育研究, 2018, 40(5): 89-97.

[25] HASS C, ASHMAN G. Kindergarten children's introduction to sustainability through transformative, experiential nature play [J]. Australasian Journal of Early Childhood, 2014, 39(2): 21-29.

[26] GILL J, HOWARD S. Knowing our place: children talking about power, identity and citizenship [J]. Pedagogijska Istraživanja, 2009, 37(1): 220-223.

[27] ERGLER C, SMITH K, KOTSANAS C, et al. What makes a good city in preschoolers' eyes? Findings from participatory planning projects in Australia and New Zealand [J]. Journal of

Urban Design, 2015, 20(4): 461-478.

[29] LARKINS C. Enacting children's citizenship: developing understandings of how children enact themselves as citizens through actions and acts of citizenship[J]. Childhood, 2014, 21(1): 7-21.

[32] 胡恒波, 霍力岩. 加拿大学前儿童坚韧性品质家庭培养及启示——以安大略省为例[J]. 比较教育研究, 2017, 39(5): 97-104.

[33] COHRSSEN C, PAGE J. Articulating a rights-based argument for mathematics teaching and learning in early childhood education[J]. Australasian Journal of Early Childhood, 2016, 41(3): 104-108.

[37] DEVINE D, COCKBURN T. Theorizing children's social citizenship: new welfare states and intergenerational justice[J]. Childhood, 2018, 25(2): 142-157.

[38] MAYNE F, HOWITT C, RENNIE L. A hierarchical model of children's research participation rights based on information, understanding, voice, and influence[J]. European Early Childhood Education Research Journal, 2018, 26(5): 644-656.

[39] TORRES C. The state of the art in comparative education and WCCES at a crossroads in the 21st Century[J]. Revista Lusófona de Educação, 2018, (41): 107-124.

（作者徐鹏系新西兰惠灵顿维多利亚大学教育学院博士研究生。）

数字公民教育：亚太地区的政策与实践

周小李，王方舟

导读：随着网络信息时代的到来，在国际学术界，数字公民已成为一个被深入探讨的概念；在全球教育领域，数字公民教育日益成为世界各国教育体系的重要组成部分。在亚太地区，联合国教科文组织曼谷办事处已经启动了数字公民培育项目，各成员国在政策与实践方面正作出积极的探索和努力。作为信息化程度较高的国家，新加坡、澳大利亚和韩国的数字公民教育开展得较好，尤其在网络健康课程、网络安全教育及网络成瘾预防和治疗等方面表现更为出色，这些经验可为数字公民教育的推进提供若干启示。

20世纪90年代，计算机科学家尼古拉·尼葛洛庞帝（Nicholas Negroponte）预言，"数字化生存"将会在未来社会出现[1]。如今，尼葛洛庞帝的预言已成为现实，一个以信息技术为支撑的数字时代已经到来。在这个时代，由电子通信、电脑、万维网及智能手机等组成的信息技术，不仅正在改变人类对物理空间的感知和理解，而且为人际交往、社会参与、生产劳动以及商业贸易提供了前所未有的便利与机遇。然而，信息技术在为人类创造巨大福祉的同时，也带来了诸多问题。从垃圾信息、网络成瘾、网络欺凌到网络犯罪，所有这一切无不警示在数字化生存中人类所面临的挑战和风险。数字时代的人类应当如何生存与发展、合作与参与？网络信息社会的公民应具有哪些核心素养，公民教育应如何变革？伴随此类问题的不断提出，"数字公民"（Digital Citizenship）这一概念应运而生，数字公民教育也在全球范围内逐步得到推行。如今，"数字公民教育不但成为全球关注的焦点，也是当今世界信息化教育体系中极为关键的组成部分"[2]。

一、数字公民教育的概念理解与研究回顾

（一）数字公民教育是传统公民教育在数字时代的发展

较早倡导数字公民教育的是美国学者迈克·瑞博（Mike Ribble），在其著作《学校里的数字公民》（Digital Citizenship in Schools）中，瑞博将数字公民界定为"在技术使用的过程中能遵循相应规范而表现出合适的、负责任的行为的人"，并将数字公民的内涵分解为数字连接、数字消费、数字交流及数字素养等九大要素[3]。另一位美国学者，俄亥俄州州立大学教授木山·崔（Moonsun Choi）认为数字公民指的就是网络时代的公民，并基于对最近十年数字公民研究文献的综合分析，提炼出数字公民概念的四大核心范畴，即数字伦理、媒体和信息素养、公共参与以及批判力[4]。美国国际教育技术协会（The International Society for Technology in Education, ISTE）则指出，数字公民的内涵远不止拥有安全在线的能力，还包括运用数字技

促进社区建设、借助网络连接表达自己的观点并推动公共政策的改革等能力[5]。

基于上述有关数字公民的理解,可以发现数字公民与传统公民存在不同之处。传统公民的核心内涵是拥有一国国籍,并依据该国法律而享有权利并承担义务,而数字公民的突出特征是具备网络社会所需要的能力和素养。但是,对于数字公民的理解也不能完全脱离传统公民的内涵,数字公民同样强调法律意识、道德要求和社会责任。因此,可以将数字公民宽泛地理解为网络时代的公民,并基于此理解将数字公民定义为能合法、安全、负责任和符合道德规范地使用网络信息技术的人。相应地,数字公民教育则以培养网络信息时代合格的数字公民为目标,是传统公民教育在数字时代的发展,也是网络信息时代公民教育的重要组成部分。

(二)数字公民教育得到国际社会广泛重视

数字公民教育起源于美国,美国政府自1998年起相继颁布了一系列法令以确保未成年人网络使用安全,并对儿童青少年进行网络行为规范教育;2007年美国政府启动"数字公民教育"标准化建设,以明确数字公民教育的核心内容,为数字公民教育提供了清晰可靠的依据。继美国之后,欧美其他国家和亚太等地区国家相继加入数字公民教育行列,联合国教科文组织也于2014年宣布启动"安全负责任地使用信息通信技术培育数字公民"项目。在数字公民教育得到国际社会广泛重视的同时,相关的学术研究也同步推进。有学者基于对科学引文数据库(Web of Science)相关文献的分析,对国际数字公民教育研究的现状进行研究综述。该综述发现,欧美国家学者自1997年前后即着手数字公民教育研究,至2009年国际学术界对该领域的关注度开始明显上升;近年来,除了欧美学者,亚洲、大洋洲及南美洲等地的学者也开始研究数字公民教育;相关研究所涉及的主题已涵盖数字公民教育的核心概念、课程、教师及测评[6]。整体而言,我国数字公民教育研究刚刚起步,较之国际社会尤其是欧美国家,无论是研究还是实践均略显滞后,教育界、学术界及社会机构对数字公民教育的重要性认识还不够充分,正规、系统的数字公民教育课程还有待进一步开发,也缺少专门的政府机构或社会组织致力于数字公民教育理念的推广[7]。为此,亟须加强数字公民教育理论与实践的探索,努力提高公民尤其是儿童青少年的数字公民素养,以适应网络信息时代对人的发展的新要求。

二、亚太地区数字公民教育政策理念

让年轻一代明确了解数字时代存在的机遇与风险,已成为世界各国或地区政府和组织在教育与公共政策方面重视的目标。经济合作与发展组织成员国已联合起来针对数字公民教育形成系列政策建议。欧盟自2011年以来每年组织开展儿童数字行为调查,并据此提出更为安全和有效的技术使用与教育实践建议。联合国教科文组织曼谷办事处也启动了"安全负责任地使用信息通信技术(Information Communication Technology,以下简称ICT)培育数字公民"项目,并于2015年和2016年分别出版报告《安全负责任地使用ICT培养数字公民——亚太地区现状回顾》(Fostering Digital Citizenship through Safe and Responsible Use of ICT: A Review of Current Status in Asia and the Pacificas of December 2014,以下简称《现状》)和《政策回顾:安全有效和负责任地使用ICT建立亚太地区数字公民身份》(A Policy Review: Building Digital Citizenship in Asia-Pacific through Safe, Effective and Responsible Use of ICT,以下简称《政策》)。基于这两份报告提供的资料,从育人目标、参与机构、课程及师资等四个方面,对亚太地区数字公民教育政策所包含的核心理念予以概括。

（一）以未成年人为对象培养活跃的参与者

与欧美发达国家数字公民教育一样，亚太地区数字公民教育也是以儿童青少年和在校学生为主要对象，尽管相关政策也涉及教师和家长，但教师和家长的角色被定位于为未成年人提供引导与支持。这一点在《政策》这份报告中得到了明确表述："让孩子们安全、有效和负责任地使用ICT技术；促进孩子们数字公民身份的建立；为学校提供所需要的基础技术设施；检视国家层面的相关实践[8]。"数字公民教育政策还包括有关学生能力目标的具体规定，例如：一是能理解与技术相关的人类、文化及社会问题并采取合法的和合乎道德的实践；二是拥护并践行安全、合法和负责任的信息技术使用，以积极的态度参与在线合作、探究与创造；三是证明自己拥有终身学习的能力；四是展示作为数字公民的领导力[9]。

将未成年人培养成为活跃的参与者正引起亚太地区数字公民教育政策制定者的重视。网络2.0时代的信息交流与分享是以整合的形式进行的，社交网站中的信息发布、相片制作以及博客撰写等功能都可以整合在一起，因而社交网站能为未成年人网络参与能力的培养提供机会。调查发现，目前亚太地区的未成年人使用社交网站的人数比例很高[10]。为了让未成年人在网络搜索、人际交流以及内容创作、浏览与分享中拥有更复杂、更具创造性和参与性的技能，超过55%的亚太地区成员国已经出台了针对性政策[11]。这些政策的基本理念可以概括为：数字公民教育不能仅仅停留在要求学生掌握基本的电脑操作技能或学会浏览与搜集网络信息，而应重视年轻一代运用网络技术思考、表达及行动的能力，尤其应注重培养其积极参与网络社区讨论、推动社会民主建设的意识与能力。

（二）参与机构多元化

力争参与机构多元化是亚太地区数字公民教育政策的核心理念之一。目前，该地区参与数字公民教育的机构主要包括如下四类。第一类是各成员国政府成立的机构，例如：澳大利亚儿童网络安全委员会办公室（The Office of the Children's e-Safety Commissioner）、新加坡网络健康指导委员会（Inter-Ministry Cyber Wellness Steering Committee）以及韩国教育与科研信息服务部（Korea Education and Research Information Service）。第二类是由不同国家政府联合成立的机构，例如：亚太经合组织，该组织中的菲律宾、印度尼西亚、泰国、马来西亚和越南等五个成员国联合发起了"ICT滥用预防教育"项目；"东南亚教育部长科技创新组织"（SEAMEO-Innotech）则针对教师开展网络安全与情绪智力方面的教育。第三类是非政府组织，例如：新加坡和韩国联合成立的IZ基金会（Infollution ZERO），其目标人群为6~13岁的孩子，关注领域主要是"良好的价值观与健康的网络体验"[12]。第四类则是各级各类学校。上述四大类机构中，政府机构起着主导和决策的作用。此外，家庭、社区、企业等也被鼓励或要求参与数字公民教育；一些成立于欧美地区但其活动与资源已覆盖全球的机构，在亚太地区一些国家也得到政策允许可以参与其数字公民教育，如欧洲的安全在线网、美国的在线安全联盟、国际教育技术协会等，这些机构的数字公民教育资源均已向全世界开放。

（三）将信息技术素养纳入学校课程体系

全球数字公民教育业已形成的共识之一就是孩子们的ICT素养越高，他们从互联网中的获益就会越多，也越有能力避免和处理网络风险。而通过学校正规课程体系引导学生安全、负责任地使用ICT，是欧美发达国家数字公民教育的通行做法。亚太地区大多数成员国都意识到了将 ICT 整合进学校课程以提升青少年数字素养的重要性,其中约 50% 的成员国已制定政策要求将 ICT 素养纳入学校课程体系——包括学科课程、综合课程以及课外课程[13];82% 的成员国为 13~18 岁学生的 ICT 学习提供了政策保障——这一数据在 0~8 岁和 9~12 岁的学生中分别是 62% 和 76%,且 75% 的成员国承诺中学阶段一所学校至少配备一个电脑实验室[14]。不过,由于成员国之间经济发展水平以及正规教育资源投入的差异,高收入国家和发展中国家学生的 ICT 素养存在明显差距;发展中国家对学生 ICT 使用所需要的更高级和复杂的技能关注不够,而且这些国家的学生更多地在学校正规课程系统之外学习如何使用 ICT。

(四)推进教师教育标准化建设

数字公民教育在正规教育系统的实施需要与之匹配的师资,教师缺乏信息技术方面的知识和技能已经成为数字公民教育的一大障碍,因此不少国家已将信息技术教育纳入教师职前和在职培训。亚太地区大多数国家已经制定政策以确保教师教育中包含信息技术方面的内容,71% 的成员国已在小学教师教育中采取这种政策,57% 的成员国已在中学教师教育中采取这种政策[15]。然而,据调查,只有 30% 左右的成员国针对教师教育的信息技术培训实行了国家标准[16];国家标准能确保教师除了掌握基本的信息技术知识外,还能获得较高水平的信息技术技能,尤其是网络健康和安全方面的技能,以及从事信息技术教学和数字公民教育的能力。所以,既然正规学校教育对于数字公民培养的重要性已毋庸置疑,那么作为数字公民教育者必备的素质理当成为网络信息时代教师教育不可或缺的内容,而效仿美国建立相应的教师教育国家标准,能够确保教师更专业地参与数字公民教育。

三、亚太地区数字公民教育实践:以新加坡、澳大利亚及韩国为例

国际电信联盟统计数据显示,亚太地区信息技术发展程度(ICT Development Index,IDI)名列前茅的国家是韩国、日本、澳大利亚、新加坡[17];《现状》关于互联网使用以及信息技术技能方面的统计数据显示,韩国、日本、澳大利亚和新西兰的得分更高[18]。在联合国教科文组织整理的亚太地区数字公民教育资料中,新加坡、澳大利亚和韩国在政策与实践等方面提供的信息也更丰富。显然,信息技术发展程度更高的国家,其数字公民教育实践也做得更好。鉴于此,本文拟对新加坡、澳大利亚和韩国的数字公民教育实践予以分析。

(一)新加坡:网络健康课程

网络健康(Cyber Wellness)课程是新加坡数字公民教育实践最具特色的部分。新加坡已在公立学校系统内为所有 7~18 岁的学生开设了网络健康课程,并将该课程确立为新加坡品格与公民教育(Character and Citizenship Education)的一个组成部分;新加坡教育部制定了统一的教学大纲来确保该课程的规范实施[19]。

新加坡网络健康课程拥有清晰的目标:"用终身受益的社会情感、能力及稳定的价值观武装学生,以使他们成为安全、体面和负责任的信息技术使用者[20]。"该课程内容明确而具体,涵盖"网络身份:健康的自我认同""网络使用:生活与应用的平衡""网络关系:安全而有意义""网络公民:积极参与"四大主题,以及"在线身份和表达""ICT 的平衡使用""网络礼仪""网络欺凌""在线关系""关于网络世界""在线内容和行为的处理""网络联系"八大专题[21]。网络健康课程贯穿于小学、初中至大学预科的品格与公民教育中,相关专题也被

融入英语、母语教育等课程。校外社会教育还为学生、教师及家长提供网络健康教育指南和网上学习资源[22]。

新加坡网络健康课程的管理和支持机构是多元化的。首先是政府部门的大力支持和协同参与，2009年成立的网络健康指导委员会，由新加坡交通和信息部（Ministry Communication and Information）、教育部（Ministry of Education）、社会和家庭发展部（Ministry of Social and Family Development）、通信发展管理局（Infocomm Development Authority of Singapore）以及健康促进委员会（Health Promotion Board）等多个部门联合组成，该委员会2009—2013年总计投入1000万新币支持国家网络健康公共教育[23]。新加坡民间组织与企业还组建了媒介素养委员会（Media Literacy Council），开展媒介素养和网络健康教育，并监督政府牵头实施网络健康教育项目、向政府提供适当的政策建议。新加坡教育部联合新加坡通信发展管理局和微软新加坡公司实施"网络健康学生大使项目"（Cyber Wellness Student Ambassador Programme），以期发挥优秀学生在信息技术使用方面的模范带头作用。

新加坡政府和教育主管部门还相当重视网络健康课程的实施效果。新加坡教育部将网络健康研究纳入网络健康指导委员会支持的研究项目，发起了针对学生在线行为和移动技术使用的相关研究，并基于研究结果开发出评估标准，以帮助学校评估网络健康项目的有效性，并基于评估结果收集值得推广的经验或者开展有针对性的课程改革。

（二）澳大利亚：网络安全教育

澳大利亚数字公民教育重点关注的议题是网络安全教育，即致力于建设安全的网络空间，引导年轻一代安全地使用互联网，其网络安全教育的主要特色可以概括为如下三点。

第一，由政府部门组织实施各种网络安全教育项目，这是澳大利亚网络安全教育最重要的特色。澳大利亚多个政府部门都曾参与网络安全教育的项目，例如：澳大利亚通讯与媒体总局（Australian Communications and Media Authority）实施的"网络机智项目"（Cybersmart Programme）、通讯部（Department of Communications）实施的"网络安全求助按钮"项目（Cyber Safety Help Button），政府部门与教育机构、社区及民间组织联合实施的"机智在线周"项目（Stay Smart Online Week）以及国家级项目"10 M澳大利亚元预算"（AUD 10 M Budget）；还有澳大利亚联邦警署开展的"思你所知"项目（Think U Know）、教育与培训部实施的"安全学校国家框架"（National Safe Schools Framework）以及"青少年在线安全项目"（Young People Safety Programme）。澳大利亚政府还致力于通过国际合作项目以推动网络安全教育，如与加拿大、新西兰、英国和美国等组成的五国部长会议（Five Country Ministerial），其主要合作议题之一就是遏制恶意网络活动、保护网络安全及防止发生重大网络事件[24]。这些项目的主要内容可以归纳为如下几点：开办资源共享网站为教师和家长提供网络安全教育方面的资讯与建议；为学校网络安全教育提供经费支持；为教师提供网络安全教育的职前和在职培训；指导公众理解网络环境潜在的风险并懂得如何在线保护自己的信息；特别为学生提供安全使用社交媒体的信息与建议；指导和帮助学校建立积极的校园文化以促进校园安全和网络安全——如"网络机智项目"建立的"绝不欺凌"（Bullying No Way）教育网页。

第二，将网络安全教育融入学校课程。在各级政府及社会力量的支持下，目前网络安全教育在澳大利亚正逐步融入课程。以新南威尔士州为例——该州的数字公民教育一直走在全国前列，新南威尔士州课程与学习创新中心（Curriculum and Learning Innovation Centre）与数字教育革命团队（Digital Education Revolution Team）合作，为中小学生开发了一套以网络安全为重点内容的数字公民教育课程,并于2010年开始在新南威尔士州多所学校试用[25]。该课程在小学按照如下三阶段推进:一是分享前的注意事项、分享内容思考及网络安全警示;二是网络安全、网络欺凌及网络追踪;三是网络审查、网络版权以及浏览痕迹。以连续性为原则,该课程内容在中学阶段逐步推进到更高阶段。

第三,注重通过技术手段来协助达到网络安全教育的目的。如通过对社交网站、搜索引擎和在线游戏进行特别的功能设置,以屏蔽或过滤恶意软件或不良信息,或对未成年人网络在线活动予以保护性的技术限制。

与新加坡数字公民教育类似的是,澳大利亚的网络安全教育项目也担负着评估的职能,如"网络机智项目"的主要研究工作就是对教师、学生及家长的数字媒体素养进行调查和评估,并对最出色的实践经验予以整理和推广[26]。

(三)韩国:网络成瘾预防与治疗

作为亚太地区 ICT 发展指数排名第一的国家,韩国高度发达的信息技术也伴生着各种社会问题,其中青少年网络成瘾尤为引人关注。韩国国家信息社会署(National Information Society Agency)的调查显示,韩国 18 岁以下人群中共有 240 万人处于网络成瘾风险之中,其中包括 16 万 5~9 岁已经成瘾的儿童[27]。韩国数字公民教育的主要内容之一就是预防与治疗网络成瘾,其主要经验可概括为如下两点。

一是由政府承担预防与治疗网络成瘾的主要职责。韩国性别平等与家庭部/青年委员会(Ministry of Gender Equality and Family/Commissionon Youth)专门启动了一项名为"预防网络成瘾运动"的项目(Internet Addiction Prevention Campaign),该项目的目标人群即教师和学生,其主要策略包括过滤有害网络信息、开展预防网络成瘾教育、培训顾问和治疗师以及免费提供网络成瘾咨询与治疗;该项目还发起了"青年巡逻行动"(Youth Patrol),旨在通过积极的同伴影响提高青少年网络自控与识别能力,传播健康的网络文化与网络伦理[28]。由韩国政府开办的免费网络成瘾治疗中心和网络急救夏令营已经超过 200 所,其目的在于降低学生对网络的依赖,引导他们参与替代上网的其他活动,如开展户外游戏、听音乐、做手工、组织团体活动等。韩国政府还支持研发了网络成瘾量表,咨询师和研究人员运用此量表对网络成瘾予以诊断并确定其严重程度[29]。

二是针对网络安全和网络文化的公共举措对网络成瘾的预防及治疗起到了配合与促进的作用。韩国通信标准委员会(Korean Communication Standards Commission)实施的互联网内容管制项目"绿色 i-NET 2.0",其主要措施就是推广使用网络内容评级系统、用户年龄监控软件、信息过滤软件以及上网时间管理系统;这些技术性措施对于预防青少年网络成瘾能产生较为直接的作用。针对韩国青少年中流行的"追星"文化,韩国互联网安全局(Korea Internet and Security Agency)率先推出了"韩国互联网梦之星"活动。该活动的主要内容包括评选拥有健康数字文化形象的青年榜样、举办网络素养与伦理讲座以及开展名为"创建美丽网络世界"的竞赛。韩国教育部要求学校开展与网络责任和安全相关的系列教育活动,并组织研究和开发了各种 ICT 伦理教育资源,且成立了网络安全教育中心,这些教育举措也为网络成瘾的预防与治疗提供帮助。

四、亚太地区数字公民教育的经验启示

在联合国教科文组织关于亚太地区网络安全与风险防范政策回应的系列调查排名中,我

国一直位居前4名[30]，这说明我国高度重视通过立法与行政治理加强对儿童青少年网络安全的保护。在这方面我国采取的主要措施包括禁止未成年人进入公共网吧、关闭不合规或违法网站以及通过技术手段预防青少年沉溺网游；我国还是首个宣布网络成瘾（Internet Addiction Disorder）为临床病例的国家（2008年）[31]，并积极支持社会力量参与青少年网络成瘾的治疗。从中央到地方，负责网络安全与信息化工作的部门已成为各级政府常设机构之一，实行网络内容监管与审查、营造健康向上的网络空间已成为社会治理的主要任务。亚太地区数字公民教育的政策理念与实践经验，可为我国数字公民教育的进一步推进提供如下启示。

第一，以清晰的数字公民理念指导教育实践。尽管相关决策与实践已经实质性地在推进数字公民教育，但是到目前为止，"数字公民"尚未成为我国教育决策与学校实践的正式用语，更多被提及的是"信息素养""媒介素养""网络道德"等概念。因此，"数字公民"与"数字公民教育"在我国尚未得到清晰的内涵界定与决策确认。鉴于目前数字公民理念及其教育实践在国际社会所获得的认同与重视日益普遍，在互联网和智能手机迅速普及的背景下，我国青少年群体暴露出种种问题，因此有必要将"数字公民"理念正式纳入决策主流，并制订清晰的数字公民核心素养框架，为数字公民教育实践提供明确而科学的指导。参考目前国际学术界关于数字公民的理论研究，可以发现，我国目前实际推行的数字公民教育，主要针对的是"数字伦理"和"媒体和信息素养"，而对"网络公共参与"和"数字批判力"的关注尚待提升。作为数字原住民一代的当代儿童青少年，除了需要掌握在数字世界安全生存的技能，更需要成长为网络信息时代富于创新精神和创造活力的积极公民。因此，我国数字公民教育的未来发展，应当在重视ICT知识和技能以及媒体信息素养的同时，加强年轻一代网络参与意识和能力的培养，注重其批判性和创造性使用网络信息技术能力的提升，为新时代的中国培育高素质的数字公民。

第二，建构"媒介与信息素养"标准化内容体系。鉴于媒介素养或信息素养已经在我国教育信息化和数字化校园建设等发展规划中被多次正式提及，数字公民教育可以重点或优先推进"媒介与信息素养"，以引领数字公民教育的整体推进；如此也使媒介与信息素养的培育成为我国数字公民教育的亮点和特色，正如新加坡、澳大利亚和韩国的数字公民教育各有千秋一样。而且，这一布局不仅在国内拥有政策和实践的基础与经验，也可以和国际社会形成互动与合作。例如，2013年联合国教科文组织发布了英国开放大学的一项研究成果——《媒介与信息素养：一个概念模型的建议》，该模型包括"为信息处理和创造性生成内容而使用ICT/数字技术""批判地分析/评估信息和媒体内容""使用合适的媒体技术以交流观点、看法并形成新的理解"等八大板块的基本内容[32]。我国媒体与信息素养教育可以借鉴此类国际社会认可度较高的观点以及我国研究者的相关研究成果，在此基础上建构一套清晰的、可操作的标准化内容体系，使各级学校在培养学生媒体与信息素养时，不至于流于形式或过于随意，既能做到有章可循，也能做到科学合理和循序渐进。

第三，在国家政府宏观决策和整体引领之下由学校、社会和家庭协作实施。基于前文研究可以发现，亚太地区数字公民教育开展得较好的国家中，除了各政府部门的协作配合和大力支持外，社会组织的积极参与也发挥着重要作用，而且不少国家还相当重视针对家长的教育或培训。如此看来，数字公民教育不仅需要学校教育发挥主渠道作用，还需要政府、社会和家庭与学校相互配合、形成合力。我国目前的数字公民教育主要由政府和学校承担，但政府在数字公民教育中所扮演的角色还可以更加多元化。除了决策、监管及审查，政府还可以在各相关部门之间形成协作机制、组织或支持开展各类项目或专题活动，为数字公民教育的进一步推进提供支持。

目前社会组织在我国数字公民教育中的参与相当有限，未来可以鼓励甚至要求与ICT相关的企业和媒体，在其技术开发、产品生产以及文化传播等活动中，切实担负起数字公民教育方面的社会责任。此外，通过家校互动、家长培训等路径，可望进一步发挥家长作为数字公民教育者的作用。

第四，在扎根中国大地的同时有选择地利用国际教育资源。毋庸置疑，数字公民教育必须依据我国相关法律法规来开展，也必须尊重我国政治、经济及文化等方面的相关传统与现状，因此我国数字公民教育与整个教育体系一样，必须扎根中国大地办教育。作为一种身份，数字公民隶属于公民，而公民在其本质上是与国家相关联的；数字公民在传统公民身份基础上融入了网络信息时代的新内涵，但其本质上依旧是国家与法律意义上的公民，国家认同、遵纪守法、社会责任等依旧是其核心品质。所以，我国的数字公民教育必须在中国特色社会主义教育体系之中展开。然而，鉴于网络信息技术及其使用在全球范围内的高度趋同，以及世界各国数字公民教育基于技术同一性而出现的可以共享之处，我国数字公民教育的未来发展在扎根中国大地的同时，也可以有选择地利用国际教育资源。例如，国际商业软件联盟（Business Software Alliance，BSA）为11~19岁学生开发的网络健康课程，谷歌和美国在线安全联盟联合开发的数字素养与公民课程，以及微软公司开发的数字素养课程等，都是面向全球公开的教育资源，我国可以遵照相关规则，选择其中有价值的理念和内容为我所用。

参考文献：

[1] 尼古拉·尼葛洛庞帝. 数字化生存 [M]. 胡泳, 范海燕, 译. 北京: 电子工业出版社, 2017: 2.

[2] 杨浩, 徐娟, 郑旭东. 信息时代的数字公民教育 [J]. 中国电化教育, 2016(1): 9-16.

[3] RIBBLE M. Digital citizenship in schools (Second Edition) [M]. Washington, D.C.: International Society for Technology in Education, 2011: 10-11.

[4] CHOI M. A concept of digital citizenship for democratic citizenship educcation in the Internet Age [J]. Theory & Research in Social Education, 2016, 44(4): 565-607.

[5] Digital Citizenship in Education [EB/OL]. (unknown) [2019-06-19]. https://www.iste.org/learn/digital-citizenship.

[6][7] 俞思瑾. 国际数字公民教育研究的现状、热点及前沿 [J]. 开放教育研究, 2018(6): 49-59.

[8][9][10][11][13][14][15][16][20][21][30] UNESCO Bangkok. A policy review: building digital citizenship in Asia-Pacific through safe, effective and responsible use of ICT [R]. Bangkok: UNESCO Bangkok Office, 2016: 16, 15, 31, 31, 34, 30, 32, 33, 36, 37, 42-44.

[12][17][18][23][26][27][28][32] UNESCO Bangkok. Fostering digital citizenship through safe and responsible use of ICT: a review of current status in Asia and the Pacific as of December 2014 [R]. Bangkok: UNESCO Bangkok Office, 2015: 60, 6, 10, 22, 53, 18, 55, 47.

[19] MOE's cyber wellness curriculum in school [EB/OL]. (2018-10-11) [2019-04-27]. https://www.moe.gov.sg/education/programmes/social-and-emotional-learning/cyber-wellness.

[22] For Parents [EB/OL]. (2019-02-18) [2019-04-27]. https://ictconnection.moe.edu.sg/cyber-wellness/forparents.

[24] Five Country Ministerial 2018 Official Communiqué [EB/OL]. (2018-08-29)[2019-04-27].

https：//www.homeaffairs.gov.au/about/national-security/five-countryministerial- 2018/.

[25] Digital Citizenship Support for Schools[EB/OL]．（2018-05-01）[2019-04-27]．https：//education.nsw.gov.au/teaching-and-learning/professional-learning/scan/ past-issues/vole-31,-2012/vol-31-no.-2, 2012, vol. 31.

[29] KIM M, CHOI D. Development of youth digital citizenship scale and implication for educational setting[J]. Educational Technology & Society, 2018, 21（1）：155-171.

[31] 我国将颁布《网络成瘾诊断标准》[N]．宁波晚报, 2008-11-09（A03）．

（作者周小李系华中师范大学教育学院教授，博士；王方舟系美国佐治亚州州立大学安德鲁杨公共政策学院博士研究生。）

美国公民教育的理论困境与实践局限

于希勇

导读：美国公民教育充满张力，既有积极的方面，也有其自身无法克服的弊端。本文通过对美国公民教育的系统研究，从历史与现实维度概括出美国公民教育的理论困境与实践局限。在理论层面的困境，包括基于事实与传导价值两分而难以统一，公民教育与道德教育、政治教育存在藩篱而无法突破，重权利教育轻义务教育而无法取得平衡；在实践层面的局限，包括政治参与中对变革社会的乏力，社群参与中隐藏对现实政治的遮蔽，少数异议中造成对社会治理的挑战。这些揭示出美国公民教育并不是统一的整体，而是表现为内部一系列多元思潮的对立与异质力量的冲突，其理论困境与实践局限是历史与逻辑的必然。

美国社会是一个矛盾体。一如美国社会自身，美国公民教育也存在着内在张力。有美国学者指出："美国公民教育不能不反映社会本质，而且被赋予各种各样的民主意义，因而其成为一个充满竞争的领域，相关课程与教学也挣扎在各种力量的界限之间[1]。"在肯定性力量中有着否定性力量，"美国反对美国"的特点在公民教育领域体现得非常鲜明。

一、美国公民教育内在张力的历史境脉

与美国建国初期政治哲学相对应，其公民教育自始便出现了自由主义与共和主义两大思潮的对立。前者强调维护个体自由、保障个人权利，倡导通过代议制限制公共权力；后者则强调培养公民美德，提倡公民的直接政治参与。20世纪70—80年代，自由主义与共和主义两大思潮演进为新自由主义与共同体主义（communitarianism，或译为"社群主义"），同时社会思潮中新保守主义抬头。

新自由主义公民价值观强调（经济）理性主义，强调一切道德、教育乃至人自身，均为市场化自由运作。在新自由主义影响下，公民教育丧失内在批判性，从而弱化着公民教育的丰富内涵。这种教育观念的宗旨是确保美国及国际安全，而非培养民主型的批判性公民。

相较于传统保守主义公民教育观强调公民的个体独立性以及对法律的尊崇，新保守主义公民教育观以美国前总统里根经常挂在嘴边的"山巅上的光辉之城"（The Shining City on the Hill）为价值理想，强调"美国自信""美国例外""美国担当"（将所谓"民主自由"在全世界推广）。与传统保守主义公民教育观将国家视为公民联合体（Civil Association）相较，新保守主义公民教育观将国家视为"企业家协会"（Enterprise Association）。有学者指出其公民观的实质："一国公民即是为了共同目的而联合在一起的伙伴或同志，为了达到人人平等和各美

其美的理想目标,每位公民必须贡献出自己的一部分资源[2]。"

当前,美国公民教育也体现出共同体主义理念。譬如,《全美公民与政府课程标准》将"共同善"（common good）、"公共善"（public good）与"权利"（rights）、"正义"（justice）相提并论,与"民主""自由""平等"一道纳入美国公民教育价值体系之中。然而,"自由"与"平等"、"正当"与"善"、"正义"与"公益"何者优先仍然争讼不清。如墨西哥裔美国人在亚利桑那州开展的公民教育社会正义范式研究项目（Raza Studies）,旨在培养学生的批判意识,鼓励学生在其所在的社群中扮演一定角色,解决社会问题[3]。但就是这样符合"美国价值观"的研究项目却遭到该州禁令,被视为"政治、经济、种族上的不道德"。这就暴露了美国新自由主义和新保守主义掌控下的公民教育,旨在培养资本主义制度及资本主义市场经济的忠诚拥护者,造就维护美国现行体制及全球霸权的生产者和消费者。

尽管美国学界尝试进行多元复合建构,但由于制度局限以及多样性社会思潮的交杂影响,美国公民教育呈现出同一构型下的多元异质并立景象,从而造成不可避免的理论困境与实践局限。

二、美国公民教育的理论困境

（一）"价值中立"与价值传递难以统一

1. 美国公民教育强调基于事实教学的"价值中立"

"价值中立"公民教育观反映出自由主义者关注的重心,即防止道德对政治的"入侵"。譬如,当代自由主义代表人物约翰·罗尔斯（John Rawls）言称:"教育对于理性个体而言,承担着职业训练与获取自尊两种功能。为实现个人价值,教育必须不偏不倚,能让个体在不同政治思想理论中自由选择。"政治学者杰兰特·帕里（Geraint Parry）认为:"教育的中立性,有助于避免特定派系或宗派占据上风,避免动摇现存社会秩序……基于此种自由主义视角,（公民教育）必然导向一种价值无涉的政治教育,必然要求一种基于事实的课程与之相适应。自由主义式的中立教育观,要求学生规避个人既有的价值,做一名政治中立者,学会基于事实进行独立推导[4]。"

作为美国公民教育主渠道的社会科（social studies,或译为"社会课"）,其教学理论一般强调"事实性教学":重在描述客观事实,透视社会现象,揭示社会特质等。社会科,其本义就是"社会研究"。而作为公民教育重要参考标准的《全美社会科课程标准》,着力体现"科学"特质,并勾勒出"十大主题轴":文化,时间、连续与变迁,人、地方与环境,个体发展与认同,个人、群体与机构,权力、权威与控制,生产、分配与消费,科学、技术与社会,全球性联系,公民意识与实践[5]。这种"科学"体例,也成为美国众多版本公民教育教材的编制逻辑。

"学院式"公民教育的逻辑理论是:要想实现每个人都能过上有尊严生活的价值理想,就必须成长为各负其责的理性公民;公民教育要培养理性公民,就要做到价值无涉。

2. 美国公民教育作为意识形态的表达又要进行价值传递

美国当代若干理论家,如迈克尔·桑德尔（Michael J. Sandel）表达出对自由主义式民主的不满,并发出"寻找公共哲学"或者说"凝聚价值共识"的呼声。公民教育学者乔尔·韦斯特海默尔（Joel Westheimer）和约瑟夫·卡恩（Joseph Kahne）认为:"过于强调事实性、中立性,会消解学生公民参与公益的积极性[6]。"美国学者本杰明·巴伯尔（Benjamin Barber）认为,仅仅传递一些事实性知识,如有关星条旗的来历、宪法修正案的修订过程、《权利法案》的内容等是远远不够的，仅知晓法律底线和权利界限是"弱民主"的体现。

其实，美国公民教育一以贯之的是美国民主自由价值观，宣扬"美国正确"。正如公民教育学者韦恩·罗斯（Wayne Ross）所指出："社会科教育的目的是促使学生获得特定的'美国的'或'民主的'价值体系。所谓的'好公民'培养，乃是通过从西方思想文化经典中抽绎出来的碎片化的信息教学来实现的。此种事实性信息之所以历久弥坚而保持稳定，乃是因应了某些专家或权威的审定而达成的共识[7]。"可见，基于事实的公民教育理论所倡导与传递的"事实"，乃是有着美国政治历史文化色彩的"背景知识"，贯彻的乃是主流意识形态的"真理性认识"。因此，美国公民教育的常规教学并非"中立"，反而倾向于传授官方认可的信息与信念。

可见，美国公民教育呈现出既要培养特定价值取向的公民，又要通过"温和的知识"进行价值传递的理论困境。

（二）公民教育与道德教育、政治教育存在藩篱[1]

1. 美国公民教育领域提防"道德侵入"

有意恪守道德与政治的界限，是近现代政治思想家的共识，如马基雅维利、洛克等人，都反对将政治人物的德性与政治行为本身搅在一起，以防止统治集团或政府官员滥用道德权威。

自美国宪法通过以来，道德与政治的分离也是长期以来得到坚持的政治文化传统。虽然在美国政府成立之初，联邦党人的代表人物如亚历山大·汉密尔顿（Alexander Hamilton）、詹姆斯·麦迪逊（James Madison）、约翰·杰伊（John Jay）等人承认爱国主义与"正义之爱"有助于降低派系内讧的危害，主张总统选举人应是拥有正直、诚实等美德的有见识公民，但是，他们更强调通过政治手段的分权体制建立平衡政府，而非通过道德手段培养公职人员的优秀品质。

具体到公民教育领域，研究发现，在公民课程标准或社会科教材中，更加突出"公民品性"（civic virtues）的培养。美国霍顿·米夫林（Houghton Mifflin，简称 HM）版社会科教科书在其前言（总纲）中指出："HM 社会科旨在促进有教养的公民发展——具备知识、技能和公民价值观的个人。他们需要成为 21 世纪积极而富有建设性的参与者[8]。"尽管在 20 世纪末美国曾兴起"新品格教育运动"（New Character Education Movement），但并未消解公民教育。不如说，在公民教育中增添了品格教育元素。从某种意义上来说，培养"公民"是第一位的，培养"道德人"是第二位的，或者说道德教育从属于公民教育。

2. 美国公民教育领域也警惕"政治介入"

美国公民教育界自视具有学术独立的理论品质，反对将政治立场强加于公民教育之上。前述学者韦斯特海默尔和卡恩认为："政府主导的所谓'公民教育'往往缺乏公民性，因其缺失了学生在参与公共事务中评价、批评政府官员或行政政策的维度。若此种'公民教育'取得了成功，那必然造成对公民言论自由之压制[9]。"

通过对美国社会科课程标准和教材的研究发现，其中更多的是对学科、科学、公民、公共的强调，体现出"政治中立性"。譬如，全美社会科委员会（National Council for the Social Studies，NCSS）将社会科界定为："社会科是为了提升公民素养而对社会科学与人文科学进行学科统整的课程。在学校公民课程中，社会科汲取了人类学、考古学、经济学、地理学、历史学、法学、哲学、政治学、心理学、宗教学、社会学以及数学等学科知识，将人文科学、社会科学

---

1 在美国，公民教育（civic education/citizenship education）强调培养公民素养或平等公民资质，而与政治教育（political education）或道德教育（moral education）相对。按照顾明远先生主编的《教育大辞典》的解释，政治教育是指"有目的地形成人们一定的政治观点、信念和政治信仰的教育"，道德教育是指"形成人们一定的道德意识和道德行为的教育。任务是提高道德认识，陶冶道德情感，锻炼道德意志，确立道德信念，培养道德行为习惯等"。

乃至自然科学等融合为一种平衡的学习系统。在此基础上，实现着社会科的基本目的——在一个相互依存的世界，在多元民主社会中，帮助青少年作出明智而又理性的决策，从而让他们成长为能致力于公共善的公民[10]。"在此意义上，培养"公民"是第一位的，培养"政治人"是第二位的，也可以说是政治教育从属于公民教育。

然而，正如有学者指出，维系公民教育与道德教育、政治教育分离，容易导致公民德性缺失、规避实质政治议题的后果。前述学者巴伯尔认为："（美国公民教育）对于如何实现更好的社会治理，如何提供有效的政策供给，如何承担更多的公共责任，不是未及展开，就是付之阙如[11]。"由于道德与政治的分离传统，造成道德教育与政治教育与公民教育领域产生隔膜的困境。

（三）权利教育与义务教育重心无法平衡

1. 主张权利是美国公民教育的历史传统

美国公民教育对公民权利的强调，在一定程度上有助于弥合制度框架下道德与政治的分离。换言之，尽管在公民教育领域层面存在着道德与政治之间无法消除的障碍，但通过对权利的强调可以为道德与政治结合提供可能空间，并反推公民教育发展。美国早期理论家，如共和主义者托马斯·杰斐逊（Thomas Jefferson）认为，行使权利不仅意味着平等的公民资格，同时也承担着公民教育功能。之所以主张权利法案，就是因为只有公民拥有权利才能检视政府权力，才能唤起公民自身拥有至高无上权利的自觉性。杰斐逊声称，即便是最低年级的公立学校的公民课，也应该强化公民的权利意识。同时，对于培养公民资质而言，光有权利意识还不够，还需通过参与地方事务以及行使选举权，在践行权利过程中形成公民"道德感"。当代政治学家罗伯特·艾伦·达尔（Robert Alan Dahl）则基于多元主义民主理论提出"强平等原则"："在自由民主体制下，权利广泛分布于公民、利益集团和政党之间，没有单一的占绝对地位的团体或联盟[12]。"

研究发现，在美国公民教育教材或课堂教学中，不仅提出政府要保障公民权利，而且要求所有人都拥有尊重彼此权利的公民美德和政治品质。《全美公民与政府课程标准》在K-4（幼儿园—小学四年级）内容标准中讲道："显而易见，当政府依据正义基本原则导向有价值的目的和有效运转时，它便能成为保障个人权利和增进公益的强大力量。要理解政府存在的必要性，以及它在促使个人与社会达成互利目标时所发挥的作用……[13]"该"标准"还提出，公民权利主张为每位公民都提供参与渠道，保障他们享有法律范围内的质询、批评、革新政府的权利。在此意义上，所谓的公民权利，指涉公民之间的平等权，而不论公民个体处于多数派、少数派还是中间派。

2. 促进公益是美国公民教育的时代话语

在美国，作为公民有双重身份：在政治国家中，公民拥有"权利"，承担"义务"；在公民社会中，公民作为"个体"参与"共同体"。"权利"与"义务"有矛盾，"个体"与"共同体"有张力，理论界尝试以公益[1]为核心话语将两者进行勾连。在政治学者如罗尔斯那里，可以发现建构正义的个体参与式公益；在伦理学者如阿拉斯代尔·麦金泰尔（Alasdair MacIntyre）那里，可以发现践行美德的社群参与式公益；在公民学者如大卫·米勒（David Miller）那里，又可发现公益与积极公民成长关联；等等。

---

1 在西方英语世界，公益是多重概念的复合：如果对公益进行经济学解读，可对应"common interest"（共同利益）；如果对公益进行伦理学解读，可对应"common good"（共同善）；而如果对公益进行政治—社会学解读，可对应"public goods"（公共益品）。

当前，美国公民教育试图通过对共同体公益的强调，去消解个体权利至上的负面效应，公益成为时代话语。研究发现，美国各种公民教育课程标准或教材，对在特定共同体中参与公益做出了相关规定。从美国公民教育中心制定的《全美公民与政府课程标准》中，可以提炼出美国公民教育的中心思想：既要能帮助学生维护个人权利，同时能负责任地帮助他人实现权利，这就要求在特定共同体中参与公益。

然而，美国公民教育的历史传统与时代话语之间仍然存在无法消弭的裂缝，用公益统整差异化的权利诉求在相当程度上还是一种理论假设。因为根据个体权利本位的逻辑，如果知道了公民教育功能是培养权利意识和能力，作为个体的"他"可能质疑：既然如此，"我"为何还需要学校公民教育？这种根深蒂固的权利观念，构成了推行学校公民教育之障碍，也就造成了对权利的教育反讽。所谓"教育反讽"指的是一种怪现象：那就是认为既然已经拥有了法律赋予的权利，也就没有"额外"去接受公民教育的义务。一言以蔽之，由于美国社会中对个体权利的张扬造成权利与义务的失衡，对任何公民教育理论的解答终归陷入困境。

三、美国公民教育的实践局限

（一）政治参与实践对变革社会的乏力

公民政治参与实践意味着公开的政治活动导向，寻求对政治议题、政治体制、政治关系、政治框架以及现实政治热点问题的直接参与。源远流长的民主理论是美国公民教育政治参与实践的有力支撑。阿历克西·德·托克维尔（Alexis de Tocqueville）曾提出"正确理解的私利"（self-interest rightly understood，或译为"正确理解的自我利益"）这一公民美德原则：正是因为参与公共事务对于美国人来说是生活中不可或缺的重要方面，公民才有可能理性地决定去助人为乐；通过对各种公民团体、地方事务的参与，去体认参与政治其实就是在帮助某种境遇下的自己。

在一些美国公民教育学者看来，直接政治参与有助于培养公民知识，在理想的民主制度下公民教育会水到渠成。前述学者巴伯尔认为，真正的公民社会应该建立在课外民主实践活动基础之上："在实践中生成理论知识，而非用理论知识指导实践。政治理论知识只有通过切实的政治参与实践才能真正获得。只有赋予参与政治的权能，才会让公民自觉地信奉公民知识；反之，如果仅限于传递知识，缺乏公民参与的机会，公民便无法承担责任。那么，公民知识就会沦为空谈，进而导致政治冷漠……通过对地方政治事务的现实体验与体察，有助于生成有关国家宪法之运行、法律体系之构建、政治制度之演进、文化变迁与政治变革等的基本知识[14]。"巴伯尔的"强民主理论"包括一系列参与框架，如邻里集会、举办社区人民大会等。另一些公民教育学者如多莉丝·格雷伯尔（Doris A. Graber）等人甚至认为，公民并不需要精确地记忆事实或史实，培养积极公民资质所需要的知识，乃是学生公民在参与政治实践中所必需的知识。

研究发现，政治参与实践虽然聚焦现实政治活动，但不是理论课之外的实践教学，而是理论课教学的实践展开，并通过多元主体参与，在课内外通过各种渠道表达政治诉求。

例如，在美国某地一名高中生用手枪威胁同学的事件发生后，雅内·莫顿所带的中学学生开始收集类似事件的相关报道。莫顿邀请到一名专攻有关青少年暴力的律师进课堂，就同学们提出的有关未成年人保护以及武器管制等方面的法律问题作出回应。在律师的指导下，学生就现行法律在管制持有和使用武器方面存在的漏洞展开了研究，详尽分析了法案的文本结构与话语表达，并将草案提交给家长教师协会（the Parent Teacher Association，PTA）董事会和学校董事会，以期在促进现行法律的完善过程中，获得支持与合作。此外，一位代表附近街区的州议员与他们有着共同的关切，他帮助同学们提炼、改善法律草案，并准备好游说工作。最终这项法案在州议会获得优先通过，学生们还应邀参加了州长的法律签署仪式[15]。

上述公民政治参与实例说明，公民政治参与对社会某方面的改进有一定促进作用。然而，学生公民参与政治活动或许能改进个别举措，却无法从根本上摆脱利益集团掌控的制度架构与法案设置[1]。正如汉娜·阿伦特（Hannah Arendt）、约翰·杜威（John Dewey）等学者指出：如果没有一种"总体性内容"作为支撑，便有可能使公民社会退化为大众社会，主体性参与让位于精英掌控。因此，公民教育实际上应该是也必须是全部教育转型乃至整体社会改造——然而在现行制度框架下这也只能是一种应然设想。

（二）社群参与实践对现实政治的遮蔽

与倡导公民直接参与政治不同的是，美国公民教育中的社群参与实践更突出社会性、地方性。托克维尔在《论美国的民主》中指出，"地方性自由"可以使大多数公民注重与邻里和亲友之间的情谊，化相互隔离为彼此协作，甚至因个人利益与社群利益的紧密关系而"迫使"他们互相帮助。杜威在《民主主义与教育》中认为，应加强学校教育所获得的知识与社会活动或职业之间的联结，公民智能如果不以当地社群为媒介便不能得到充分发挥——所谓公民德性，就是一个人能通过在人生各种身份中与他人交往，使自己充分地、适当地在共同体中成为他所能成为的人。

就美国公民教育而言，社群参与实践强调参与式民主的审慎、协商，强调公共决策中的公众讨论，突出培养学生商谈能力与达成共识的技能。一些美国公民教育研究者认为，参与社群的学习机会有助于培养"参与式公民"（participatory citizen）——这种公民能在地方、州和国家各个层面，积极参与公民事务和特定共同体的社会生活。学者米利特·麦卡特尼（Millett McCartney）认为："社群参与是一个包罗万象的术语，它既可以指公民个体形式的参与，也可以指群体参与。它聚焦于培养学生获得有关共同体或政治体制的知识，并在此基础上寻求解决社群问题之道。因此，学生公民与社群成员一道，通过共同探讨有关政治社会的议题，探索问题解决的方式，从而促进共同体福祉……学生通过对社区的细微了解达成对政治体制或政治议题的理解，有助于掌握有关美国民主的知识与技能，保持社会参与的动力与信心，从而发展为有能力的公民[16]。"

研究发现，当代美国公民教育中的社群参与实践，已经从课堂走向更为多样的共同体，努力使学生获得更为丰富的课外体验。

例如，在某学校一年级早会（morning meeting）的课堂里，苏珊·奥布莱恩和学生们一道探讨共同体事务。学校里的高年级学生已经发起了爱心树（The Giving Tree，直译为"给予树"）项目，为村镇避难所里的个人或家庭送上生日礼物。一年级的学生们想要寻找一种与众不同的服务项目。他们回想起自己刚入学时的新书包里塞满了学校提供的各种学习用品，于是决定收集学习用品，把捐赠而来的背包塞满，并以爱心树的名义提供给避难所里的学生。大家在参与这次服务计划时带着兴奋的心情，为背包募捐制作海报，并配上图片。他们把制作完成的海报放在黑板上展示，并张贴在学校的走廊里，鼓舞其他同学积极参与这项活动[17]。

---

1 譬如，美国具有影响力的特殊利益游说团体"全国步枪协会"（NRA），公开反对所有呼吁枪支管控的声音。特朗普政府的举措是把最低购枪年龄门槛从18岁提高到21岁这样的有限调整。

上述公民社群参与实例，有在"爱的奉献"中体现共同体关怀的可取之处。然而，美国公民教育社群参与也面临一系列问题。例如，如何依托历史文化重构"良序社群"，建构覆盖所有群体的"给予与接受的社会关系网络"；如何避免"地方社群膜拜"，实现地方社群向公共政治的提升；如何摆脱"以物的依赖性为基础的人的独立性"社会形态局限，构建真正的"命运共同体"；等等。还有一些敏锐的学者发现，公民教育的社群参与实践实质是对现实政治的遮蔽："此种社群参与活动倡导合作、宽容、效能等价值观，自觉不自觉地遮蔽了现实政治斗争与冲突……不利于公民教育面向社会的全景透视[18]。"

（三）少数异议实践对社会治理的挑战

"少数异议"（minority dissent）的公民实践侧重于对权力的抵抗，或为平等公民身份而斗争。在课堂教学中，往往呈现为即使是社会中最小部分群体也有实现平等权利之机会的教育叙事。美国政治传统自身提供着少数异议的历史叙事，如前述政治家麦迪逊在《联邦党人文集》中提出了著名的"麦迪逊悖论"：既要防止某种受共同激情、共同利益驱使而联合起来的各党派之间的纷争，又要保障公民维护自身利益的权利。美国女权运动的先驱人物伊丽莎白·凯迪·斯坦顿（Elizabeth Cady Stanton）、美国有色人种促进会创始人之一威·爱·伯·杜伯伊斯（W. E. B. Dubois）是持少数异议的代表人物。他们认为，被边缘化的群体也有要求平等地位的权利——那种共通的"被排斥感"，构成了包容性诉求的强有力理由。美国政治学者苏珊·赫伯茨（Susan Herbst）在《边缘政治学》一书中指出："被边缘化群体发起的政治活动，经常创造着'公共平行空间'，这是一个与主流群体相对的另一种话语世界，但是这个世界同样有着特定规则与共同体纽带[19]。"

若干美国当代公民教育学者也在教育领域主张少数异议，认为此种教育实践有助于引导学生关切现实生活世界，并促进政治社会体制变革。例如，前述学者罗斯主张"明智的社会批判"（Informed Social Criticism），奉行正义、平等的价值观，为学生提供检视、批评当下社会存在与反思传统习俗的机会，最终指向社会变革；前述学者韦斯特海默尔、卡恩等学者则主张"正义导向的公民课程"（The Justice-oriented Citizen Curriculum），致力于培养学生对社会政治经济问题的批判反思能力，探讨不正义现象发生之根由，并能审慎地提出针对性的行动策略。有美国学者甚至提出将塑造"工具性公民"转变为培养"解放性公民"："工具性公民仅仅行使简单的投票权，而解放性公民更强调与其他公民进行深层交往、公共辩论及公共反思，表示异议、发出抗议乃至进行革命[20]。"

研究发现，在公民教育教材中，有关于美国少数族群为争取自身权利而表达诉求或发起抗争的相关叙事；在公民教育教学中，有分享少数异议的故事以及论辩；在校园内外，也有反战学生遭处罚并自行组织发出抗议的鲜活案例。进一步研究发现，当代美国少数异议公民实践超出了狭义的学校公民教育，成为"通过公民的教育"。

例如，美国某高中学生穿了一件印有国际恐怖分子和美国前总统布什照片的T恤出现在校园中，以此来表达对美国反恐战争的看法。此外，该生还在一次作业中对布什和萨达姆两人进行了对比。校方发现后，担心他的行为可能会煽动阿拉伯裔学生的民族情绪，勒令该生要么立即脱下反战T恤，要么退学回家。该生最后选择了弃学回家。其后，该生以学校官员的行为违反宪法赋予的公民自由权利为据，通过所在的密歇根州公民自由联盟向联邦法院提起诉讼。最终，法官作出裁定：允许该生穿反战T恤去上学[21]。

通过上述实例可以发现，少数异议课堂叙事"易"，而落实到实践"难"。况且，由于家庭、学校、社会观点的差异，更由于政治体制的"三权分立"，少数异议本身也充满"异议"。

现实也表明，少数异议意味着公民有权挑战社会治理与干预公权力行使，造成一系列社会治理问题。如果一味地放纵公民去质疑、挑战权威，去反抗政府治理，那么将带来可怕的社会撕裂后果。良性社会治理不能建立在少数异议式的抗争基础上，而是要求所有公民都能理性平和地表达合理利益诉求，并且兼顾社会各方面的利益。因此，必须重视学校教育对学生公民实践的主导作用，教师也必须能帮助学生学会运用权利，获得公民合作与协商技能，从而提升参与社会治理的民主技能，养成促进社会和谐的公民美德。

参考文献：

[1] WAYNE R E, VINSON K D. Dangerous Citizenship [M] // WAYNE R E. The social studies curriculum: purposes, problems and possibilities. New York: State University of New York, 2014: 102.

[2] KERWICK J. The neoconservative conundrum [J]. Modern age, Winter/Spring, 2013, 55 (1/2): 9.

[3] Independent Lens. Precious knowledge [EB/OL]. (2003-01-01) [2018-10-15]. http://www.pbs.org/independentlens/precious-knowledge/film.html.

[4] PARRY G. Constructive and Reconstructive Political Education [J]. Oxford Review of Education, 1999, 25 (1/2): 23-28, 34.

[5] [10] [15] National Council for the Social Studies. Expectations of Excellence: Curriculum Standards for Social Studies [M]. Maryland: NCSS, 1994: III, 3, 105-106.

[6] WESTHEIMER J, KAHNE J. Educating the "good" citizen: Political choices and pedagogical goals [J]. Political Science and Politics, 2004, 37 (2): 243.

[7] WAYNE R E. Negotiating the politics of citizenship education [J]. Political Science and Politics, 2004, 37 (2): 250.

[8] Houghton Mifflin Social Studies. I know a place (teacher's edition) [M]. Boston: Houghton Mifflin co., 1997: 8-11.

[9] WESTHEIMER J. Introduction-the politics of civic education [J]. Political Science and Politics, 2004, 2 (4): 232.

[11] [14] BENJAMIN B. Strong democracy: participatory politics for a new age [M]. Berkeley: University of California, 1984: 234.

[12] DAHL R A. Democracy and its critics [M]. New Haven: Yale University, 1989: 97.

[13] National Standards for Civics and Government [M]. California: Center for Civic Education, 1994: 17.

[16] Alison Rios Millett McCartney. Teaching Civic Engagement: Debates, Definitions, Benefits and Challenges [M] //Alison Rios Millett McCartney, Elizabeth A. Bennion and Dick Simpson. Teaching Civic Engagement: From Student to Active Citizen. Washington, D.C.: American Political Science Association, 2013: 13-14.

[17] National Council for the Social Studies. Expectations of Excellence: Curriculum Standards for Social Studies [M]. Maryland: NCSS, 2010: 79.

[18] ROBERT M. Just the Facts Ma'am (and a Few Stories): What We Need in Civic

Education [J]. The Midsouth Political Science Review, 2012, 13 (1): 37-51.

[19] SUSAN H. Politics at the Margin: Historical Studies of Public Exion outside the Mainstream [M]. New York: Cambridge University, 1994: 181.

[20] JESSICA A, HEBACH J A, SHEFFIELD E C. Creating citizens in a capitalistic democracy [M]//. PETROVIC J E, KUNTZ A M. Citizenship education around the world. New York: Routledge, 2014: 70.

[21] American Civil Liberties Union. Freedom Under Fire: Dissent in post-9/11 America [R]. New York: American Civil Liberties Union, 2003: 14-15.

（作者于希勇系浙江工商大学马克思主义学院副教授，浙江大学博士后，博士。）

公民行动：美国学校公民教育的新模式

李潇君

导读：近年来，美国公民教育学界和教育实践者倡导一种新的体验式公民教育策略——"公民行动"，它集合了公民教育中的积极青年发展、社会—情感学习、服务学习等思想，基于以"变革"为核心的理论，聚焦观点表达、专业技能、集体行动、反思意识四个核心要素，旨在推动一种"以学生为中心的、基于项目的、高质量的"公民教育。在实践层面，这种教育模式被纳入美国国家和各州的课程标准，并依托相关"公民行动"项目，逐渐成为美国学校公民教育的主流模式。

当前，为应对教育和赋权机会不平等的问题，美国公民教育领域倡导以一种"以行动为中心"的体验式教育教授学生公民知识和公民技能，以促进青少年发展。"公民行动"（action civics）教育模式正是基于这一理念，主张学校教育不仅应当关注社会体系中的基本要素，教授公民学知识，更应当让学生对改进社会体系提出自己的见解，以集体行动推动变革，培养反思和探究意识，使学生具备成为积极的、负责任的公民应有的知识、技能和态度，以缩小低收入、弱势种族青少年与富有的白人青少年在公民知识、行为、态度方面存在的公民赋权差距。

一、"公民行动"的理论溯源

公民行动是当今美国教育界最新兴起的公民教育模式，然而它并不是一个全新概念，"积极青年发展理论"（Positive Youth Development，PYD）、"社会—情感学习理论"（Social and Emotional Learning，SEL）、"服务学习理论"（Service Learning Theory）为"公民行动"提供了丰富的理论来源。

（一）积极青年发展理论

自20世纪90年代初起，公民教育界就开始转向关注青少年的积极发展和公民参与。这种转变对高风险测试下纯粹关注学术技能的教育实践产生了极大挑战，启示教育者应当以培养"全人"为目标指向，兼顾学生认知技能与"非认知技能"或软技能的发展。理查德·勒纳（Richard Lerner）等指出，积极青年发展理论旨在培养"五C"——能力（competence）、信心（confidence）、品格（character）、联系（connection）、关心（caring），最终通向第六个C，即社区/公民贡献（contribution）[1]。斯坦福大学青少年中心主任威廉·戴蒙（William Damon）教授是这一理论的有力倡导者，他认为传统研究更多关注的是青少年在成长过程中遇到的问题，如学习障碍、情感障碍、反社会行为、动机和成就感缺乏、酗酒、吸毒、青春期心理危机等。这种以"问题"为中心看待青年人的视角也影响和主导了大众传媒、公众思维以及相关领域研究。相反，积极青年发展理论将青年人视为社会的"资源"而非"问题"，关注青年人，包括那些处于弱势地位的或过去表现欠佳的人所展示出来的独特才华、优势、兴趣以及未来的潜能，旨在理解、教育并使他们参与到富有成效的活动中，享有充分的权利和义务，为社区的完善发展作出贡献[2]。理查德·卡塔拉诺（Richard Catalano）等提出"积极青年发展"应包含如下教育目标：提升社会、情感、行为、认知和道德能力；培养心理弹性；建立自我效能感；家庭和社区对青年人行为提出清晰标准；增强成人、同伴、青年人之间的良好关系；促进亲社会行为发展等[3]。总之，积极青年发展理论反对消极地看待个体发展，致力于培养积极参与社会活动、具有社会责任感的合格社会成员。它强调青年发展的可塑性和可持续性，是一种积极的青年发展观。

（二）社会—情感学习理论

社会—情感学习理论的提出已有二十余年，近年来再度引起教育者、政策制定者以及家长的关注。对于它的具体内涵、维度和边界，学界始终未能达成共识，但普遍认为其核心是儿童和青年了解、管理个人情绪以及与人交往的有利方法，从而在求学、工作、处理人际关系以及形成公民身份方面取得成功[4]。学者们也提出不同的解释框架，如罗杰·魏斯伯格（Roger Weissberg）等认为"社会—情感学习"包含五种类型的能力：自我意识（能够明确自身的情感、思维和价值观以及理解它们如何指引行为）、自我管理（能够在不同情境中成功调节个人的情感、思维和行为，建立目标并为之奋斗）、社会意识（能够换位思考，理解行为的社会和伦理准则）、交往技能（能够清晰沟通、良好倾听、与人合作，抵制不合宜的社会压力，建设性地对冲突进行协商等）、负责任地决策（能够基于伦理标准、安全考虑和社会标准作出关于个人行为与社会交往的建设性选择）[5]。斯蒂芬妮·琼斯（Stephanie Jones）将其概括为三种类型的能力：认知调节（集中注意力，计划并解决问题，协调行为，作出选择）、情感过程（确认、表达、调节个人情绪并理解他人的情绪）和人际交往技能（准确理解他人的行为，有效应对社会情境，与同伴和成年人积极互动）。

研究表明，"社会—情感学习"技能是可塑、可教、可习得的。一些致力于推动"社会—情感学习"的专门性机构也相继成立，如"学术、社会和情感学习协作组织"（Collaborative for Academic, Social, and Emotional Learning, CASEL），它支持美国50多个学区将多种多样的"社会—情感学习"项目引入学校，并推动州政府制定相应政策和标准。这些学校项目通过特定课程直接教授"社会—情感学习"技能，通过教师与学生之间的互动方式改变学校环境和校园文化，通过影响学生的思维方式提升他们对自我、他人和周围环境的感知[6]。目前，全美50个州都颁布了学前教育阶段的"社会—情感学习"标准，其中，伊利诺伊州、堪萨斯州、西弗吉尼亚州和宾夕法尼亚州的标准覆盖整个K-12阶段（幼儿园至12年级）。实践证明，作为一种普遍性的干预措施，"社会—情感学习"能够有效促进学生的学业进步，减少行为和情感问题的发生，提高公共卫生状况。

（三）服务学习理论

服务学习既是一种教育理念，也是一种课程工具和学习组织方式，在美国有悠久的传统。百年前，实用主义教育学家杜威等教育改革者就倡导在真实的情境中进行体验式学习。根据美国"国家服务法人团体"（Corporation for National Service）的定义："服务学习是学生通过积极参与有组织的服务进行学习、获得发展的方法。它满足社区的需要，与各级学校协作，与社区服务项目结合，培养学生的公民责任感；它融入核心的学术课程，并提供时间让学生反思服务体验[7]。"尽管理论界对服务学习有不同的定义，但对其质量标准存在普遍共识，由13个服务学习组织共同颁布的《服务学习基本要素》（Essential Elements of Service Learning）提出，有效的服务学习应当有明确的教育目标，使学科的概念、内容和技能得到具体应用；学生参与的服务有明确的目标，满足学校和社区的真实需要，对自己和他人产生有意义的影响；运用形成性和终结性评价，记录和评估学生对内容与技能的掌握程度；在选择、设计、实施、评价服务项目的过程中充分听取学生的意见；促进与社区的交流互动，鼓励协同合作；为服务做好预先准备，包括对任务以及所需技能和信息的清晰理解、要注意的安全事项等；服务活动前后及过程中的反思和批判性思考等[8]。实践表明，服务学习能够对个体和社会发展、公民责任感、学业成就、生涯探索、学校和社区产生积极影响。

20世纪90年代以来，美国联邦政府相继颁布有关社区服务的相关法案，从国家顶层设计上支持和推动服务学习的开展，如《国家和社区服务法案》（National and Community Service Act）《国家服务信托法案》（National and Community Service Trust Act）《民主教育法案》（Democratic Education Act）等，服务学习得到了立法和资金方面的大力支持。进入21世纪后，服务学习在美国得到空前发展，《不让一个孩子掉队法案》（No Child Left Behind Act）《公民服务法案》（Citizen Service Act）等都针对服务学习的内容、时长、评价方面作出具体规定，并通过实施"美国自由团""学生服务美国"等项目，推动美国青少年积极参与各类志愿服务。总之，服务学习是一种将社会服务与课程紧密相连的教学和学习策略，将课程任务、讨论、反思融入社区服务和解决实际生活问题之中，促进学生知识技能的获得，并使其在关注社会和关心他人的过程中成长为一个富有社会责任感并有能力服务社会的人。

综上所述，积极青年发展理论、社会—情感学习理论、服务学习理论是对传统公民教育形式的超越，其中关于积极参与、体验式学习、同伴交往、协商合作等方面的研究为"公民行动"提供了丰富的理论基础，经过研究者和教育实践者的不断发展与推广，这一教育模式逐渐成为当今美国公民教育的主流模式之一。

二、"公民行动"的内涵阐释

在当今美国公民教育中，教育和赋权机会分配的不平等备受学界瞩目。梅拉·莱文森（Meira Levinson）、亚历山大·蒲柏（Alexander Pope）的研究都表明，低收入、弱势种族青少年与富有的白人青少年在公民知识、行为、态度方面存在差异，即"公民赋权差距"，这种差距和学业差距一样令人担忧[9][10]。在此背景下，美国政府和学界开始倡导一种新的体验式公民教育策略，即"公民行动"。

（一）"公民行动"的定义

2010年，为回应美国公民教育界对青少年公民参与的兴趣与关注，致力于推广"公民行动"教育模式的专门机构"美国国家公民行动联盟"（National Action Civics Collaborative，以下简称NACC）宣布成立，"公民行动"一词也迅速得到政府和学界的关注。NACC在其成立的初始纲领中，将"公民行动"称之为"复兴民主传统的宣言"（A Declaration for Rejuvenating Our Democratic Traditions），指出美国民主处在危险之中，这种危险不是来自外部的威胁，而是来自内部的倾向，是公民活动和公民能力的削弱。美国的民主不是一场已经赢得的胜利，而是一个逐步完善的过程，需要持续关注、培育和革新，这其中最重要的是让公民进行有意义的参与。根据NACC对公民行动的界定，设计公民行动教育的目的是促使"公民能够积极有效地参与社区和更广范围的社会政治活动"[11]。"公民行动"与服务学习并不完全相同。服务学习通常不带有强烈的政治敏感或政治承诺，行为的动机以服务为导向，其所倡导的"为他人做事"传达了一种普遍的道德关切，使学生倾向于发展成为具有亲社会价值观、志愿主义、良好邻里关系的"负责任的公民"。这类服务更多强调个人行为而非集体行动，学生容易获得即刻或短暂的成功体验，而不能解决体制或结构问题[12]。因而，服务学习也隐含了一种政治伦理，即赞成维持现状，弱化社会变革。相反，公民行动是一种有指导的体验式公民教育方式，在这种模式下，学生不是被教授有关公民学的知识以及进行冗长乏味的机械记忆，而是真正像公民一样行事，不但能解决自己关心的问题，而且能了解有效参与公民行动，尤其是政治行动的原则，从而参与长期的、有组织的政治和其他推动变革的活动，如参与公共政策的制定、建立联盟、提升公共意识等，而不是仅限于短期的志愿服务和改良措施。

（二）"公民行动"的实践模型

2012年，美国前任联邦教育部部长阿恩·邓肯（Arne Duncan）提出要在全国推行"公民行动"教育模式，并称其为"新一代公民教育"[13]。"美国国家公民行动联盟"将基于"变革"为核心的理论（Theory of Change）作为指导"公民行动"实践的理念和教学模型，旨在推动一种"以学生为中心的、基于项目的、高质量的"公民教育，以缩小公民赋权差距。

"公民行动"以现实问题为导向，直击当今美国社会被边缘化的青少年群体不能平等发表意见、公民赋权差距日趋加大的问题与挑战，聚焦四个核心要素：观点表达、专业技能、集体行动、反思意识。首先，"公民行动"提倡给予青少年分享知识的机会，在对自己、朋辈以及社区产生影响的问题上作出积极的决断。它提倡创建一种开放式的课堂氛围，莱文森曾提出这种开放式的课堂氛围能够支持真实、活跃的课堂讨论，教师通过在教学中设置争议性问题，鼓励学生深入探究和分析各种观点以及解决问题的方法，并自由发表见解。学生与同伴、教师的平等对话能够培养欣赏、包容、分享的情感态度，有助于塑造宽容、理解等公民品性，促使他们未来能够在学校内外广泛参与政治讨论[14]。其次，"公民行动"鼓励利用青少年看待学校、社区的独特视角和技能，依托相应的项目，使公共政策的讨论变得深入并富有活力。再次，"公民行动"倡导进行集体行动以推动变革，而不局限于"基于事实的、教科书取向的"公民课，重视青少年的价值观实践。最后，"公民行动"将反思和探究作为教育实践的关键环节，重视学生独立思考和理性判断，培养学生的反思意识。传统的公民和道德教育是基于政治社会化与行为主义的方法灌输价值观和美德，而个体独立推理、批判性思维能力的发展是民主社会必备的道德素养，是公民生活的重要组成部分。这一基于"变革"为核心的理论成为实施"公民行动"的理念原则和路径方法。

基于上述框架，具体的教育过程由六个步骤组成，一是审视社区，分析学校、社区以及国家的优势与问题；二是确认关键问题，识别与个人相关的问题，通过根源分析，聚焦最显著的问题；三是做研究，研究并寻找促使问题解决的证据；四是制订策略，寻找社区合作伙伴，共同商定行动策略；五是采取行动，针对具体问题，采取集体行动；六是反思/展示，将反思贯穿于整个教育和学习过程，培养学生的领导技能，改善他们的公民实践。一些组织直接遵照上述过程，以课程或活动的方式开展公民教育，也有一些组织通过培训教师、青年志愿者或是大学生的方式间接进行。在个人和集体层面，"公民行动"模式能够产生以下教育成效：一是公民和文化转型，包括机构、组织、学校文化的转变，对学生刻板印象的转变，教学方法和课堂氛围的改善，政策、预算和物理环境的变化；二是成为21世纪积极的青年领袖，促进学生的协商合作能力、沟通交流能力、批判性思维、专业素养、主体性的提升；三是成为积极、知情的公民，学生的公民学知识增加，对选举、社区和公民参与的责任感增强，促进社会变革的公民效能感以及公民认同感的提升；四是公民参与度提高，学生在关键问题上持续与政策制定者沟通交流、持续接受教育并参与倡议活动，在公众场合发表证言；五是公民创造力提升，学生在慈善、社区服务、媒体等领域充分发挥创新精神；六是学业成就提高，学生的分数、毕业率、出勤率、专业技能显著提高，大学招生和毕业人数增多等。以上既包含短期的教育成果，也包括长期的教育成就，它们相辅相成、相互促进，加强和推动着整个社会的民主进程[15]。

三、"公民行动"教育模式的实践应用

"公民行动"一经提出，得到了美国公民教育理论界、各级教育行政管理部门以及全国性组织的广泛推广，基于以"变革"为核心的理论和实践模型，其实践应用表现为以下方面。

（一）纳入国家和州的课程标准

20世纪八九十年代，美国教育界兴起了大规模的课程标准化运动，旨在提高公立学校的教学质量，规范中小学的课程教学与评价。1993年，克林顿政府颁布《2000年目标：美国教育法》，以立法的形式明确了课程标准的编制。2010年，美国正式颁布了全国统一的课程标准——《共同核心课程标准》（The Common Core State Standards），对K-12阶段学生的数学和英语读写能力作出明确说明。进入21世纪，《不让一个孩子掉队法案》继续强调对学生的读写能力和科学素养的培养，但在一定程度上忽视了学生公民能力和品性的发展，这引起了美国教育界及相关专业组织的高度关注。2013年11月，美国社会科委员会（National Council for the Social Studies）颁布了最新修订的社会科课程国家标准——《大学、职业和公民生活框架：社会科课程国家标准》（以下简称《C3框架》），旨在解决社会科在中小学课程体系中被边缘化的问题，鼓励学生积极进行公民参与。《C3框架》超越了《共同核心课程标准》对学生读写能力的强调，从大学、职业、公民生活三个角度构建价值目标，旨在培养有知识、会思考、积极行动的公民，为学生的大学生活、毕业后的职业选择以及未来的公民生活做准备。它突出公民实践的重要意义，并将"采取理性行动"作为最后一个维度的内容，也是最为显著和最具创新性的内容，鼓励和支持学生参与公共事务，与他人协商合作，采取建设性的、独立的、集体的行动，并对行动进行反思，从亲身实践做一个好公民中来学习公民学及社会科其他分支学科（见表1）。通过选举、追踪实事、加入志愿组织等活动，学生发展了未来大学和工作领域所强调的"21世纪技能"，并在此基础上形成一种态度和行为倾向，建立及信奉某种价值评价，连续将价值加以内化，形成稳定的性格特征并长期指引自身行动。从这一内容看，《C3框架》呼应了近年来兴起的"公民行动"教育模式，是倡导这一教育模式最具代表性的课程标准。标准颁布后得到大力推广，大量学者和教育一线工作者的研究与实践反馈表明，这种突出实践的公民教育模式能够显著增强学生的自我效能感和政治效能感，提升参与公民生活的期望和公民责任感。

表1 《C3框架》的组织结构[16]

维度一 形成问题和计划探究	维度二 应用学科工具和概念	维度三 评估资源和运用证据	维度四 交流结论和采取行动
形成问题和计划探究	公民学	搜集和评估资源	交流和批判结论
	经济学		
	地理	形成主张和运用证据	采取理性行动

美国是一个教育分权的国家，联邦政府主要通过立法和拨款两种方式对教育施加影响，而州政府有权制定符合自身实际需要的教育政策、课程标准、教学内容、考核评估办法等。尽管目前各州没有直接以"公民行动"命名的教育政策，但多数州都通过行政法令支持和推动"公民行动"的开展。2018年，马萨诸塞州将一项公民教育法案签署为法律，得到美国两党以及参议院、众议院的共同支持。该法律规定，所有学校都要教授美国历史和公民学课程，并在8年级和高中阶段为学生提供至少一项由学生领导的、无党派性的公民教育项目，这与"公民行动"具有相似的内涵与要求。同时，建立"公民项目信托基金"，为教师专业化发展、考核评估、公民学标准的实施提供专项资金支持。这是当前美国关于公民教育最全面的法律，对"公民行动"教育实践具有直接的推动作用。伊利诺伊州、田纳西州、华盛顿州等也以立法的形式颁布了与"公民行动"相关的政策，为学生长久、持续地接受公民教育提供有力支持[17]。目前，美国50个州都制定了关于公民教育的课程标准和框架，包含了"公民行动"的核心宗旨和原则，如审视社区、确认问题、调查研究、制订策略、采取行动、反思展示等，指导"公民行动"的教育实践。加利福尼亚州教育委员会制定的《历史—社会科学框架：9~12年级的教学实践》（History-Social Science Framework: Instructional Practice for Grades 9~12）中关于公民学的教学指南涵盖了"公民行动"的主要环节。例如，根据有效性、公平性、成本、结果等因素，对规则、法律以及公共政策作出评价，并针对其存在的问题和缺陷提出修改意见或制定新的规则；通过民主协商，衡量不同观点，对有争议的政治和社会问题作出判断；运用学科知识以及多种途径获取证据，对相关问题展开正反两方面的论证；从公民学、经济学、地理、历史等学科视角，分析特定学校或社区学校的相关问题，提出解决策略，采取个人或集体行动，在课堂之外予以展示介绍[18]。这些课程标准都一致主张将公民教育活动与形式多样的课堂内容相融合，加深学生对公民美德、民主原则、协商程序的理解，在顶层设计上为"公民行动"提出目标要求和实践指引。

（二）依托专业组织推广"公民行动"项目——以"一代公民"为例

为了在实践层面促进"公民行动"教育模式的大规模推广，一些全国性的专业组织在美国相继成立或进行联合，如"一代公民"（Generation Citizen）"地球卫队"（Earth Force）"麦克华挑战"（Mikva Challenge）等。每个组织都有各自的宗旨、目标群体和实施模式，主要分为三种类型：直接实施"公民行动"项目，培训"公民行动"项目合作者（教师、青年工作者、大学生），雇佣项目工作人员和合作者。其中，"一代公民""地球卫队"等实施的"公民行动"教育项目，在美国K-12教育阶段产生广泛影响。

"一代公民"是美国最早倡导和推广"公民行动"教育模式的非营利组织，是"美国国家公民行动联盟"的创始成员之一，在其宗旨说明中明确提出"致力于保证所有学生都有权利和机会接受'公民行动'教育，为使他们成为民主社会中积极参与的公民做准备"[19]。自2008年成立起，该组织已经为美国7个州的5万余名学生提供相关课程、指导、辅助等，在全国范围内的初、高中开展以行动为导向、以课程标准为参照、以社区为基础、以学生为中心的"公民行动"项目。

根据《"一代公民"2018年年度报告》（Generation Citizen 2018 Annual Report），本年度，"一代公民"共筹集资金逾470万美元，聚焦正义与平等、公共安全、卫生、环境、教育与学生心声、经济与就业等主题。如纽约市威廉斯堡学院特许学校（Williamsburg Collegiate Charter School）实施的食品安全项目，该校初中生担忧附近地区学生的食品安全问题，力图提高学校餐厅在食物种类和卫生条件方面的水准，为此他们调查研究了纽约市公立学校餐厅的管理规定，并倡议支持市议会的法案，要求学校餐厅公布卫生监督得分。2018年夏，纽约市议会将此项法案签署为法律，使人们能够实时关注并问责学校用餐设施状况，扩展和加深了学生在公立学校、家庭、社区中对健康食物选择的话语权。另一具有影响力的项目案例是得克萨斯州学生回应帕克兰枪击案采取的行动。2018年2月，佛罗里达州帕克兰市一所高中发生枪击案，造成17人死亡，数十人受伤。枪击案发生后，全美各地青年举行游行和抗议。得克萨斯州"一代公民"项目的课堂中，学生提出保证学校安全的若干举措。奥斯汀科林中学（Kealing Middle School）组织了"行动一天"活动，学生组织召开市民大会，与议员、奥斯汀警察局以及专业组织等进行对话。在麦卡勒姆高中（McCallum High School），学生请求行政管理人员引入由学生、教师、职员、行政管理人员组成的"学校安全咨询委员会"，共同寻找保证学生在校安全的持久性解决方案。在"东区纪念高中"（Eastside Memorial School），学生在通往学校的每一个入口张贴海报，提醒学生和教职工锁住外门以防止陌生人进入，所有访客都必须从前厅进入并进行登记[20]。以上项目反映了"公民行动"教育模式倡导的行动性、主体性、反思性等原则，促进学校、周边社区乃至更大范围的社会发生实质性变革。除日常的项目活动之外，"一代公民"还募集资金，每学期末在各项目实施所在地组织"公民日"（Civics Day）活动，将学生聚集在一起以展示他们的公民行动项目，让学生亲身体验项目的影响力以及社区在青年人的领导下发生的改变。根据《"一代公民"2017—2020年战略规划》（Generation Citizen 2017—2020 Strategic Plan），该组织将继续在全美范围内推广"公民行动"教育模式，筹措近745万美元专项资金，与州教育委员会共同推动"公民行动"的立法以及相关政策和条例的制定；扩大"公民行动"资源和项目的实施范围，惠及更多边远地区的学生和教育工作者[21]。

参考文献：

[1] LERNER R, LERNER J, BENSON J. Positive youth development[J]. Journal of Early Adolescence, 2005, 25(1): 10-16.

[2] DAMON W. What is positive youth development?[C]//PEARSON R W. The annals of the American academy of political and social science. Thousand Oaks: Sage Publications, 2004: 13-24.

[3] CATALANO R, BERGLUND L, RYAN J, et al. Positive youth development in the United States: research findings on evaluations of positive youth development programs[C]// PEARSON R. The annals of the American Academy of Political and Social Science. Thousand Oaks: Sage Publications, 2004: 98-124.

[4] HUMPHREY N, KALAMBOUKA A, WIGELSWORTH M, et al. Measures of social and emotional skills for children and young people: a systematic review[J]. Educational and Psychological Measurement, 2011(71): 617-37.

[5] WEISSBERG R, DURLAK J, DOMITROVICH C, et al. Social and emotional learning: past, present, and future[M]//DURLAK J, DOMITROVICH C, WEISSBERG R, et al. Handbook for social and emotional learning. New York: Gulford, 2015: 3-19.

[6] JONES S M, DOOLITTLE E J. Social and emotional learning: introducing the issue[J]. The Future of Children, 2017(27): 3-11.

[7] Corporation for National Service. National and Community Service Act of 1990[EB/OL]. (1990-11-16)[2019-03-13]. https://en.wikisource.org/wiki/National_and_Community_Service_

Act_of_1990.

[8] BILLIG S H. Research on K-12 school-based service-learning: the evidence builds [J]. The Phi Delta Kappan, 2000(81): 658-664.

[9][12][14]梅拉·莱文森. 不让一个公民掉队[M]. 李潇君, 李艳, 译. 北京: 人民出版社, 2016: 8, 212, 181-184.

[10] POPE A, STOLTE L, COHEN A K. Closing the civic empowerment gap: the Potential of Action Civics [J]. Social Education, 2011, 75(5): 267-270.

[11] National Action Civics Collaborative. Mission Statement[EB/OL]. (2013-05-20) [2019-3-20]. http://actioncivicscollaborative.org/about-us/mission/.

[13] DUNCAN A. "For Democracy's Future" Forum at the White House[EB/OL]. (2012-01-10) [2019-02-14]. http://www.ed.gov/news/speeches/secretary-arne-duncans-remarks-democracys future.

[15] GINGOLD J. Building an evidence-based practice of action civics: the current state of assessments and recommendations for the future [R]. Boston: The Center for Information & Research on Civic Learning & Engagement at Tufts University. Circle Working Paper #78. 2013: 10.

[16] National Council for the Social Studies (NCSS). The College, Career, and civic life (C3) framework for social studies state standards: guidance for enhancing the rigor of K-12 civics, economics, geography, and history [S]. Silver Spring: MD, 2013: 12.

[17] Trough an Action Civics Lens: Policy and Advocacy to Support Effective Civics Education Across the 50 States[EB/OL]. (2018-11-1) [2019-02-05]. https://generationcitizen.org/wp-content/uploads/2018/11/Through-an-Action-Civics-Lens.pdf.

[18] California Department of Education.2016 History-social science framework: instructional practice for grades 9-12[EB/OL].(2016-02-10) [2019-05-01]. https://www.cde.ca.gov/ci/hs/cf/hssframework.asp.

[19] Generation Citizen. Mission and Vision[EB/OL]. (2010-08-16) [2019-05-05]. https://generationcitizen.org/about-us/mission-vision/.

[20] Generation Citizen. Generation Citizen 2018 Annual Report[EB/OL]. (2018-11-11) [2019-05-05]. https://generationcitizen.org/wp-content/uploads/2018/11/2018-GC-Annual-Report_Web.pdf.

[21] Generation Citizen. Generation Citizen 2017-2020 Strategic Plan[EB/OL]. (2018-02-14) [2019-02-05]. https://generationcitizen.org/strategic-plan-2017-2020/.

（作者李潇君系东北师范大学思想政治教育研究中心副教授，法学博士。）

意大利公民教育发展的历程、实践与思考

安阳朝,贾利帅

导读:意大利公民教育历经三个历史阶段,分别为游离期、政策化期和全球化期。其主要实施举措包括开设公民教育课程、学校联合多元组织开展公民教育实践活动、拓展校外公民教育路径。意大利公民教育从而在整体上呈现出发展方向由"非正规化"到"政策化"、教育主体由"单一的学校课程"到"多元化主体参与"、教育方法由"训练式"到"体验式"的三大特征,并积累了重视政府主导、调动多元教育主体、开发"体验式"教育资源等经验。

公民教育是意大利国民关注的重要议题。在全球化的背景下,意大利的公民教育走在欧洲国家的前列并为欧盟所称赞。"据一项意大利全国性的调查研究表明,96%的公民希望关注青少年的公民教育[1]。"目前,公民教育的研究成果主要集中在德国、美国、日本、新加坡、英国、法国和韩国等国家,而与意大利公民教育相关的研究成果尚未形成。探索意大利公民教育的发展历程与实施状况,意在审视和梳理其不足与经验。

一、意大利公民教育的发展历程

意大利的公民教育历经政府与天主教会之间的游离期、政策化期和全球化期三个历史阶段。"'公民教育'(educazione civica)、'政治教育'(educazione politica)均是指代这项实践活动的学术术语,而较为常用的为'公民教育'[2]。"

(一)游离于政府与天主教会之间的公民教育

自1861年意大利统一成为意大利王国起,"政府面临一个十分棘手的问题:如何正确处理其与天主教会的关系。作为一个宗教国家,天主教对意大利社会各方面的影响极大,许多天主教徒只知天主教会,却不知还存在一个意大利政府"[3]。基于此,意大利政府迫切需要采取相关措施使民众具备"国家"意识。然而,由于天主教在意大利根深蒂固,意大利政府塑造"国民"意识的成效不尽如人意。在意大利政府与天主教会双重力量的作用下,这一时期民众教育的内容分化为两部分:"一方面,在公共领域政府通过公立学校向学生传输国家概念,使学生具备一种国家归属感;另一方面,在私人领域天主教会通过道德说教向民众传输与宗教相关的价值观,影响民众的道德认知、自我认同感和国家归属感。这一时期的公民教育呈现出'二元隔离'的特征(即公共领域与私人领域的教育内容相悖离),这常常使政府建构国家意识和国家归属感的计划落空,民众难以形成'统一的意大利'国家概念[4]。"

20世纪初,法西斯主义逐渐成为影响意大利公民教育发展的另一个重要因素。法西斯不仅极力向民众灌输国家意识,而且又通过学校传播法西斯主义。虽然这一时期的法西斯主义很猖獗,

但是天主教依然在民众的私人领域占据重要地位，影响着民众的道德认知。如通过公开的教义讲授、礼拜天等宗教性活动传播天主教教义。"法西斯统治时期，公民教育的主要目的是向民众灌输法西斯主义和军事化思想意识，进而保证所有青年人认同法西斯集权主义，最终统治人们的全部[5]。"

第二次世界大战后，伴随着意大利国家宪法的颁布，国内出现了三种抵制法西斯主义的潮流：社会共产主义、自由民主主义和天主教教义，并声明要肃清意大利国内现存法西斯主义的残留部分。这三种思潮虽然相互共存，但它们所内蕴的价值观念相互冲突，这不利于"统一的意大利"公民意识的形成。这一时期，虽然意大利政府逐渐意识到公民教育的重要性，但是由于政权不断更迭与社会各方面百废待兴的客观现实，针对公民教育发展的政策屈指可数，公民教育议程被推延，以致整个国家主要由天主教会对民众进行宗教教育。

（二）公民教育政策化时期

20 世纪 50 年代，公民教育写入政府文件之中，成为中小学教育的重要内容，开启意大利公民教育的政策化时期。"二战后，整个欧洲社会呈现出秩序混乱、经济不景气、人民生活质量下降的境况，这迫切需要一场社会改革，使欧洲走出困局[6]。"在此背景下，1947 年，意大利出台了《意大利共和国宪法》（Constituzione della Repubblica Italiana），对社会的方方面面进行了较为系统与全面的规定。然而，"公民"（civica）一词频频出现在《意大利共和国宪法》中，但当时民众对"公民"这一概念的认识仍很模糊，尤其是在教育领域，学校并没有开设与"公民"相关的课程。为此，"时任意大利教育公共部部长的阿尔多·莫罗（Aldo Moro）在 1957 年教育政府文件中提出要在意大利中小学课程中开设公民教育相关课程，这是公民教育首次在官方文件中出现[7]。"随后 1958 年，意大利政府便正式颁布《在中学和艺术教育学校教授公民教育的方案》（Programmi per l' insegnamento dell' educazione civica negli Istituti e Scuole di istruzione secondaria e artistic），开始介入学校公民教育，对学校如何进行公民教育作了相关规定，如学校设立公民教育课程、每个月两小时的课时、由历史教师担任。公民教育的主要内容为学习意大利国家宪法及其精神。从这一时期起，意大利政府逐渐开始重视学校公民教育，并不断出台举措完善公民教育。

20 世纪 70 年代，意大利中小学公民教育的教育内容得到进一步拓展。1979 年颁布的《初中公民教育新项目》（Nuovi programmi per la scuola media），规定将公民教育板块纳入初中教学大纲计划中，对初中生进行公民教育。1985 年针对小学如何实施公民教育颁布了《小学公民教育项目》（Programmi per la Scuola elementare），规定在小学建立"社会学习和社会生活项目"（Studi sociali econoscenza della vita sociale），旨在向小学生传播社会规则和准则，使其成为守法的小公民。

20 世纪 80 年代，意大利中小学公民教育以立法方式获得保障。1989 年针对大量移民儿童进入意大利校园，政府及时出台了《义务教育阶段移民儿童一体化法案》（Inserimento degli stranieri nella scuola dell' obbligo），对移民儿童如何融入意大利社会，形成正确的归属感和认同感进行了规定。2008 年意大利政府颁布《公民与宪法》（Cittadinanza e Costituzione）法案，明确指出对学生进行公民和宪法教育。为了进一步实施这一举措，2009 年出台了配套法案《关于教授公民与宪法的试点》，对各类型学校如何实施公民教育进行了详细阐释。

自 1958 年首个国家公民教育法案颁布以来，在之后近半个世纪的时间里，意大利不断出台公民教育相关法案，培养学生的国家认同感和归属感。这半个世纪可以看作是意大利公民教育的政策化时期,即逐渐将公民教育从天主教会手中过渡到政府手中,并以一系列法案将这一过程具体化。

(三)公民教育全球化时期

随着全球化进程的推进,意大利公民教育进入新的阶段。"近年来,在全球化背景下如何发展公民教育,如何正确区分全球公民与国家公民,逐渐成为公民教育研究领域的一个焦点话题[8]。"

2006年12月18日,欧盟出台了《欧盟关于培养终身学习的关键要素的建议》(European Union's Suggestions on the Key Elements of Lifelong Learning),并提出在全球化背景下培养积极公民的目标。在这一建议的影响下,2010年,意大利政府出台《公民教育公告信》(Circular Letter),扩展了公民教育课程"公民与宪法"(Citizenship and Constitution)的内容。"公民与宪法"的主要内容分为五大板块:环境教育、道路安全教育(交通法规)、健康教育(基本的急救知识)、食物教育和意大利宪法教育。"这些主题旨在使学生成为积极的公民,使他们具备必要的知识、技能和情感价值观,进而为社会发展贡献自身力量[9]。"

"2010年,欧盟委员会针对全球化背景下如何发展公民教育出台了一份建议,即《民主公民与人权教育》(Education for Democratic Citizenship and Human Rights Education)[10]。"《民主公民与人权教育》指出"体验式学习"在公民教育中的作用,该方法后被意大利公民教育所采纳。欧盟这一建议的出台,迅速在整个欧盟内引起一场关于公民教育的讨论和改革。按照这一建议,各国纷纷就本国的公民教育进行改革。《公民教育公告信》也正是在这个背景下出台的,并对公民教育的教学内容、教学安排等做出了具体规定。公民教育课程并入历史地理学科的管理之下,每周一小时,内容包括五大板块。"2010年《公民教育公告信》是在全球化背景下,如何对意大利中小学进行公民教育的一个纲领性文件,基本上确定了新时期意大利公民教育的发展原则。之后,2012年、2015年以及2017年相继出台了相关配套性法案,进一步落实了《公民教育公告信》中的相关精神[11]。"

二、意大利公民教育的实施举措

意大利公民教育的实施举措包括开设公民教育课程、学校联合多元组织开展公民教育实践活动、拓展校外公民教育路径等。

(一)开设意大利公民教育课程

1958年,意大利公民教育纳入学校教育系统,伴随着《小学教学大纲》《新教学大纲》《公民与宪法》等的颁布,公民教育不断渗透到从小学到大学的整个教育系统之中。

1958年,意大利颁布第585号法案,明确规定将公民教育引入初中和高中,并且《新教学大纲》(Nuovo programma per le scuole secondarie)第4条第1款指出,初中和高中的教育目标为巩固、重构和发展在第一阶段教育中培养的能力,支持并鼓励学生发展爱好和特长,丰富文化、人文和公民教育,帮助学生逐步树立责任意识,为学生将来接受高等教育或走上劳动岗位培养相应的能力。与初中和高中的教育目标不同,1985年《小学教学大纲》(Programma della scuola elementare)明确规定小学教育的目的在于培养一个人和公民,既提供最基本的人格培养,也进行最初的文化启蒙。2008年,意大利政府颁布《公民与宪法》法案,明确指出所有层次的学校都须将公民教育纳入课程教学计划之中。至此,意大利公民教育覆盖了小学生、初中生、高中生、大学生以及留学生等各类学生群体。

意大利政府颁布的法案与政策为公民教育课程的开设提供原则性指导,但是,从课时量、教材、课程评估等方面考量,公民教育课程的落实情况并不乐观。"众多的研究者认为课程计划与课程实施情况并不相符,存在一定差距[12]。"就课时量而言,1958年,意大利政府颁布《在中学和艺术教育学校教授公民教育的方案》,它规定公民教育的课时量为每月两小时;2010年意大利最新的学校改革将课时量调整为每周一小时,但是这一规定并未得到严格落实。安东内拉·德格雷戈里奥(Antonella De Gregorio)在《晚邮报》(Corriere della sera)中指出:"现在学校的公民教育缺乏足够的时间[13]。"2016年在一项针对19~23岁意大利的青少年协会调查中,在回答"在学校里公民和公民教育的内容与方式是怎样的?"这一问题时,"53%的学生表示,他们一年内进行以公民为主题的教育机会只有1~2次"[14]。就教学方法与课程教材而言,根据"国际公民与公民教育"(International Civic and Citizenship Education Study,ICCES)的研究表明,49%的高中教师和38%的初中教师表达了对创新教学方法的需求,认为改善学校公民教育教学的重点之一是进行教学方法的培训。关于教材的使用,一项针对特伦蒂诺地区的问卷调查数据显示,"70%的教师表示没有使用学校课本"[15]。就课程的评估与效果而言,小学和初中的历史、地理、社会科学学科领域中的教师负责公民教育的评估。但是,2008年"自治区、省立法会议主席会议"围绕年轻人如何对待宪法这一主题进行调查,选取4000名年龄在18~30岁的意大利本土居民作为样本,结果只有25%的年轻人表示完整阅读过意大利宪法。为此,意大利学校公民教育的效果广受民众诟病。

(二)学校联合多元组织开展公民教育实践活动

意大利教育部认为社会环境对公民教育的影响很大,因此鼓励学校和多元组织合作开展公民教育实践活动。2007年,意大利公共教育部提出"新公民教育",其中第一环是"与家长建构教育联盟这一目标";第二环是"学校可以广泛培养社会关系,教授情感的语言,也可以教会学生分辨社会中的各种价值观念,正是这些价值观念使人意识到自己处于社会环境之中"。意大利第169/2008号法案与部长第86/2010法令均指出,学校要与家庭、当地政府、学生委员会等各种社会组织建立有效的合作关系。

学校与多元组织合作开展公民教育的实践形式主要包括三种类型。其一,家校合作开展公民教育。在意大利,鼓励家庭参与学校的管理。1973年7月30日,意大利政府颁发第477号法令,鼓励规定设立"合议庭"(Legge sugli Organi collegiali),并将它作为家长参与学校民主管理的组织。此外,据《民主公民教育和人权教育宪章》(Charter on Education for Democratic Citizenship and Human Rights Education)规定,意大利的中学生参加面向社区的校外活动可以获得学分或分数,这些学分或分数可以作为学生升学的资格。其二,学校与政府合作开展公民教育。根据第285/1997号法案中第7条的规定,在国际和平日或者国际庆祝日,学校须与当地政府定期开展主题教育活动,如争取和平、提倡法治、反对腐败等。其三,学校与社会合作开展公民教育。这种方式主要是通过校外人士在校内举办主题讲座进行的,如学校邀请律师就反对网络欺凌、反对性别歧视等主题开展讲座。

(三)拓展校外公民教育路径

形式多样的校外教育路径是实施意大利公民教育的重要举措。据2016年协和树的调查结果表明,在回答选择何种形式的公民教育这一问题时,17.8%的公民表示愿意选择校外教育。

意大利公民教育的校外路径主要包括三种类型。其一,发挥象征符号在意大利公民教育中的重要作用。意大利国旗、区域的旗帜或者具有纪念意义的老歌是象征国家意义的符号,这些符号凭借大众传媒进行传播,从而形成良好的社会环境,这是间接开展意大利公民教育的有力途径。其二,仪式是实行非学校型意大利公民教育的另一方式。在意大利,公共当局(主要是市政当局)邀请所有18岁具有选举权的新青年,庄严地把意大利宪法文本交给他们。这种方式,不仅有利于确立青少年的成人身份,而且有助于形塑青少年的公民意识。其三,意大利各种类型的团体组织开展活动,从而间接地为公民教育作出贡献。根据2015年国家志愿服务协调中心(Coordinamento Nazionale dei Centri di Servizio di il volato)报告,虽然意大利的志愿服务在历史传统方面与北欧国家相比略显逊色,但是规模庞大,拥有至少4.4万个志愿服务协会。此外,2016年协和树的调查表明,在选择非学校型公民教育的群体中,9.3%的公民选择参加文化团体协会;9%的公民选择参加志愿团体;3.7%的公民选择参加政工团体;1%的公民选择其他的方式。可见,各种类型的团体组织在意大利公民教育中均发挥着重要作用。

三、意大利公民教育的发展特征及思考

从整体上考察,意大利公民教育呈现出发展方向由"非正规化"到"政策化"、教育主体从"单一化学校课程"到"多元化主体参与"、教育方法从"训练式"到"体验式"的特征,并从中积累了重视政府作用、发挥多元教育主体作用、注重体验教育资源开发的经验。

(一)发展方向由"非正规化"到"政策化"

纵观意大利公民教育发展历程,公民教育从游离于政府与天主教之间的实践活动,逐渐走向以国家为主导的"政策化"的实践活动。自1861年意大利建国起,其公民教育便处于一个十分尴尬的境地,它不断游离在政府与天主教会之间。这一游离性的特点使公民教育的实施没有主体保障,缺乏发展的空间和条件,导致公民教育在意大利发展缓慢。加之政权不断更迭,意大利的公民教育几乎被天主教教育所代替。

随着1947年意大利宪法的颁布,这一情况得以好转,公民教育这一被遗忘的领域逐渐得到国家的重视。1958年,随着《在中学和艺术教育学校教授公民教育的方案》颁布,意大利公民教育开启了一场政策化的进程。但是,意大利学者认为公民教育缺乏系统性。在意大利的学校制度中,公民教育被宣布为整个学校教育的基本目标之一。但是,这是一幅高度碎片化的全景图,数以万计的计划并没有覆盖所有的学生群体……意大利公民教育缺乏一种系统的设计和规划。在此后近半个世纪的时间里,意大利出台多部法案规范公民教育,使公民教育进入国家教育计划的视野,并逐步走向规范化、系统化。以公民教育教师培训为例,"意大利政府计划为刚入职的教师制订培训计划,并将公民教育教师培训列为2016年到2019年的优先考虑事项之一"[16]。在全球公民背景下意大利政府更是紧抓时代发展机遇,出台《公民教育公告信》,及时与国际公民教育界展开积极对话,"使意大利公民教育走在欧洲各国前列并为欧盟所称赞"[17]。

意大利公民教育从"非正规化"走向"政策化"的过程,也是政府主导地位确立的过程。政府主导地位得以确立后,虽然意大利公民教育的"顶层设计"与具体落实之间存在一定的差距,如在课时、考核、教材等方面没能严格落实规划,但是公民教育的方向性、计划性、规范性得以提升,公民教育的效果也随之增强。重视政府及政策化在公民教育中的作用是意大利公

民教育发展历程中积累的有效经验。一方面,意大利政府以政策法案的方式确立公民教育课程的地位,这为意大利公民教育的实施提供强有力的主体保障。另一方面,意大利政府设立的教育目标具有层次性。如根据小学、中学、高中和大学的特点,目标呈现出由"成为一个人"到"成为一个公民"的转变,根据不同时期的变化,目标也呈现出由"培养好公民"到"培养积极公民"的转变,这较好地解决了大中小学公民教育目标的衔接性问题。

(二)教育主体从"单一化学校课程"到"多元化主体参与"

伴随着公民教育逐渐由政府主导,意大利公民教育的主体在新的历史条件下逐渐走向多元,呈现出由"单一化学校课程"到"多元化主体参与"的特征。

早期意大利的公民教育形式较为单一,主要以学校课程学习的形式让学生识记宪法、法律法规以及相关公民守则,从20世纪70年代开始,意大利政府调动社会其他力量参与学校公民教育,以更好地培养学生的公民意识。随着1958年《在中学和艺术教育学校教授公民教育的方案》的颁布,意大利开始将公民教育纳入国家管控范围之内,并通过学校正规化课程予以实施。此后,通过学校课程对学生进行公民教育,一直是意大利公民教育的主要形式。在20世纪70年代,这种单一的以学校为主体的公民教育形式不断受到来自各方力量的批判,批判的焦点在于以学校课程为主的公民教育,多以简单的识记和背诵相关的法律法规、公民守则等为主,难以使学生树立正确的公民意识。为此,1973年第477号法令设立"合议庭",为家庭参与学校管理提供了一个平台,这也从法律的角度为家校合作提供保障。此后,意大利不断丰富和创新公民教育形式,鼓励和支持多元主体参与学校公民教育课程的实施,如利用国家重大纪念日的契机,学校和政府合作开展公民教育实践活动。意大利公民教育就处于这种多元主体的共同作用之下,意大利学者认为"它远远超越了简单的社会成员与国家之间的法律关系,并扩展到对规则的尊重以及公民对政治、社会和公民生活的参与"[18]。

充分调动多个主体的力量、系统推进公民教育的发展,既是意大利公民教育发展的历史趋势,也是当代公民教育应坚持的有效经验。这是因为单一以学校为主体的教育模式,难以满足学生多方面的需要。此外,在互联网时代,网络虽然为提升人们的思想道德素质扩展了空间,但是其"去中心化"的传播格局导致教育者主体性式微。"面对空间转向过程中身份断裂的危机,重构多元主体在网络空间的身份认同刻不容缓[19]。"在这一背景下,推行多元主体共同参与公民教育治理的系列政策,以共治思维形成多元主体的互动格局,更好地规范教育的各个环节、融合各个要素,树立"全员全过程全方位育人"的教育理念,以"共治"谋"善治",就显得更加重要。

(三)教育方法从"训练式"到"体验式"

意大利公民教育主体的多元化,引发公民教育主体、理念、方法等多个方面的发展。在教育方法方面主要表现为从"训练式"到"体验式"的转变。

20世纪五六十年代处于起步期的公民教育主要以"训练式"(training)的教育方式为主,即让学生学习宪法、法律法规、社会规则以及如何参与国家生活(如选举中的投票权、尊重法律、遵守社会交通规则等)等规则。如1958年,意大利政府颁布的《在中学和艺术教育学校教授公民教育的方案》,着重强调让学生识记宪法、法规、公民守则等。这种"训练式"教学侧重于公民规则性的行为说明,即使有知识的阐释也仅限于解释"做什么"层面。这种企图用"知识"引发"行为"的转变,以训练而非教育的方式促使公民具备公民意识的方法,影响着后期意大利公民教育的发展。随着经济全球化时代的到来，意大利公民教育进入发展阶段。2010年在欧盟委员会《民主公民与人权教育》的建议之下，"体验式"逐渐成为意大利公民教育的新方式。该建议指出，体验式教学的目的并不是用相关公民、人权、权利等知识来武装学生，使其掌握相关准则和技能，而是使学生通过体验、教育的方式具备一种公民意识。在"体验式"教育理念的影响下，学校积极拓展公民教育的实践活动。无论是班级的民主管理活动，还是家校合作模式，抑或是参加社区活动，都是对体验式教育理念的践行。在此背景下，政府要求所有学校将公民教育领域的实践活动录入"自我评估报告"数据库（Rapporto di Auto Valutazione），这成为积累"体验式"教育经验的数据平台。

从"训练式学习"到"体验式学习"的转变，改变了学生作为被动接受对象的地位，赋予学生充分发挥主动性的条件。不同于注重知识灌输的"训练式"，也不同于机械的"经验主义"，"体验式"是对实践的强调与凸显。大卫·库伯（David Kolb）将体验式学习圈模型概括为"具体的体验—对体验的反思—形成抽象的概念—行动实验—具体的体验"[20]。因此，"体验式学习"越是被广泛有力地运用，学生的主动性就越能更大程度上得到发挥，公民教育的实效性就越强。意大利政府为确保"体验式"方法的落实，采取了多种途径。一方面，意大利政府在指导性的建议中加以规定，如在《民主公民教育和人权教育宪章》中以升学分数为激励，鼓励学生参加实践活动，并在校内校外积极搭建实践的平台；另一方面，意大利积极开发体验式教育资源，充分挖掘社会环境、宪法宣传日、象征符号等公民教育资源，在增加学生的"仪式体验"过程中，强化学生的公民意识、激发他们的内在情感以及培养他们的道德情操。

参考文献：

[1][2][3][7][14][18] BOMBARDELLI O, CODATO M. Country report: civic and citizenship education in Italy: thousands of fragmented activities looking for a systematization[J]. Journal of Social Science Education, 2017, 16(2): 74-81.

[4][5] CAVALLI A, DEIANA G. Educare alla cittadinanza democratica[M]. Milano: Franco Angeli, 1999: 205.

[6] ARBOR A, STIKER H J. A history of disability[M]. New York: The University of Michigan Press, 1999: 89.

[8] BROOM C. Youth civic engagement in a globalized world: citizenship education in comparative perspective[M]. New York: Palgrave Macmillan, 2017: 15.

[9] RIVELLI S. Citizenship education at high school a comparative study between Bolzano and Padova (Italy)[J]. Procedia Social and Behavioral Sciences, 2010(2): 4200-4207.

[10] Recommendation CM/Rec(2010)7 of the Committee of Ministers to Member States on the Council of Europe Charter on Education for Democratic Citizenship and Human Rights Education[EB/OL]. (2019-03-05)[2019-07-20]. https://search.coe.int/cm/Pages/result_details.aspx?ObjectID=09000016805cf01pdf.

[11] BISCALDI A. "Viva, viva ilTricolore" which citizenship education in Italian schools?[J]. Antropologia, 2017, 4(2): 187-208.

[12] LOSITO B. Civic education in Italy: intended curriculum and students' opportunity to learn[EB/OL]. (2019-03-15)[2019-07-21]. http://www.jsse.org/index.ph-p/jsse/article/view/478.

[13] DE GREGORIO A. L'ora（mancante）di Educazione civica[J]. Corriere della sera, 2014(3): 14.

[15] BOMBARDELLI O. Quale Europa a scuola? Inchiesta sulla dimensioneel'uso dei libri ditesto[M]. Milano: Franco Angeli, 1997: 153-154.

[16] MIUR. Piano per la formazione dei docenti（2016-2019）[EB/OL].（2019-03-20）[2019-07-21]. http://www.istruzione.it/allegati/2016/Piano_Formazion e_3ott.

[17] EURYDICE. Citizenship Education in Europe[M]. Brussels: Eurydice, 2012: 202.

[19] 陈宗章, 黄英燕. 网络思想政治教育主体及其协同关系探析[J]. 河海大学学报, 2017(19): 26.

[20] 库伯. 体验学习: 让体验作为学习与发展的源泉[M]. 王灿明, 朱水萍, 等译. 上海: 华东师范大学出版社, 2008: 6.

（作者安阳朝系中国人民大学马克思主义学院、比较文明理论研究所博士研究生；贾利帅系华东师范大学国家教育宏观政策研究院博士后，教育学博士。）

生命历程法下社会科课程实施的个体探索
——对一位加拿大小学教师的教学实践研究

郑 璐

导读：运用生命历程法对加拿大不列颠哥伦比亚省小学教师洁芮的社会科教学实践进行跨越四年的研究，在呈现课程实施和课程评价的同时，在一定程度上体现出社会科从概念重建到后概念重建所经历的变革。洁芮通过批判性思维模式框架与故事模式框架培养学生的跨学科能力，并利用基于文献提问的评价方式，成为21世纪以来不列颠哥伦比亚省历次课程改革的缩影。生命历程法需要系统化的、丰富性的学科历史与理论作为背景支撑，从而使生命历程法研究迈向新阶段。

2014年12月至2016年6月，笔者扎根到加拿大一所小学，运用生命历程法（currere）对一位不列颠哥伦比亚省小学教师洁芮进行了一年半的个体自传研究[1]。遵循生命历程法本身对于被研究者遭遇重大事件时的敏感与关照[1]，笔者于2016年12月至2017年3月重返现场，继续与洁芮展开主体之间，同时也是主体内个体与自我的跨越时空的"复杂对话"（complicated conversation）[2]。本文基于跨越四年的田野研究工作，着重梳理洁芮作为一名社会科课程教师在教学实践方面的经验与反思。

一、研究方法

本研究选用生命历程法主要出于四点考量。其一，"走出书斋，走出象牙塔；到对象国去，到教室中去"。这也许是每位比较教育研究者的使命与夙愿。不满足于官方政策的"权威"解读、不满足于历史文本的宏大叙事、不满足于二手文献的人云亦云、不满足于理论研究的固化呆板，笔者希望进入研究现场，闯入被研究者个体的生活世界与生活经验，由此探寻"活的课程"。其二，较之量化研究，本研究与质性研究方法更为契合。帕特里卡·波茨（Patrica Potts）说："社会研究是相当复杂的，其结果具有难以避免的不确定性。这样的研究既挑战了实证主义者理论化过程的线性思维，也妨碍了预期中的进步。我认为一种恰当的比较教育研究方法论应该存于人文学科而不是自然科学之中[2]。"因此，作为一种跨学科、超学科，有时甚至是反学科的研究方法，生命历程法或许是研究以整合性为核心属性的社会科课程的最佳选择。其三，"校外的事情比校内的事情更重要"，正如100年前社会科的诞生更多源于"校外的事情"——"美国贫困人口增多和新移民的到来，导致学校需要一种'东西'来教给这些孩子：到底什么是美国[3]？

---

1 本研究的被研究者于2016年底不再担任该校四年级的授课教师，转而承担起学校图书馆教师的新角色。
2 威廉·派纳（William F.Pinar）认为，课程即复杂对话。参见：William F.Pinar.What is Curriculum Theory?(Second edition)[M]. New York:Routledge, 2012.

加拿大社会科课程的发展同样不能脱离特定的历史与文化背景，以及当下的社会现状与时代脉搏。其四，20世纪70年代以来，北美课程领域由探究普适性的教育规律转向寻求情境化的教育意义。这种"范式转换"在课程研究领域表现为由"课程开发范式"转向"课程理解范式"，课程被视为一种多元"文本"进行解读。课程实践随之做出积极的回应，充满各种意义的文本成为丰富的教育载体[4]。因此，课程即经验。若想真正理解社会科，需要深入了解教师的生活经验——过去、当下、未来，探索课程变革中的教师与教师成长中的课程。"我们有时说起'独创性的科学研究'，似乎这是科学家的特权，或者至少也是研究生的特权。但是一切思维都是科研，即使在旁人看来，已经知道他在寻求什么，但对从事研究的人来说都是独创性的[5]。"可见，笔者与被研究者的每次复杂对话都是派纳思想下连通社会科课程的桥梁[6]。

"在课程对话中，教师在哪里？"随着阿尔伯塔大学教育学院教授特伦斯·卡森（Terrance R. Carson）的诘问，社会科课程与教师的关系，特别是教师怎样在课程中进行复杂对话，教师的个体生命经验如何对课程产生影响等问题逐渐成为加拿大社会科课程研究的焦点。北美课程领域在20世纪60年代末至80年代经历了概念重建运动，课程研究范式发生了巨大转换。从以行为科学为基础的量化研究转向文化人类学、认知心理学和艺术评论等以新人文社会科学为基础的质的研究。从以泰勒模式为核心转向对于政治、种族、性别、现象学、后结构主义、后现代主义、传记、美学、神学等知识在课程领域的概念重建。20世纪80年代，课程研究又经历了另一种范式的转变，即从课程研究转向教师研究。佐藤学认为，这种转换是与从量化研究转向质性研究同样程度的大规模变化[7]。更具体地说，从"课程"向"教师"的过渡，就是从"程序开发"向"教师实践"的过渡。有学者提出，长期以来，教师角色认同是一个在教师发展中很重要但传统上受到忽略的概念，在教师培养方案中没能成功地提出生活历史[8]。实际上，课程研究中对于教师个体、教师生活、教师生命体验的关注在概念重建运动期间便有所体现。例如，派纳和玛德莱娜·格鲁梅特（Madeleine R. Grumet）开拓性地将教师自传和传记文本引入课程领域、艾弗·古德森（Ivor F. Goodson）关于教师生活的研究、泰德·青木（Ted T. Aoki）和马克思·范梅南（Max van Manen）在现象学教育学领域的探索等。

值得注意的是，北美这两次课程范式转变对基础教育领域影响最为深刻的当属社会科课程，这主要取决于以下三点原因。首先，源于社会科的自身属性。在学校各门课程中，社会科课程是唯一一门整合历史、地理、政治科学、人类学、考古学、经济学、法学、哲学、心理学、宗教和社会学等学科的课程，此外还从自然科学中选取部分知识内容。一方面，不同于语言、音乐、美术等单一学科，社会科课程如此广泛的知识内容及广阔的学科跨度，使其具备充分汲取两次课程范式转变所引入的新领域、新思想、新学科的肥沃土壤；另一方面，不同于数学、科学等理工类科目，社会科课程所包含的人文科学不存在所谓的标准答案，而是充满了争议、不确定性、混沌性、多元性等与两次课程范式转变相吻合的气质和特点。其次，源于社会科课程的培养目标。社会科课程作为旨在提升公民能力而开展的人文社会科学的整合课程，其首要目标是帮助年轻一代提升能力，让他们成长为多元文化、民主社会的良好公民，能在这个相互依存的世界中，为公众利益作出明智的、理性的决定[9]。由此，社会科课程试图建构起人与社会的紧密联系，并强调人的主体性地位，这些与两次课程范式转变所提倡的在课程中突出人的作用与地位的思想不谋而合。最后，源于社会科课程教师的自我反思与自我成长。由于社会科课程教师要为学生提供各学科之间的相互联系，因此扮演着课程编制者、课程设计者和课程引导者角色的他们，只有不断积极运用专业知识以及个体生活经验改进课程，才有可能让学生真正融入课堂，形成师生间有效的学习共同体。这些又与两次课程范式转变中强调生活体验、个体经历、教师自我反思等追求相一致。

因此,两次课程范式转变带给社会科课程以及教师的影响是研究加拿大社会科课程不可回避的学术场域。拒斥一个范式而又不同时用另一个范式去取而代之,也就等于拒斥了科学本身[10]。本文正是建立在北美两次课程研究的范式转变基础之上,以洁芮老师的生活体验为中心,探寻加拿大社会科课程的个体实践经验。"现在理论仪器已为教师教育课程的概念重建做好了准备。如果学校要成为概念重建的'第二场所',教师教育将是重要的途径[11]。"

二、研究伦理

由于质的研究关注研究者与被研究者之间关系对研究的影响,从事研究工作的伦理规范以及研究者个人的道德品质在质的研究中便成了一个无法规避的问题[12]。本研究恪守质性研究伦理,在研究全程秉承六条原则。

第一,尊重研究对象国的研究规范与学术伦理。笔者在进行田野研究之前,专门向加方合作导师威廉·派纳请教当地需要遵守的相关法规和注意事项,派纳当时打趣说:"等你到了中小学签了那一摞摞的文件就明白了。"果然,笔者后来前往一些学校访问时,校方会拿出省、市、所属学区及学校的一些法规让其签署,核心内容都是关于未成年学生各方面权益的保护。

第二,尊重隐私。在学校名称方面,出于对研究真实性的考量,本研究中出现的学校均为实名,但不标注其英文全名;在人物名称方面,经过研究对象的许可,只有研究对象洁芮为实名,但不标注其英文全名,其他学生及人物均为化名。记得第一次进行课堂观察之前,洁芮告诉笔者:"研究过程中不要拍到孩子们的脸。"因此,笔者坚守的原则是遇到任何问题,首先考虑到未成年人,遵循孩子们第一、被研究者第二、研究者第三的行为准则。此外,对于被研究者讲述的一些不愉快的往事,优先考虑的是不能引发其心理及情感的二次伤害,即便继续追问一些细节与信息可能对本研究有利。

第三,尊重多元。处于后现代的今天,社会科学研究者的解释不再是固定的、唯一的、最终的权威,科学的"元话语"已经失去统治地位[13]。特别是在加拿大这个早已将多元文化融入民族文化基因的社会中,尊重教育现象的多样性、差异性、复杂性甚或混沌性逐渐成为课程研究者的共识[14]。本研究始终坚持通过倾听不同的文化声音、历史叙述、个体经验来展开跨文化的比较研究,特别是对智力障碍人群与原住民人群给予妥善却不过度的关照。

第四,尊重反思。谨慎的解释与反思是反思性研究的基本特征[15]。首先,本研究遵循谨慎解释这条原则,宁可零解读,也绝不出现对研究文本进行过分解读的现象;其次,由于生命历程法中的四个步骤或时刻都包含着反思的特征,本研究将格外强调研究对象各个阶段的自我反思。最终,希望通过研究者与被研究者双方自我反思能力的提升,使其逐渐成长为分享彼此共同教育情怀的研究共同体。

第五,尊重特殊人群的权利。获得知情同意是研究程序的必备要素。儿童知情同意问题与成人一样,当涉及潜在参与的特殊人群,如涉及儿或具有有限的交流或理解能力的人时,有关特殊群体的注意事项应特别引起重视[16]。

第六,尊重被研究者的付出。在质的研究中,由于有时会出现道德两难现象,所以如何为被研究者的付出提供回报都是一个比较敏感的问题。为了更好地开展研究,笔者在田野研究过程中，遵守西方国家交往礼仪，每次访问学校时都会赠送被研究者一些带有中国特色的小礼品，如绣花杯垫、脸谱书签、书法折扇等。

三、进入田野——探究课程实施

2015年2月4日是笔者与洁芮第一次见面，因为时间较紧张，简单寒暄后我们便直入主题："您采用哪种组织模式进行教学呢，可以把您的教案给我一份吗？"其实，对于这个问题笔者有着预设答案，就是根本没有教案。这源于一周前笔者在温哥华一所著名公立小学调研时的经验。那所学校的校长透露，他们的教师大多没有教案，只有刚刚入职的教师会被要求撰写每节课的详细教案。果然，洁芮客气地告诉我："我非常想给你一份，但我真的没有。"直到今日，笔者仍记得当时洁芮面对这个问题时的迷惑表情。加拿大社会科课程学者潘妮·克拉克（Penney Clark）告诉笔者："只有在对新手教师进行培训的教育项目中才会指导大家如何撰写教案……通常情况下，工作一年后的教师都不会被强制要求准备教案。"正如派纳回忆自己于20世纪60年代末70年代初，在一所中学教授英语时说："我用一种波拉克绘画的方式去看待教学。通常，我不会带着一份事先准备好的教学计划走进讲堂。尽管我对将要开展的工作有一个大概的了解，但我没有预先设计教学框架[17]。"虽然没有具体的教案，但洁芮有着与自己教学理念相契合的教学模式。在社会科课程理论方面，洁芮根据生活经验营造出课堂共同体，最终形成以社会改革为核心的课程范式[18]。

在基于螺旋式探究（spirals of inquiry）组织实施的社会科课程上，洁芮最常运用两种教学模式，即批判性思维模式和故事框架模式。"教师采取哪种教学方式不仅取决于他们是否领会某种教学技巧，还受到其自身差异化生活背景的影响，个人行为选择的根源藏匿在其成为教师的一切生活经历之中[19]。"诸多研究表明教师对教育的理解及其所信奉的教育信念对他们选择采用何种教学方法有着深刻影响[20]。此外，所教授的科目、教学风格、学习者的特点、学习内容、教师自我性格等因素亦影响着教学方式的选择。

的确，社会科课程教学方式的选择涉及如此众多且繁杂的因素，导致不可能出现一种可以满足所有课程需求的万能的教学方法。但与此同时，复杂的土壤也孕育出丰富的教学模式，其中学习维度框架、批判性思维框架、故事模式框架、强效教学框架四种课堂教学框架广泛应用于加拿大各个地区中小学社会科课程的课堂上。框架固然为教师教学提供了很大支持，但在某种意义上，它也产生了很大局限。比如，有时一些框架会使我产生受挫感；有时完全按照框架一步一步教学，又令我感到自己的工作似乎毫无价值，好似从事着一个非专业化的职业；而有时一些被动的、说教式的教学框架令我作呕。基于此，我更倾向于选择具有批判性思维并可以通过故事进行课堂教学的框架。

（一）批判性思维框架

近年来，批判性思维已被看作是社会科课程的核心元素。有研究认为，作为"教室生活方式"的批判性思维基于一种假设，即"在某种意义上，批判性思维是一种良好的思维。它是一种思维品质，而不是思维过程，由此来区分批判性思维与非批判性思维"[21]。一个由不列颠哥伦比亚省21个学区、3所大学以及几家省级学术协会共同组成的非营利性机构——批判性思维联盟（The Critical Thinking Consortium）将批判性思维定义为："思考者在问题情境下思考如何相信、怎样行动，并作出合理的判断，从而体现出一名有能力的思考者的素质[22]。"另外，该定义还延伸出四种方法帮助学生发展成批判性的思考者。一是在学校和班级逐步形成具有批判意识的学习氛围，组织学生之间进行批判性的、合作性的对话，将教师视为练习批判性思维与学习共治的伙伴，使其经历学生养成批判性思维的全过程。二是通过课程融入批判性挑战，使学生谨慎地面对需要进行批判性回应的问题情境。三是研发培养批判性思维的知识工具，使学生掌握应对批判性挑战的知识、技能和思维倾向。具体包括：背景知识、评判标准、批判性词汇、思考策略以及思维习惯。四是使用工具评价学生的能力，从而保证教学目标和教学内容的一致性，其中知识工具是评估学生学业的基本标准。

根据上述步骤，在"移居西部"这个单元，首先创建具有批判意识的学习氛围。最初，尝试辨析一些关键知识点（如理解冲突、变化等概念；探究本地资源与学习主题的关联）。与此同时，制定社会科课堂运行规范（如问题的提出与问题的解答同等重要、尊重另一种观点、学会倾听、容忍错误等）。然后，提出具有批判性的挑战，即为何移居者在1880年到1914年间向西部迁移，请列出三个最合理的解释。接下来，为学生提供掌握知识的工具。指导他们从课本、图书馆材料、互联网上获取引发移居者向西部迁移的背景知识。在思考策略环节，我们采用换位思考的方法，学生们以小组为单位，分别站在东部加拿大农民、东部加拿大工人、西欧工人、中欧农民、第一民族和梅蒂斯人的角度考虑其移居西部的原因。每组学生使用图表表明自己所代表的群体选择移居西部的核心原因，并根据重要性为其他原因排序。活动结束后，学生们会从中选取一个与自己最为接近的观点给予支持，以培养大家对不同观点和人文生态环境的同理心。最后，学生们进行成果展示，每个人呈现的不是最早在小组活动中承担的角色，而是在思考策略小组中扮演的角色。他们撰写关于自己角色以及所处新环境的文章，特别是要清晰地分析他们所扮演的人移居加拿大西部最重要的三个原因。

（二）故事模式框架

"我们如何讲述，我们如何传授，我们如何娱乐我们自己？故事便意味着我们要同时做这三种事，达到事实与情感的交融。出于这些原因，故事成为文明的中心，事实上，文明就是起源于一系列的民间叙述[23]。"加拿大社会科创立之初，故事便是其核心，通过使用故事帮助学生们实现对宏观历史的概念化。教师们通常选择有趣的人物、大自然的奇观、政治的突破等题材的故事，将其作为社会科课堂上的探究主题。一些教师已经不仅仅是运用故事作为设计课程和组织教学的一部分，而是将故事带入真实的生活情境，将学生的思考从故事拉回现实世界，从而成为构建整合课程及全人教育的方法。

一直以来，加拿大学者都在尝试探索以故事作为课程和教学基础，并使其与现实相联结的可能性。加拿大西蒙弗雷泽大学教授基兰·伊根（Kieran Egan）提出故事形式模型（story form model）框架，即"汲取故事形式的力量，然后将该力量用在教学之中"[24]。基于此理念，近年来伊根已经提出一系列适用于社会科课程的教学框架，如浪漫规划框架、哲学规划框架、神话规划框架等。故事形式模型包含五个步骤。一是识别重点：这个主题的重点是什么，什么是有效的参与。二是发现二元对立：哪一个二元概念最能有效获取主题的重点。三是组织内容进入故事形式：在第一次教学活动中，要思考哪些内容可以最戏剧化地体现二元概念；哪些形象最能捕捉到内容，并形成戏剧化对比。接下来要搭建每个单元和每节课的主干，找出什么内容可以明确有力地表达主题，将主题纳入一个清晰的故事形式中。四是总结：什么是解决二元对立内在冲突的最佳方法，什么程度的调解适合继续探索，什么范围适合于构建清晰的二元概念。五是评估：如何知道学生是否理解了主题、掌握了重点及习得了所学内容。

我工作以后，逐渐发现故事形式模型的戏剧性更强，孩子们更乐于接纳。例如，有一次我们的主题是"土地使用———一条废弃的运河"。这是涉及本地的一个主题：面对一条废弃了100年的运河能做些什么？由于大多数孩子以前到过河岸边和水闸上玩耍，所以大家对这个主题投入度极高。我们设立好"保存 vs 摧毁"这对二元对立关系之后，按照故事形式模型框架进入了教学活动。我还拿出两节课的时间询问孩子们对于二元对立的理解：我们为什么要保护自然环境或建造景观；运河事件的摧毁与保护所反映出的社会张力是什么；什么情况下，民众可以接受摧毁一个当地的自然景观；评估这些问题需要通过哪些政府流程；在整个事件中，市民可以扮演哪些角色。

四、重返现场——洞悉课程评价

对于教师而言，追踪学生对知识的掌握情况并设计与实施合适的评价机制是一项复杂的工程，而作为社会科课程的教师更要面临一些特殊的挑战。社会科课程涵盖众多思考与认知的方式，诸如历史学的叙述、经济学的统计、数学的推理、地理研究的视觉与图形构建，以及对公共问题和时政研究不同角度的深入理解与反思。由此可见，即便是社会科课程中的一个分支学科都很难进行单一的课程评估。

洁芮认为，社会科课堂实践中的最大挑战莫过于课程评价。因此，2017年初重返田野现场后，笔者将目光聚焦到加拿大社会科课程评价环节的历史进程。可以看出，近二十年来原本作用有限的课程评价正在逐步突破自己的"领地"，向更广泛的领域扩展。这是源于社会科课程目标的不断拓展，社会科课程教育研究者约瑟夫·基尔曼（Joseph Kirman）认为，社会科课程已经不仅仅是帮助学生选择积累供以后回忆的事实，而是"塑造一个能够应对事态变迁、有能力作出合理决策、懂得理性消费、迅速掌控科技、能够欣赏人类的多元性，并能与各个国家及族群的人们生活在一起维护人类尊严的良好公民。这样的公民应该可以体面地解决分歧、认识并参与到全球各项公民事务之中，同时掌握维持经济发展和民主政治的必要技能"[25]。因此，课程目标的扩展需要更为复杂的评估体系。

据我所知，加拿大只有阿尔伯塔省对中小学各年级社会科课程进行标准化测试。其他地区，包括温哥华则是通过多样化的课程评价形式检测学生是否达到课程目标。为了应对课程评价这个复杂的系统工程，教师们通常采用选择反应测试（selected response tests）、提交论文等一系列测评手段来完成这项艰巨的任务。我通常对学生进行基于文献的提问，从而识别他们对知识的过程性理解。换句话说，学生应该能运用在社会科课堂上学到的关于历史、地理、经济学等领域的概念与规程。例如，仅仅知道第一次世界大战的起因远远不够，学生还应该尝试从历史学家的角度来审视这段历史，包括搜集支撑自己论点的史料与证据以及如何阐释这些材料的合理性等。与选择反应测试和提交论文等课程评价方式相比，我感觉基于文献提问更具抽象性，无论对教师还是学生而言，操作难度更大，因此评价方式最早适用于加拿大高中阶段。[1] 随着近年来社会各界，特别是任课教师对愈演愈烈的标准化测试考评方式的抵触情绪日益高涨，越来越多的小学开始基于文献提问对学生进行课程评价。其中设计的问题并不是要考查学生对于历史信息的记忆，而是他们批判性地使用历史资料的能力，并以此为基础构建历史记录。

---

1 例如，不列颠哥伦比亚省自1994年以来，在高中采用基于文献提问法展开著名的历史知识竞赛——贝格比竞赛（The Begbie Contest）。The Begbie Canadian History Contest, http://www.begbiecontestsociety.org/.

具体而言，基于文献提问的评价方式在实际操作过程中又细分为表现考核[1]、真实性评估和结构化观察。其中，与选择反应测试不同，在表现考核过程中评定人并不是根据正确答案而呈现一个判断。相反，他们会收集学生在完成项目过程中的一些材料，并参照他们最后实际完成作品的质量给予评价。课堂上，表现考核不是以一个教师的附属物、填充料出现的，而是提供了一个教学与评价完美结合的机会。加拿大很多地区的社会科课堂上，表现考核已经逐渐取代了传统的考试形式。洁芮列举出她在课堂上曾经开展的关于表现考核的几次活动。

活动一：我从报纸上选取三个主要的国际冲突，让学生从中挑出一个冲突撰写综述，在小组中讨论气候、资源、地域对于冲突的影响。同时，学生根据地图描述出冲突所在地区的国界、显著的地形地貌及其首都的相关情况。

活动二：选出三个大洲请学生识别，然后分析民主理念下的社会如何运转或正在尝试着进行何种社会改革。

活动三：学生分析一个媒体对于近期屡次发生的公共问题的讨论，从中分辨出事实问题、定义问题以及伦理问题。最后，评判出小组中每位成员的贡献，不是数量上的贡献而是质量上的贡献。

活动四：假设联邦赤字约为5000亿加币，请学生想办法将这个数字转化成老百姓能够真正理解的形式，并讲述给自己的家人听。

真实性评估可以看作是表现考核的一种形式，基于学生们在真实的生活活动中展现出的状态。例如，洁芮告诉笔者：

当学生们在3年级时遇到"社区"这个主题时，我会要求他们调查学校周边的地区（人行道、公园、公共空间）是否为有特殊需要的人士提供了无障碍通道、无障碍设施、无障碍洗手间等，在田野调查之后形成书面报告递交到相关政府部门（如城市咨询委员会等）。又如，前一段时间，一些阿卡迪亚人要求英女王为当年在加拿大东部沿海各省驱逐他们的祖先道歉。我会组织孩子们根据该主题的史料，为英女王准备一份是否应该道歉的建议书。

一些涉及表现考核和真实性评估中的元素都展现出学生进步的"硬指标"，如文字材料、结构模型、视觉呈现，但是更多学生是否取得进步需要通过观察他们在活动中的表现给予评定。比如，很多社会科课程都要求学生学会"思考"，却很难赋予"思考"准确的定义，更不可能通过传统的测试认定学生是否已经学会了思考。因此，如果教师声称"一个学生已经在运用批判性思维上有了很大进步"，那么需要通过结构化观察（观察并对特定的行为收集证据）获得更为具体且更为翔实的资料。

我主要通过五个方面对学生进行结构化观察：一是毅力。观察学生是否在活动中放弃或倒退，当第一次努力失败后是否采用不同的策略。二是减少冲动。学生是否不假思索地说出答案，是否对书面作业进行反复修改，是否在回答之前经过严谨的思考，以此确定他们是否真正理解了学习任务并且在考虑自己的答案时对别人的观点有所思量。三是弹性思考。学生是否使用相同的方法去解决不同的问题，还是在衡量不同策略的权重后选择最有利于解决问题的方法。四是元认知。学生是否意识到在进行怎样的学习，能否描述或反映在学习中所经历的过程。五是仔细检查。学生有没有在完成作业后便立即上交一些有错误或未编辑的功课，他们是否花时间检查与修改作业。

---

[1] 在此将"performance assessment"译为"表现考核"而非国内更为通用的"绩效评估"，是因为表现考核反对的恰恰就是那种唯分数论、唯效率论、唯结果论的绩效评估。

作为社会科课程的重要组成部分,课程评价的形式一直处于不断变化之中。随着信息化时代的不断发展,无论是国际事务还是国家内部公共议题均呈现出复杂性、多样性、系统性等趋势,因此任何单一化的评价方式都无法精准地衡量学生成就。这就要求教师和学生共同建构多样化的评价方式,研发出能为双方提供有效反馈的评价过程与工具,从而完善社会科课程评价体系。

五、结语

生命历程法是北美课程领域概念重建运动下的产物,但如今却被广泛地应用在教师教育研究领域。这导致了当前利用生命历程法开展的研究,几乎都将焦点放在教师的生活体验与个体生存经验之上,却忽略了生命历程法的出身地——课程领域,也忽视了教师身后的学科背景。教师的生活体验只是飘在空中,好似无本之木。通过以社会科课程为背景对洁芮老师进行了一整轮生命历程法研究之后发现:教师在回溯、渐进步骤或时刻进行自我反思之时,必将视学科为中心,回想过去那些影响到当前所教学科的人或事[26];同样,教师在解析、综合步骤或时刻开展自由联想之时,更是会将学科当作原点,探寻过去、当下与未来那些涉及当前所教学科的人或事,而这些又都源于教师对自己所教学科形成的路径依赖。

由此可见,如果在生命历程法研究中缺乏对教师所教学科的深入分析与理解,极有可能会使生命历程法研究沦为一般性的教师自传研究。而两者最大的不同在于,生命历程法不是普通意义上停留在表层经验维度的故事叙事,而是一次以课程为背景,跨越时空的心灵之旅,以此深刻反思自己的过去,特别是那些与当前所教课程相关的被压抑、被忽视、被忘却的经验维度。与此同时,对教师对课程的未来图景展开自由联想,最终形成课程知识、主体建构与生活史三者之间的有机统一。因此,若想使生命历程法研究迈向新阶段,那么教师所教学科,即课程本身的理论分析、历史梳理与当前现状等方面的研究至少应该得到和教师个体经验同等的关注。

参考文献:

[1][26]郑璐,高益民.生命历程法下的课程与教师——对一位加拿大小学教师的质性研究[J].外国中小学教育,2018(6):54-67.

[2]贝磊,鲍勃,梅森,等.比较教育研究:路径与方法[M].李梅,主译.北京:北京大学出版社,2010:66.

[3]严书宇.社会科课程研究:反思与构建[D].上海:华东师范大学,2004:9.

[4]吴支奎.课堂中的意义建构——学生参与课程发展研究[D].重庆:西南大学,2009:i.

[5]约翰·杜威.民主主义与教育[M].王承绪译.北京:人民教育出版社,1990:162.

[6][8][11]威廉 F. 派纳,威廉·雷诺兹,柏特里克·斯莱特里,等.理解课程——历史与当代课程话语研究导论(下)[M].钟启泉,张华,译.北京:教育科学出版社,2003:767.

[7]佐藤学.课程与教师[M].钟启泉,译.北京:教育科学出版社,2003:383.

[9]美国国家社会科课程协会.美国国家社会科课程标准:卓越的期望[M].高峡,杨莉娟,宋时春,译.北京:教育科学出版社,2008:1.

[10]托马斯·库恩.科学革命的结构[M].金吾伦,胡新和,译.北京:北京大学出版社,2012:68.

[12][13]陈向明.质的研究方法与社会科课程学研究[M].北京:教育科学出版社,2000:

426.

[14] 小威廉 E. 多尔, M. 杰恩·弗利讷, 唐娜·楚伊特等. 混沌、复杂性、课程与文化: 一场对话[M]. 余洁, 译. 北京: 教育科学出版社, 2014: 1.

[15] 马茨·艾尔维森, 卡伊·舍尔德贝里. 质性研究的理论视角: 一种反身性的方法论[M]. 陈仁仁, 译. 重庆: 重庆大学出版社, 2009: 6.

[16] 尼尔 J. 萨尔金德. 社会科学研究方法100问[M]. 赵文, 李超译. 北京: 北京大学出版社, 2014: 48.

[17] 王永明. 威廉·派纳课程理论的研究[D]. 北京: 北京师范大学, 2015: 30.

[18] 高益民, 郑璐. 加拿大社会科课程四大范式及规范化[J]. 比较教育研究, 2017(5): 20-21.

[19] 吴佳妮. 控制与自治: 当代美国中小学教师生活的田野考察[D]. 北京: 北京师范大学, 2016: 51.

[20] EVANS M, HUNDEY I. Instructional approaches in social studies education[M]//SEARS A, WRIGHT I. Challenges & Prospects for Canadian social studies.Vancouver: Pacific Educational Press, 2004: 219.

[21] BAILIN S, CASE R, COOMBS J R, et al. Conceptualizing critical thinking[J].Journal of Curriculum Studies, 1999, 31 (3): 288.

[22] CASE R, DANIELS L. Introduction to the TC2 conception of critical thinking[Z]. Richmond, BC: Rich Thinking Resources.2003: i.

[23] FULFORD R. The triumph of narrative[M]//BOOTH D, BARTO R.StoryWorks: How teachers can use shared stories in the new curriculum.Markham, ON: Pembroke Publishers, 2000: 8.

[24] EGAN K. Teaching as story telling: An alternative approach to teaching and curriculum in the elementary school[M].London: Althouse Press, 1986: 2.

[25] JOSEPH M. Elementary social studies[M].Scarborough, ON: Prentice Hall, 1991: 11.

(作者郑璐系北京教育学院教育管理与心理学院讲师, 教育学博士。)

新加坡"品格与公民教育"中家庭教育环节的特点研究
——基于小学《好品德好公民》教科书的文本分析

陈 卓

导读：品格与公民教育是新加坡教育体系的核心，家庭教育在新加坡品格与公民教育中占有重要地位。随着新加坡教育体制和课程改革的深入推进，家庭教育在品格与公民教育中的地位进一步彰显。本文以新加坡2015年推出的小学1~6年级使用的《好品德好公民》教科书为对象，从教科书的总体编排、教育内容、教育过程和教育方法几个方面，分析了新加坡现行"品格与公民教育"中家庭教育环节的特点。

品格与公民教育[1]是新加坡教育体系的核心，而家庭教育在新加坡的品格与公民教育中占有重要地位。新加坡"国父"李光耀（Lee Kuan Yew）十分重视家庭教育。他曾经明确指出："家庭把社会价值观念潜移默化，而不必以正式讲授的形式传给下一代[1]。"新加坡政府也认为："家庭是培养年轻公民具有正确价值观的不可缺少的地方。它培养和强化他们的道德信念，使他们成为既成熟又负责任的公民[2]。"在品格与公民教育中，家长是主要的合作伙伴。家长在子女成长的过程中扮演重要的引导角色，如果家庭和学校能相互协调与配合，学生将是最大的受益者。家庭与学校之间的合作不仅能促进学生的身心发展，也能帮助他们更积极地学习和面对生活。2014年，新加坡教育部学生发展课程司颁布了《2014课程标准·品格与公民教育·小学》（以下简称《新课程标准》）。在《新课程标准》的指导下，2015年新加坡推出了小学1~6年级使用的《好品德好公民》教科书[3]。《新课程标准》要求学校与家长建立良好关系，以获得家长的支持，帮助学生在家中巩固学校所教的价值观。"只要能有效地向家长传达学校的品格与公民教育活动的相关信息以及提供家长积极参与的平台，就将有助于家长及时了解最新的教育动态并成为积极的合作伙伴[4]。"在教科书的编写中，家庭教育占有相当的篇幅，扮演着重要的角色。本文旨在通过对小学《好品德好公民》教科书的分析，揭示新加坡品格与公民教育中家庭教育环节的特点。

一、总体编排中，在六个层面上的特点

教科书的编排按照《新课程标准》中的六个层面（个人、家庭、学校、社区、国家、世界）逐级展开。《新课程标准》中明确要求："儿童和青少年的身心发展是建构在人际关系的生态系统中的。教师会鼓励学生在现实生活中（包括家庭、学校、社会、国家和世界领域）把价值观付诸行动。"教科书在每个年级中各设置了7个"家庭时间"单元，根据不同的主题，安排

---
1 "品格与公民教育"是2014年修订后的新加坡的课程标准中明确提出的概念。

不同的家庭教育活动内容。家庭教育环节主要体现在"家庭时间"里。编写"家庭时间"时，根据学生的不同年龄阶段选择不同对象。在1~4年级，"家庭时间"是写给学生家长的，为家长提供一些家庭教育的具体措施；在5~6年级，则以学生为对象，为他们提供一些在家庭中的学习建议，鼓励他们积极与家长和家人学习互动。表1统计了"家庭时间"在六大层面的分布状况。

表1 "家庭时间"在六大层面的分布状况

	1年级	2年级	3年级	4年级	5年级	6年级	合计
个人	2	1	0	0	0	1	4
家庭	1	3	1	1	1	1	8
学校[1]	2	1	5	3	1	1	13
社区	1	0	0	2	2	0	5
国家	1	2	1	1	2	3	10
世界	0	0	0	0	1	1	2
合计	7	7	7	7	7	7	42

从表1可以看出家庭教育在不同层面中呈现出的一些特点。

1. 个人是家庭教育的逻辑起点，教育孩子"肯定自己"是家庭教育的第一步，同时也是教育的最终落脚点。这体现在《我们准备好了！》《好好地计划！》《我是特别的》《少年当自强》4个"家庭时间"。它们分别对应教科书的4篇课文：1年级主题二"我能够自立"中的第2课《让我们出一份力》和第3课《我的假期时间表》，2年级主题二"我能够自立"中的第1课《我能做好》以及6年级主题六"我可以做到"中的第1课《少年当自强》。通过学习，旨在教会学生做一个负责任的孩子；知道自己是特别的，对自己有信心；发挥坚毅不屈的精神，以负责任的方式应付挑战。

2. 从总体分布上看，在家庭教育环节，各层面涉及次数从多到少依次是学校（13次）、国家（10次）、家庭（8次）、社区（5次）、个人（4次）、世界（2次）。相对于家庭和社区，学校对小学生而言是一个全新的领域，尤其是低年级小学生，如何尽快转变角色、适应学校生活，这是他们面临的首要问题。在这个过程中，家庭教育能发挥十分重要的作用。

3. 世界层面在1至4年级并没有出现，在5、6年级各出现1次。《新课程标准》明确规定："世界层面只适用于小五和小六。"[5]这种分布状况符合《新课程标准》的要求。

4. 体现国家层面的爱国主义是教科书的重点，在家庭时间里占据了相当大的篇幅。虽然都是围绕国家层面展开爱国主义教育，但在低、中、高三个阶段中，在教育内容和方式上根据学生的年龄特征有所变化，从低年级强调日常生活，到中年级强调历史文化，最后到高年级强调社会规则。参观国家博物馆、参观日常生活用品展览、参观文化遗产花园、和孩子一起制作特别的午餐盒，这些活动融合于学生日常生活中的"吃喝玩乐"，比较符合低年级小学生的兴趣爱好；走"文化遗产旅游路线"、了解和游览本地古迹，这些活动则具有历史文化意味，也能让中年级小学生更好地接受；到了高年级，则直接面对社会生活，学会在紧急状况发生前做好准备，学会遵守规则，促进宗教和谐。

---

1 需要说明的一个特殊情况是：与3年级主题三"珍贵的友情"中的第3课《友谊万岁》对应的"家庭时间"《友谊永固》，采用"友谊日特别版"的形式，介绍关于怎么增进友谊的知识。无论是主题名称、课文标题，还是教学内容、教学成果，均未明确指出对应哪一个层面。考虑到小学生的学习生活环境状况，此处统计时将它列入"学校"层面。

二、在教育内容上，突出六大核心价值观，兼顾其他价值观

除了六大层面，家庭教育还突出了六大核心价值观。《新课程标准》指出，一个具有良好品格并对社会有所贡献的新加坡公民，必须以核心价值观（尊重、责任感、坚毅不屈、正直、关爱与和谐）为基础。当一个人能自我肯定和肯定他人时，他就会尊重自己和他人（尊重）；一个有责任感的人了解他对自己、家庭、社区、国家和世界应尽的责任，并满怀爱心、全力以赴地履行职责（责任感）；一个坚毅不屈的人拥有坚强的意志，面对挑战时不屈不挠，展现其勇气、乐观的态度和应变能力（坚毅不屈）；一个正直的人会坚持自己的道德原则，而且有道德勇气为正义挺身而出（正直）；一个懂得关爱的人待人处世表现出爱心与同情心，并为改善社区与世界积极做出贡献（关爱）；一个重视和谐的人寻求内在的快乐，提倡社区团结，他重视多元文化社会中求同存异的精神（和谐）。这些核心价值观指引学生明辨是非，帮助他们做出负责任的决定，并认清自己在社会上所扮演的角色[6]。

六大核心价值观在整个小学教科书中呈现出反复出现、不断强化的总体趋势。每个"家庭时间"都围绕所在的主题展开，对应一篇课文，强调某一种或几种核心价值观。在考查核心价值观时，"教学成果"占有十分重要的地位。这里的"教学成果"不是《新课程标准》中对全年级教学成果的总体概括，而是分别对每一篇课文的"中心思想"的概括。它位于课文开头，由一到两句简洁的语句组成，用第一人称表述，直接说明这一课的主旨，并直接点明对应的核心价值观。教学成果是理解编写者思路和意图的重要依据，在教科书中起着十分重要的作用。将每一个"家庭时间"所对应的课文中的"教学成果"中明确提到的核心价值观提取出来。具体内容见表 2。

表 2 "家庭时间"中强调的核心价值观统计[1]

	1 年级	2 年级	3 年级	4 年级	5 年级	6 年级	合计
尊重	3	3	0	0	1	1	8
责任感（负责任）	3	1	2	5	1	2	14
坚毅不屈	0	0	1	1	0	1	3
正直	0	0	0	0	1	0	1
关爱（关心、关怀）	2	3	4	2	4	4	19
和谐	0	0	1	0	2	1	4
合计	8	7	8	8	9	9	49

对表 2 进行分析可以发现以下特点。

第一，从总体数量上看，6 个具体的核心价值观出现次数从多到少依次为关爱（19 次）、责任感（14 次）、尊重（8 次）、和谐（4 次）、坚毅不屈（3 次）、正直（1 次）。关爱成为家庭教育中出现频率最高的词，这反映了当前新加坡道德教育的一种趋势。

第二，六大核心价值观在每个年级的分布同中有异。"关爱"和"责任感"在各个年级中都占有突出的位置，与此同时，不同年级关注的重点又各有侧重。相比较而言，低年级强调的是"尊

---

1 由于价值观本身的特点，这里仅统计每个"家庭时间"所对应课文中的"教学成果"中明确提出的价值观，至于该表述中隐含的其他价值观、"家庭时间"中渗透的其他价值观，以及弥散在其他材料中的价值观，则均不列入统计，否则便无法界定各种价值观之间的界限，更谈不上比较分析。例如 2 年级主题一"我的新天地"中的第 3 课《我们一起来讨论》，其教学成果是："组员和我的看法不同时，我们会好好讨论，用最好的方法解决。"这里含有"尊重"的意思，但由于该词语并未明确出现在教学成果的表述中，故不列入统计。本文所有关于"教学成果中的核心价值观"的统计均依此原则进行。

重"，中年级强调的是"坚毅不屈"，高年级强调的是"和谐"。

第三，从相互关系上看，多种核心价值观往往相互交织，共同呈现。现代道德教育认为，道德本身是一个整体，不同价值观之间是相互交织在一起的，"美德袋"式的教育方式并不符合道德教育的客观规律。家庭教育体现了这一思想，多种核心价值观联系在一起，共同发挥作用。例如，在个人层面，围绕"负责任"与"坚毅不屈"，建议学生请家人谈一谈他们怎么发挥自己的长处，并与家人分享自己的心得体会，让自己发挥坚毅不屈的精神，以负责任的方式应对挑战（《少年当自强》）。在家庭层面，围绕"关怀"与"负责任"，建议家长和孩子谈谈所选择的行为，了解他做出某个选择的原因，鼓励孩子为建立快乐的家庭尽一份力（《快乐的家庭》）。在学校层面，围绕"关怀"与"和谐"，建议家长开展相关活动，让孩子通过友情在心智上变得更成熟，并了解与别人和谐相处的重要性（《友谊永固》）。在社区层面，围绕"尊重"与"关怀"，建议家长教导孩子主动与邻居交谈并通过适当的肢体语言对邻居表示友好（《好邻居》）。在世界层面，围绕"关心""负责任"与"尊重"，建议学生"与家人或家长谈一谈你所了解的世界上很多贫困儿童的生活情况，并请他们说一说自己的看法，或分享他们所读过的相关资料"，做一个负责任的公民，关注全球问题（《小行动，大影响》）。

需要注意的是，除了上述六大核心价值观，在遵照课程标准的同时，教科书根据学生特点加入了新的元素，更加突出其针对性。家庭教育环节强调的六大核心价值观之外的价值观主要有"勇敢"和"开心"。对于刚踏进小学校门的学生而言，"勇敢"被放在最前面，1年级主题一"我的新天地"中的第1课《新的开始》的教学成果为："我勇敢地面对困难，在需要的时候请别人帮忙。"主要目的在于教育学生在告别幼儿园来到小学后，早日实现角色的转变，适应新的生活，遇到困难主动向老师求助。与此相对应的"家庭时间"《我上学的日子》建议家长与孩子分享自己当年上学的经验，从而有助于他更快适应学校的新环境。他会对学校生活充满期待，希望自己的经历和家长的一样丰富。为此，"您可以和孩子聊聊自己以前最喜欢的老师、科目、游戏和食物等"。通过这个家庭教育环节，让学生意识到上学是一件令人感到兴奋的事，学校里有许多新奇有趣的事情，从而有勇气去积极体验。在2年级主题四"充满活力的岛国"中的第4课《真好吃》中，教科书强调了"开心"这一价值观。该课文的教学成果是："新加坡真特别，这里有各种食物，我住在这里很开心。"与之相对应的"家庭时间"《特别的午餐盒》建议家长和孩子一起动手准备一个特别的午餐盒，把代表新加坡不同文化的食物装入盒中，从而让学生体验到新加坡的社会是多元文化并存的，大家都喜爱日常生活中多样化的食物。

三、在教育过程上，综合运用学校、家庭、社会、网络等多种资源

教育是一个综合系统，品格与公民教育是一项社会系统工程。其实早在20世纪90年代末，新加坡的"教育合作伙伴"（Parents, Teachers and Neighbourhood Resources in Synergy，简称PARTNERS）概念就已经掀起了这一潮流，其核心旨趣在于为学生创建一个更好的"整合"的学习环境[7]。教科书体现了今天新加坡较为完备的"学校—家庭—社会"三位一体的教育网络。"家庭时间"虽然是家庭教育环节，但实际上已经通过家庭这个纽带，连通学校教育，并延伸到整个社会。这种对多种教育资源的综合运用主要体现为以下几种形式。

第一，利用教材中的其他教学材料。新加坡品格与公民教育的教材涵盖了课本、作业、教师手册、活动安排和视听材料等诸多方面，"家庭时间"充分利用了这些教学载体。其中"活动本"

是用得最多的一种。表3列出了与"活动本"相关的"家庭时间"统计情况。

表3 与"活动本"相关的"家庭时间"统计

年级	教科书		"家庭时间"	
	主题	课文	题目	主要内容
1年级	二 我能够自立	第2课 让我们出一份力	我们准备好了!	告诉孩子小心防范火灾,注意安全
		第3课 我的假期时间表	好好地计划	教导孩子安排时间能帮助他为自己的学习负责任
	三 快乐地在一起	第5课 快乐的家庭	快乐的家庭	鼓励孩子为建立快乐的家庭尽一份力
2年级	一 我的新天地	第4课 我长大了	负责任的孩子	和孩子讨论什么是负责任的行为
	三 快乐地在一起	第1课 谢谢你	爱的行动	鼓励孩子多向家人表示感谢,让他了解这是关怀家人的一种方式
	五 我们一起来关怀	第1课 不要捉弄我	互相关怀	教导孩子如何为家人着想
3年级	六 我是好学生	第2课 我的学习目标	我做得到	教导孩子设定简单的学习目标
4年级	三 让我们互相关怀	第1课 我可以从小事做起	为家庭尽一份力	通过节省家庭开支对家人表现关爱

这些与"活动本"相关的"家庭时间"列出了详细的内容,具有很强的可操作性。例如,《我们准备好了!》中建议家长:"和孩子一起玩游戏'我们准备好了!',这个游戏就在活动本第6~7页。通过这个游戏,让孩子进一步了解怎么为紧急时刻做好准备。"再如,《为家庭尽一份力》中建议学生:"你可以先向家长了解家中每个月的开支,包括水电费、电话费、交通费、食品杂货和日常用品的花费等。把这些开支记录在活动本第8页。告诉家人你打算怎么减少自己的花费,并和他们一起计划怎么在家里节省水电。根据你们的计划,请在活动本第9页写下你的承诺。在接下来的日子里,你可以鼓励家人互相提醒,一起实行节省水电的计划。最后,请家人在活动本里为你写一些鼓励的话。"活动本已经成为沟通学校教育和家庭教育的桥梁,也是学生和家长在家庭教育过程中互动交流的平台。学生在活动本上记录自己的学习内容、所思所感,家长在活动本上写下他们对学生的鼓励、赞扬与期望,这样有利于学校与家庭之间、学生与家长之间的良性互动,最终形成合力,促进学生品格的形成和公民意识的提高;同时,家长自身的品格与公民素质也得到了提升。

第二,利用社会上的其他教育资源。新加坡价值观教育的形式、途径具有多样性,注重政府与学校教育、家庭教育、社区教育的有机结合,构建四位一体的立体网络;重视社会环境的教育作用,价值观教育重在潜移默化[8]。家庭教育环节的设计充分体现了建立教育立体网络的思维。为了培养学生爱护环境的意识,"家庭时间"建议家长与孩子到附近的公园或各大公园去散步、慢跑或骑脚踏车(《美丽的绿色天地》);使用公共卫生理事会和新加坡国家环境局为学生设计的一份核查清单,引导孩子爱护环境和社区(《爱护环境,从家里开始》)。为了让学生明白维持社会凝聚力、促进社会和谐的重要性,建议学生利用5元钞票上的香灰莉树图案,与家长或家人说一说这棵古树的历史意义;了解新加坡植物园里其他一些树木和地点的历史意义;安排家人一起到新加坡植物园游玩,并在那里享受野餐的乐趣(《寻找历史的脚印》)。为了培养学生的爱国情怀,建议家长带孩子到国家博物馆参观日常生活用品展览,看看新加坡以前和现在的生活,让他们体会自己所拥有的并不是理所当然的,进而加强他们对国家的归属感(《我是新加坡人,我在这里成长》)。安排家人一起参观滨海湾堤坝或新生水展览馆,"为自己是新加坡人而感到骄傲"(《我们的水源》)。为了让学生学会尊重不同的文化习俗,建议家长带孩子参观"滨海湾花园"中的文化遗产花园,以了解在不同主题花园里的植物如何巧妙地与新加坡的文化相结合(《游园乐》)。

第三,利用网络资源。新加坡十分重视在教育过程中对网络资源的利用。新加坡教育部开发了一个网络素养在线教育平台(The Ministry of Education Cyber Wellness Portal),该在线平台对网络素养教育的概念、网络素养教育的课程内容和学习模式等,均作出了指导性的解释和建议[9]。在家庭教育环节中,利用现代科技借助网络平台进行品格与公民教育,这是一大特色。1~4年级的"家庭时间"建议家长先参考"滨海湾花园"中的文化遗产花园的网址,了解相关情况后再带孩子参观(《游园乐》);和孩子一起到新加坡文物局设计的文化遗产旅游路线官方网站查询更多的资料(《文化遗产之旅》);与孩子一起浏览国家公园局网站,了解更多有关如何善用社区公园的信息(《美丽的绿色天地》);和孩子一起上网,搜寻人们如何成功应对挑战的故事,并鼓励孩子向他们学习(《我会变得更坚强》);和孩子一起上网搜寻有关资料,了解本地的古迹(《历史的脚步》)。5、6年级的"家庭时间"建议学生浏览新加坡公用事业局的网站,进一步了解新加坡的水务管理系统、滨海湾堤坝和新生水,并和家长或家人分享与之有关的信息(《我们的水源》);通过新加坡公共卫生理事会的网站分享自己和家人爱护环境的方式(《我们也能尽一份力》);查阅新加坡植物园网站,了解一些家庭活动的建议(《寻找历史的脚印》);通过有关网站学习如何准备紧急袋(《我们的紧急袋》);浏览新加坡道路安全委员会的网站,点击代表骑士公路安全和儿童公路安全的标志,然后阅读有关的建议(《我们一起来遵守规则》);通过网站(例如"新加坡宗教联谊会""族群与宗教互信圈")了解宗教团体所举办的一些活动(《宗教和谐》);和家长或家人一起上网,找出新加坡一些志愿福利团体的网站,例如新加坡红十字会和"慈援"等,进一步了解他们是如何关怀和帮助其他国家的灾民的(《伸出援手》)。为了便于家长和学生的使用,大部分所提到的网站都在教科书中标明了网址。

四、在教育方法上,重视体验式学习,强调核心价值观与两大技能的融合

品格与公民教育是新加坡21世纪技能框架和学生学习成果的核心,它强调"核心价值观""社交与情绪管理技能""与公民道德相关的技能"(又叫"公民意识、环球意识与跨文化沟通技能")三个方面的内容。六大核心价值观与两大技能之间存在着密切的关系。核心价值观是品格的基础,提供行为指南;社交与情绪管理技能让学生能够有效地管理自己与处理人际关系,做出负责任的决定;与公民道德相关的技能让学生能够成为积极的、办事效率高的公民,对新加坡产生强烈的归属感。鉴于此,《新课程标准》将核心价值观、社交与情绪管理技能、与公民道德相关的技能三个方面作为一个有机整体,强调它们之间的相互联系,认为"这种紧密的联系对培养学生的品格与公民道德至关重要"[10]。

《新课程标准》明确将体验式学习作为一种基本的教学法。这种教学法为学生提供平台,让他们对自己的价值观及想法进行反思。学生能在现实情况中应用所学到的技能和知识,深化个人的价值观。学生从实践中学习,因此能够积极地把他们所学的知识应用在新的情况里。学生根据深化的价值观思考、分析和做决定,并把价值观付诸行动[11]。为了强调体验式学习,实

现核心价值观与两大技能的融合,家庭教育环节从四个方面进行了尝试。

第一,提倡家长与学生双方在语言和感情上的沟通交流。这是最常见的教育方法。关于这一点,不论是六个层面还是六大核心价值观都有所体现。例如在家庭层面,建议家长与孩子讨论什么是负责任的行为(《负责任的孩子》);在学校层面,根据新生入学的特点,建议家长与孩子分享自己当年上学的经验,和孩子聊聊自己以前最喜欢的老师、科目、游戏和食物等(《我上学的日子》);在社区层面,建议学生看一看家长或家人小时候在游乐场所拍的照片,请他们谈一谈当时游乐场的设计特色,并请他们说一说当年在游乐场玩耍时结交了什么朋友以及朋友之间是怎么互相关怀的(《游乐场的使命》);在国家层面,建议家长说一说自己的童年生活,让孩子更了解他们成长的这个地方,使他们更爱新加坡(《我是新加坡人,我在这里成长》);在世界层面,建议学生与家长或家人谈一谈自己了解的世界上很多贫困儿童的生活情况,并请他们说一说自己的看法,或分享他们所读过的相关资料(《小行动,大影响》)。

第二,注重行动,让学生在活动中形成价值观和获得相关技能。品格与公民教育具有很强的实践性,"家庭时间"为家长和学生提供了诸多具体的活动建议,在活动过程中达到教育的效果。例如,在1~4年级,教科书建议家长带孩子到国家博物馆参观日常生活用品展览(《我是新加坡人,我在这里成长》);和孩子一起制作一张家庭拼贴图,贴上孩子喜爱的家庭照,然后放在客厅里展示(《我是特别的》);带孩子参观"滨海湾花园"中的文化遗产花园(《游园乐》);和孩子一起动手准备一个特别的午餐盒,把代表新加坡不同文化的食物装入盒中(《特别的午餐盒》)。在5、6年级,教科书建议学生安排家人一起参观滨海湾堤坝或新生水展览馆(《我们的水源》);安排家人一起到新加坡植物园游玩,并在那里享受野餐的乐趣(《寻找历史的脚印》);与家长或家人一起把家里的紧急袋准备好,以便在发生紧急情况时使用(《我们的紧急袋》)。值得一提的是,教科书注重家长的教育行为与学生的实践活动相呼应。例如在3年级主题一"新起点"的家庭时间《我能成功》中,建议家长:"您的孩子在学校里自制了一个吊饰,让他把吊饰挂在家中,提醒他要坚强地面对挑战。当他实践所学时,您可以对他的行为表示肯定或赞赏。"

第三,提供具体建议,以方便家长和学生操作。"家庭时间"具有"操作指南"的性质,因而十分注重可操作性。教科书建议家长教导孩子主动与邻居交谈,如看见邻居的时候说"叔叔,早安!""阿姨,下午好!""太太,晚上好!"以及"您好!";教导孩子通过适当的肢体语言对邻居表示友好,如微笑和挥手(《好邻居》);和孩子一起做一张小卡片,写下五个方法,帮助孩子学习被欺负时该如何应对(《五个方法》);和孩子谈一谈:自己的名字是怎么取的?自己的名字的含义是什么?自己的名字有什么文化意义?(《我们的名字》);多认识孩子结交的朋友,和他说一说维系友谊的重要性,并说一说自己在这方面的心得(《友谊永固》)。

第四,强调教育过程中的及时反馈,正面强化。教科书在"家庭时间"中提到"鼓励""支持""肯定""赞赏""感谢"共有28次之多。这些反馈大多体现为总体建议,常见的表述为:"(对家长建议)如果您的孩子在做某某事时为实践所学,请对他表示肯定或赞赏";"(对学生建议)请记得向家长或家人表达谢意"。例如:"如果孩子能够对环境表现关爱,则对他表示肯定或赞赏"(《爱护环境,从家里开始》);"如果您的孩子想出了各种应对挑战的方法,或自己成功克服了困难,您可以对他表示肯定或赞赏"(《我会变得更坚强》);"在参观过后,请家人说一说他们的感想,并感谢他们有机会安排这次家庭活动"(《我们的水源》);"紧急袋准备好以后,记得向家人说声谢谢"(《我们的紧急袋》)。也有一些涉及具体做法,如《负责任的孩子》《爱的行动》《互相关怀》和《我做得到》4篇课文借助于活动本，对孩子的行为表示肯定与鼓励。除此之外，还针对其他形式的反馈方式给出了具体做法的，如鼓励孩子使用自制的钱箱来储蓄，当孩子达到设定的储蓄目标时，在钱箱上签名以表示肯定(《我不乱花钱》)。

参考文献：

[1] 白晓忠. 世界各国教育概况[M]. 南京：江苏教育出版社, 1996: 257.

[2] 佚名. 家庭价值观首份草件邀公众提意见与建议[N]. 联合早报, 1994-2-16(2).

[3] Student Development Curriculum Division, Ministry of Education, Singapore.《好品德好公民》课本（1~6年级）[M]. Singapore: Marshall Cavendish Education, 2015.

[4] [5] [6] [10] [11] Student Development Curriculum Division, Ministry of Education, Singapore. 2014课程标准·品格与公民教育·小学[M]. Singapore: Marshall Cavendish Education, 2014: 9, 10, 13, 2, 1, 31.

[7] 霍利婷, 黄河清. 学校、家庭、社会共同营造和谐教育——新加坡"教育合作伙伴"概念引介[J]. 外国教育研究, 2008(12): 73.

[8] 田玉敏. 新加坡编织青少年共同价值观教育立体网络[J]. 思想政治工作研究, 2013(12): 60.

[9] 王国珍, 罗海鸥. 新加坡中小学网络素养教育探析[J]. 比较教育研究, 2014(6): 100.

（作者陈卓系浙江警察学院社会科学部副教授，教育学博士。）

第五章　全球公民教育困惑与争议

多元话语与实践：西方全球公民教育述评

周小勇

导读：通过对西方全球公民教育的理论和实践进行梳理发现，西方全球公民教育无论在理论还是在实践方面都不是一个单数概念，它是一个复杂、多元的话语，实践形式也不尽相同。根据其背后理念的不同，可将西方全球公民教育划分为能力导向的全球公民教育、意识导向的全球公民教育、政治导向的全球公民教育和批判导向的全球公民教育，并就其如何理解全球公民和全球公民教育及推行相应的全球公民教育实践进行深入分析。

进入 21 世纪以来，全球公民教育越来越受到国际机构和各国政府的重视。联合国发起的"全球教育第一倡议"（Global Education First Initiative）将促进全球公民建设作为三个优先领域之一。2014 年 5 月 12—14 日的全民教育（EFA）全球会议在马斯喀特召开，会议发表的"2014 全民教育全球会议最后声明——《马斯喀特共识》"制订了 2015 年后全民教育议程，确定了到 2030 年人人享有公平、包容的良好教育和终身学习机会的总目标。总目标下分解 7 个具体目标，其中第 5 条特别提到全球公民教育：到 2030 年，让所有学习者都获得建设可持续的和平社会所需要的知识、技能、价值观和态度，全球公民教育和可持续发展教育是达成这一目标的重要手段[1]。

与联合国一系列倡议相呼应，全球公民教育也随着全球化进程逐渐成为西方甚至全世界教育领域日益显现的话语。不过，需要注意的是，西方全球公民教育并不是一个单数概念，尽管都声称自己所从事的是全球公民教育，但这些实践及其背后的理念呈现出多元化的态势，其理论内涵及操作实践存在着很大的差异。分析有关全球公民教育的文献可以发现，"全球公民教育"包含了一个复杂、多元的话语体系，其背后的理论依据也各有侧重，具体实践也不尽相同。

一、能力导向的（competence-oriented）全球公民及全球公民教育

西方社会对公民的理解历来有两个传统，即自由主义传统和共和主义传统。依据自由主义传统，公民的核心是享有权利，公民是建立在权利基础上的法律身份，洛克（John Locke）对此有经典的分析。当然，与此相对应，公民也承担对国家忠诚及其他义务，但总体而言，自由主义传统对公民的理解更加强调个人的权利而非对他人的义务。

反映到全球公民教育上，就是强调基于竞争的个人选择。以能力为导向的全球公民教育，也被称作新自由主义（Neo-liberal）全球公民教育、工具主义的全球公民教育（instrumental agendas in global citizenship education）、经济层面的全球公民或实用主义的全球公民教育（pragmatic global citizenship education）[2]。以能力为导向的全球公民教育观已经成为 21 世纪

教育的主流话语。美国前总统奥巴马（Barack H. Obama）在2009年的一次演讲中谈道："我倡议咱们国家的州长们、各州的教育主管们，在开发评价标准时，不要只盯着学生涂写的答题卡，而是要看看他们是否掌握了21世纪的技能，比如解决问题能力、批判思维能力、创新精神和创业精神等[3]。"

类似"全球竞争""21世纪的技能"这样的话语并不仅仅是美国国内的政治修辞，而且它已经成为明显的全球性话语，无论是在欧洲国家、美国、加拿大，还是在中国、日本、韩国[4]，甚或是非洲国家，21世纪的技能都是一个热门词汇。在联合国教科文组织的一些文件中也开始反映这种对全球竞争力的关注，表示这是该组织发展策略的一部分。其2008年的一份文件声称，该组织致力于"加强教育和经济发展之间的联系"，从而"使学校课程适应来自全球市场和知识经济的新的需求，培养学生诸如沟通、批判性思维、自信、科学思维以及技术等能力，并且学会如何学习"[5]。

能力导向的全球公民被看作是这样的人：

1. 他/她能够在全球范围内自由往来以获取各种机会。
2. 他/她因为参与全球社群而获益。
3. 他/她积极参与到全球经济发展进程中。
4. 他/她能够和全球范围内的精英相竞争。
5. 他/她是在全球市场如鱼得水的参与者。
6. 他/她关心并推动全球文化、政治和经济环境发展。

新自由主义全球公民社会文化资本的获得取决于一些知识、技能及情感态度，可以通过教育来帮助学习者获得这些能力，即全球公民教育。能力导向的全球公民教育主要着眼于以下议题：

1. 确保学习者掌握充分的语言技能。
2. 培养学习者参与全球市场所必需的技能。
3. 提升学习者的跨文化交际能力，包括跨文化知识、技能及态度。
4. 提供国际游学或访问经历。

二、意识导向的（consciousness-oriented）全球公民及全球公民教育

自由主义传统的公民观强调对个人权利和自由的保护，相对而言，公民的概念是静态化的，自由主义公民倾向于被动地享有个人权利，对参与公民社会不太积极。与自由主义注重消极的自由不同，共和主义所认同的自由是积极的自由，是"被公意所约束着的社会的自由"以及"道德的自由"[6]。

共和主义公民观对公民的道德期许同样被赋予了全球公民。从这个角度而言，全球公民教育意味着教育学生"不能仅仅依据自身、地方和国家的考量而做出决策，而需要把整个世界包括进来"，全球公民"不单单思考什么对我们自己最为有利，更多的情况下，他/她思考的是什么对整个世界而言是最为有利的——我们对世界肩负着什么责任"[7]。与新自由主义全球公民观关注能力不同，新共和主义（Neo-republican）全球公民观关注公民的意识和行动，因而也被称作是意识导向（consciousness-oriented）的全球公民观。

首先，全球公民必须有罗伯特·汉威（Robert Hanvey）所谓的视角意识（perspective

consciousness）[8]，他/她必须意识到自己的观点并非被他人一致接受，他人的观点可能与我们的观点大相径庭，换句话说，视角是多元的、跨越界限的。这里所说的界限不仅仅指地理上的界限，在更多情形中，这里所说的界限指民族、种族、性别、宗教以及文化的界限。比如说，对于一个全球公民而言，他/她能够超越自身的视角，能够超越地域界限去关心和理解他人的生活和经验。这是一种思维方式———一种甘愿付出的意识，将自己视作更为开放的社群中的一员，而不仅仅局限于当前、当地的环境范围。这种对自身身份和义务的开放心态正是现代意识的内在特征之一。皮特·伯格（P. Berger）认为，"生活世界的多元化"是现代性的印记[9]。对全球公民来说，由于全球化所带来的国界的消失，身处多元的生活世界、拥有多元公民身份，必然要求具有多元的视角意识。

其次，全球公民必须具备全球意识，也即汉威（Hanvey）所谓的"全球国家"意识（"State of the Planet" Awareness）。视角意识的训练可以帮助学习者建立起正确的全球意识，全球意识是全球公民的灵魂。全球社会越来越紧密的联系（interconnectedness）和彼此依存性（interdependence）决定了我们必须把全球社会看作一个整体，用更为开阔的视域来审视我们身处的世界。正如耶茨（Yates）[10]所说，我们"有关世界的图景"第一次形成了真正意义上的整个地球，"整个人类被看作是一个整体，世界被看作是一个整体，历史被看作是共享的叙事"。对于（新）共和主义者来说，参与公共社会是公民的本质之一，而全球公民则应当投身于全球社群（global community）。

最后，积极参与（active participation）还意味着行动。与能力导向的公民观强调公民的权利不同，意识导向的公民观更加强调公民参与公共生活，对共和主义者来说，存在是通过积极参与来体现的。与之相适应，全球意识要求全球公民参与到全球社群，承担一定的义务，这种责任感和行动才是一个全球公民作为人类社群的一名成员所具有的根本性特征。主动参与意味着对人类整体——全球社群中我们的邻居——的责任和关爱。全球意识中所蕴含的责任通常以关注全球性问题的形式而存在：饥饿、贫穷、环境污染、和平等，都是全球公民教育所关注的主题。

著名慈善和教育机构乐施会（OXFAM）是此类全球公民教育的典型代表。根据乐施会的定义[11]，全球公民是将世界视为一个全球社区并承认在这个社区内的公民所具有的权利与义务的人，他/她：

1. 意识到自己身处于一个广阔的世界，并意识到自己是一个世界公民。
2. 尊重并重视多样性。
3. 懂得身处的这个世界在经济、政治、社会、文化、科技及环境方面是如何运作的。
4. 对社会不公感到愤慨。
5. 愿意采取行动使我们所处的世界变得更加公平，促进世界可持续发展。
6. 在各个层面，从当地一直到全球范围，参与社区建设，为社区建设奉献自己的力量。

乐施会认为，负责任的全球公民具有知识、能力和价值观三个方面的因素。从知识角度而言，全球公民具备有关社会公正和平等、多元文化、全球化、可持续发展以及和平与冲突等方面的知识；从能力角度而言，全球公民具有批判性思维、对不公平提出挑战、尊重不同的人和事物、合作以及解决冲突的能力；从价值观角度而言，全球公民具备身份意识和自尊、具有同情心、致力于社会公平、尊重多样性、致力于改善环境和可持续发展、相信努力可以创造不同的世界等。

三、政治导向的（politically-oriented）全球公民及全球公民教育

自由主义和共和主义对公民的理解历来不同，其根本的问题在于如何看待公民的权利，如何看待公民应尽的道德义务，以及如何理解公共生活与政治的关系等。但无论是自由主义，还是共和主义，两者都是在民族国家的框架内来理解公民含义的，在这一点上，双方并不存在分歧。所谓全球公民，不过是在外延上超越了民族国家的界限而已。

然而，从世界主义者（cosmopolitans）[12]的角度而言，民族国家的边界限制显然不成为全球公民身份的桎梏，对世界主义者来说，民族国家主权主义者对公民的理解只是对公民、国家以及全人类之间关系的若干理解路径之一，对其他路径而言，民族国家与公民之间的绑定无论从历史角度还是从现实角度而言都站不住脚[13]。

全球化使得一些原来发生在主权国家之间的政治、经济、文化和社会关系第一次真真切切地发生在普通人之间。例如，作为一个世界公民，帮助世界上其他地方极度贫困的人消除贫困就是世界主义在现实中的具体体现。如此，世界主义便不再是少数人的乌托邦，而是许多人的行动纲领，是世界公民的行动纲领[14]。当今的世界主义者已不再刻意强调成立一个全球联合政府，而是致力于创建一个全球范围内的公共社会空间（world-wide public space），作为全球公民积极参与公共生活的舞台。对世界主义者来说，除了不利用别人的弱点谋利、有决心从道德的角度关爱他人之外，全球公民还必须采取政治范畴内的行动去创建交往社群（communication communities），以使外来者，尤其是其中的弱势群体，有能力就不公正的社会结构进行分析和协商[15]。林克莱特（Linklater）把这种对公民的理解称之为对话公民观（dialogic citizenship），是理解公民、国家和人类整体之间关系的第三种途径。联合国、欧盟和跨国非政府组织都是比较典型的例证。

尽管世界主义者认为，全球公民应当关爱全球社群中的其他个体以及全球社会所面临的共同问题，尽管与意识导向的全球公民教育在某种程度上有相互重合的议题（如社会公正、环境等），但现代世界主义者所认同的全民公民教育更加侧重公民身份的政治含义，有时候甚至刻意区分世界公民（cosmopolitan citizenship）和全球公民（global citizenship）[16]，前者属于政治概念，而后者更多地出现在经济和社会领域。

当今的世界主义者更希望用多元身份的视角来达成世界主义的理想，在他们看来，世界公民身份与国家公民身份及地方公民身份并非是冲突的，而是共存的。换句话说，每个人都拥有多元、多层次的公民身份，拥有世界公民身份并不排斥拥有国家公民身份。相反，国家公民身份以及地方公民身份对世界公民来说还很重要，正是在地方的层面上，在每天的日常生活中，我们才有机会践行公民身份的含义[17]。

当代世界主义者寻求创建一个全球公民社会（global civil society）[18]，其出发点局限于民族国家的民主是有缺陷的民主。戴维·赫尔德（David Held）[19]认为，由一个国家或地区的公民所做出的民主决定，如果影响到了"非公民"——其他国家或地区的公民——的权利，那么就不能称之为民主的决定。比如说，在当今这样一个全球化社会，处于全球秩序底端、撒哈拉沙漠以南的一些村民，他们的生活很有可能会受到某一主权国家内部民主决策的影响；德国央行利率的调整会影响到欧洲其他国家的就业形势；一个国家有关核发电站的决策可能影响到周边国家的环境。那些被影响到的群体或公民通常处于弱势，没有对上述决策的话语权，目前以主权国家为主体的国际关系（international relations）模式无法解决公平缺失的问题[20]。

政治导向的全球公民教育以世界公民身份建构为核心目标,旨在培养能参与全球公民社会的公民。受过良好教育的世界公民,首先理解自己作为地区、国家及世界公民的多重身份,并愿意为地方社群及全球社群的和平、人权和民主而奋斗,他们:

1. 认同个人责任,认识到作为公民的职责。
2. 协同解决问题,致力于创建和平、公正和民主的社群。
3. 尊重人们之间存在的性别、种族和文化差异。
4. 尊重文化传承并致力于保护环境。
5. 在国内国际层面推进团结和平等[21]。

在课程建设方面,世界主义公民教育与公民教育的课程基本一致,通常在学校正式教育中以公民教育课程或社会课程来实现。当然,从教学法的层面来说,尽管世界公民教育和国家公民教育在概念上不存在冲突,但世界公民教育的确需要与国家公民教育不同的教学法。例如,世界公民教育需要学习者批判地、而非盲目地看待爱国主义。世界公民身份是建立在对全球公民社群中他人的关切态度之上的,因此,世界公民教育对民族—国家中心主义提出了挑战。世界公民教育意味着对国家公民身份更为广阔的理解。比如说,世界公民教育需要我们意识到,不同人对公民身份的理解可能是不同的[22]。

四、批判导向的(critically-oriented)全球公民教育

全球公民教育的兴起,从某种程度上而言,是面对全球化态势的回应,从理想的层面而言,有着崇高的教育情怀,通过教育途径解决我们所面临的社会危机。这是一直以来教育所赋予的自身的理想。然而,无论是能力导向的全球公民教育、意识导向的全球公民教育还是世界主义视域中的全球公民教育,如果还是受到传统教育力量的主导,那么我们对全球化的复杂性及其所带来的问题的认识注定不够彻底,也无法创建全球公民教育所期冀的自由、平等和公平的全球社群[23]。批判导向的全球公民教育从批判教育学、话语分析、后殖民主义理论出发,对当前的全球公民教育话语进行批判,并提出基于批判理论的全球公民教育观。

(一)对能力导向的全球公民教育观的批判

对能力导向的全球公民教育观的批判,首先指向其背后的新自由主义。美国著名的批判教育学家亨利·吉鲁(Henry A. Giroux)指出,新自由主义已经成为21世纪流行最广和危害最大的意识形态之一[24]。新自由主义对全球经济有着前所未有的影响,自由市场的原教旨主义已经取代民主的理想主义成为世界大多数地方的政治和经济的驱动力量;更为严重的是,它强大到可以重新定义社会政治生活的方方面面,以至于父母和孩子、医生和病人、教师和学生之间等原本充满丰富含义的关系都被简化成了供应商和顾客的关系。

(二)对意识导向的全球公民教育观的批判

意识导向的全球公民教育观主张公民要意识到不同文化的人们之间存在视角的差异,主张公民积极参与联系日趋紧密的全球公共社会,采取行动解决人类所共同面临的贫穷、冲突和环境问题,这是意识导向的全球公民教育的主要宗旨。但在批判教育者看来,这种以关爱、帮助为主题的全球公民教育依然没有认识到造成贫穷、冲突和环境污染的根源,属于"温和的"(soft)全球公民教育[25]。比如说,一些国际非政府组织所推行的志愿者行动,尽管其宗旨是帮助欠发

达地区的人民摆脱贫困,但实际上这些非政府组织所传递的并通过其志愿行为不断强化的信息却是这样的观念:北方(发达国家)与南方(欠发达国家)之间存在的并非是全球公民所声称的相互依存的关系,有着切割不开的命运,而是一种"供养"关系,即发达国家在"供养"欠发达国家。发达国家对欠发达国家的种种善举被看作是一种"施舍",这体现在相关机构的公共服务申明、发展教育的教材和资金筹措的广告之中,也体现在资金和技术(从富到贫)的转移当中。这种"北方给予、南方接受"的信息反复传递着一个信息——南方的需求是无止境的,因而建立在这种模式上的善举是不可持续的,也无法持续培养积极改变现状的全球公民[26]。问题的关键是,我们应当以批判的态度审视全球性的问题。

(三)对政治导向的全球公民教育观的批判

当代世界主义对全球化的回应可以归结为世界主义民主,其想法很简单:既然我们在民族国家范围内可以实现民主,那么,全球化时代的要求就是把这种民主的思想和实践扩大到民族国家范围之外,创建可以实现民主的政治社群,当代世界主义的代表人物戴维·赫尔德(Held)为此详细设计了全球民主治理的多层次模型。但在后殖民主义者或批判主义者眼里看来,这样的设计缺乏对历史现实的关注,是反历史(ahistorical)、以欧洲模式为中心的,且没有关注到全球化时代错综复杂的社会现实情境。

现代公民身份是和西方社会的现代化以及非西方社会的殖民化的进程联系在一起的。对西方国家而言,其现代化是通过代议制政府、国际法体系、欧洲帝国的去殖民化、超国家层面的治理体系以及全球公民社会的形成而完成的;对非西方国家而言,其现代化是通过殖民化、托管制、后殖民民族国家的形成和全球治理机构的成立而实现的。在这个过程中,西方社会的公民观念被上升到唯一对全人类通用的公民观念。这种所谓的通用的公民观念,通过看似普遍的历史进程呈现出来,从原始文明到开化、现代化、立宪制、民主化再到如今的全球化。起源于欧洲、被表述为普遍话语的社会发展阶段,随着欧洲对其他国家的殖民以及欧美经济在全球不断扩大影响而建立的新的霸权扩散到了全世界。

世界公民、全球治理成为西方发达国家重新取得霸权地位的全新话语,现代(或者后现代)国家借由全球性治理机构如世界银行、国际货币基金组织等联合起来实施"先进的治理";他们的跨国公司享有世界公民的自由贸易权利;国际非营利组织作为全球公民参与公共生活的场所。所有这一切都借由自由、平等的话语表达,从而有意识(或无意识)地掩盖了帝国与殖民地之间的剥夺与被剥夺的历史,也掩盖了至今依然存在的控制与依赖的不平等关系[27]。

(四)建构转化导向的(transformation-oriented)全球公民教育

转化导向的全球公民教育强调发展学生处理复杂性、不确定性和不安全感问题的能力,认为全球公民教育的核心之一在于培养学生的批判素养和独立思考的能力,从而帮助学习者:

1. 接触复杂的地方/全球社会进程,培养多元视角。
2. 审视自己及他人理论的源头及其意蕴。
3. 磋商变化、转化关系、独立思考、对自己的生活做出负责任和自觉的选择。
4. 学会与差异及冲突共存,并从中学习,阻止冲突进一步发展为侵犯和暴力。
5. 与族群之外的人建立起道德、负责任和关爱的关系[28]。

为培养学生的批判素养,转化导向的全球公民教育着重以批判的思维探究和分析发展、文明进程与进步、文化与差异、社会与全球公正、贫穷与财富、消费主义与反消费主义、恐怖主义等议题，重点突出对待这些议题不同的、甚至是冲突的视角，从而引导学生审视自身的观念和态度，养成独立的批判思维，做出符合伦理的选择。

批判导向的全球公民教育强调教师和学生应当挑战固化的、占主导地位的意识形态，分解权力结构，挑战当前的课程与教学。教师需要重新考虑整个公民教育课程，鼓励学生反思经济、知识、文化和身份的不确定性，从而获得理解和质疑压迫性的社会、政治和经济结构的知识和意识。全球公民教育的义务就是要让学生掌握这样的知识和意识，并最终掌握消除压迫性结构的能力。

五、结语

进入21世纪以来，全球公民教育已经成为西方国家学校教育、非正式教育以及非政府组织非常关注的话题。随着全球化进程的不断深化，西方国家对全球公民和全球公民教育的理解也逐渐深入，在此基础上的实践不断丰富，全球公民教育的宗旨及实施途径存在着很大的差异。新自由主义推崇整体的全球市场的主导作用，提倡跨国自由贸易。从这个角度出发，全球公民就是能够成功参与自由市场，具有熟练的语言、交际、文化沟通技能特征的人。新共和主义强调公民参与公共生活的重要性，看重对他人的责任。从这个角度看，全球公民是那些对全球化带来的问题深切关注的人，他们致力于理解造成各种社会问题的文化差异，对全球性问题，如环境、贫穷及不平等都非常关注，并致力于采取行动解决这些问题。世界主义者看重全球公民的政治身份建构，强调建设民主的全球治理机构和全球公民社会。从这个角度看，全球公民积极参与全球治理，努力参与创建全球公民社会。批判主义者则把全球化看作西方经济霸权不断扩张的结果，全球公民需要理解西方经济霸权如何导致了世界经济发展的不平衡，从而造成了某些地区的贫困、落后和冲突。因此，全球公民教育应当以转化为导向，把全球化看作一个经济、文化、社会、环境和政治进程，发达国家和不发达国家、西方和东方、北半球和南半球的公民需要共同努力，消解以上二元结构，将彼此看作超越国家界限、相互依存、生活在同一个社群的成员，其共同使命是让我们彼此共存的家园更加公正、民主和可持续发展。

参考文献：

[1] GEM.GEM final statement 2014 GEM final statement—— the muscat agreement [EB/OL].(2014)[2016-01-12].https: //sdgs.un.org/sites/default/files/documents/7170GEM%2520Muscat%25202014.pdf.

[2] RICHARD F. Global visions: beyond the new world order [M].Cambridge: South End Press, 1993: 42-47.

[3] BARACK O. Remarks by the president to the hispanic chamber of commerce on a complete and competitive american education [EB/OL].(2009)[2016-01-12].https: //obamawhitehouse.archives.gov/the-press-office/remarks-president-united-states-hispanic-chamber-commerce.

[4] 姜英敏. 韩国"全球公民教育"的发展及其特征[J]. 比较教育研究, 2013(10): 49-55.

[5] UNESCO. IBE strategy 2008—2013 [EB/OL]. (2008)[2016-01-12].http: //www.ibe.unesco.org/fileadmin/user_upload/Publications/Institutional_Docs/IBE_STRATEGY08_en.pdf.

［6］卢梭.社会契约论［M］.何兆武,译.北京:商务印书馆,1980:31.

［7］JEFFERY D. The longings and limits of global citizenship education［M］.New York:Routledge, 2013:127.

［8］ROBERT H. An attainable global perspective［J］. Theory into Practice, 1982（21）:162-167.

［9］BERGER P, BERGER B, KELLNER H. The homeless mind:modernization and consciousness［M］.New York:Vintage Books, 1973:68.

［10］JOSHUA Y. Mapping the good world:the new cosmopolitans and our changing world picture［J］.The Hedgehog Review, 2009（11）:7-27.

［11］OXFAM A. curriculum for global citizenship［M］.Oxford, UK:OXFAM, 1997:8.

［12］BANKS J A. Teaching for social justice, diversity, and citizenship in a global world.［J］.Educational Forum, 2004（68）:289-298.

［13］ANDREW L. Cosmopolitan citizenship［M］.New York:St. Martin's Press, Inc, 1998:35-59.

［14］NIGEL D. An introduction to global citizenship［M］. Edinburgh:Edinburgh University Press Ltd, 2003:6.

［15］O'NEILL, ONORA. Transnational justice［M］.Cambridge:Polity, 1991:103.

［16］AUDREY O. Teacher interpretations of citizenship education:national identity, cosmopolitan ideals, and political realities［J］.Journal of Curriculum Studies, 2011, 43（1）:1-24.

［17］NUSSBAUM M C. For love of country: debating the limits of patriotism［M］. Boston:Beacon Press, 1996:2-20.

［18］MARY K. The ideas of a global civil society［J］.International Affairs, 2003, 79（3）:583-593.

［19］DAVID H. Democracy and globalization［J］. Alternatives:Global, Local, Political, 1991, 16（2）:201-208.

［20］DANIELE A, HELD D. Cosmopolitan democracy［EB/OL］.（2010）［2016-01-20］.http://www.danielearchibugi.org/downloads/papers/2017/11/Archibugi_Held_CD-Paths-and-Ways.pdf.

［21］AUDREY O, STARKEY H. Learning for cosmopolitan citizenship:theoretical debates and young people's experiences［J］.Educational Review, 2005, 55（3）:243-255.

［22］AAUDREY O, VINCENT K. Citizenship and the challenge of global education［M］. Stoke-on-Trent, UK:Trentham, 2002:17.

［23］VANESSA A. postcolonial and post-critical global citizenship education［C］// GEOFFREY E, CHAHID F.Education and social change:connecting local and global perspectives. London:Contimuum International Publishing Group, 2010:238-250.

［24］GIROUX H A, GIROUX S. Challenging neoliberalism's new world order: the promise of critical pedagogy［J］. Cultural Studies & Critical Methodologies, 2006（6）:21-32.

［25］VANESSA A. Soft versus critical global citizenship education［J］.Policy and Practice-A Development Education Review, 2006（3）:40-51.

［26］Canadian Council for International Cooperation. Global Citizenship:A New Way Forward ［EB/OL］（1996）［2015-12-22］.http://www.ccic.ca/_files/en/what_we_do/002_public_a_new_way_forward.pdf.

[27] AYERS A J. Demystifying democratisation: the global constitution of (neo) liberal polities in Africa[J].Third World Quarterly, 2006, 27(2): 321-338.

[28] ANDREOTTI V, BARKER L, NEWELL-JONES K. Critical literacy in global citizenship education[R].Center for the Study of Social and Global Justice, 2008.

（作者周小勇系华东师范大学外语学院副教授，华东师范大学教育学部国际与比较教育研究所博士生。）

国际环境政治与全球公民教育的批判路径

郑富兴

导读：自20世纪90年代以来，全球公民教育研究和实践蓬勃发展，然而全球公民教育实践的效果很有限。对于全球公民教育的探讨不能回避"全球公民教育如何可能"这一前提性问题。"全球公民"身份推衍困境、"在地实施"的"异化"后果让全球公民教育实施的可能性成为问题。环境问题既是一个"全球共同利益"问题，也是各国政府关心的问题，为解答"全球公民教育何以可能"提供了较好的切入点。国际环境政治解释了全球环境治理中发展中国家与发达国家的不合作与不平等状况。以全球环境问题及其治理作为教育内容，全球公民教育具有批判性。批判的生态教育学成为全球公民教育的重要实践形态。在既有的国家边界限制下，批判的生态教育学通过全球与在地的混合行动，让全球公民教育获得了一种新的可能性。

自20世纪90年代以来，关于全球公民教育的研究和实践蓬勃发展。这既是诸如联合国教科文组织等国际组织、非政府组织努力促成与推动的结果，也是全球化时代国际合作与竞争的需要。然而有研究指出，全球公民教育实践所取得的进展却不是很大[1]。2016年6月1日，第66届联合国新闻部/非政府组织会议通过了一份全球教育行动纲领《庆州行动计划》，主题为"开展全球公民意识教育：共同实现可持续发展目标"。这一目标主要指2030年可持续发展议程中的可持续发展目标4："确保包容和公平的优质教育，让全民终身享有学习机会"[2]。针对这一目标，该计划提出了42条落实全球公民意识教育的建议，从原则、内容、方式到组织，非常详尽，针对性强。《庆州行动计划》充分体现了联合国等国际组织落实全民教育和全球教育政策的急迫心情。当前，全球公民教育研究大多讨论的是其重要意义与如何实施，而全球公民教育的推动者与工作者不能回避"全球公民教育如何可能"这一前提性问题。

一、全球公民教育的实践困境

全球公民教育理念实现与政策落实的难点在于教育目标的全球性与教育实施的地方性之间的关系问题。简单地说，就是"全球公民，在地教育"。前者从受教育者的角度看全球公民身份的群体归属问题，即"何种公民"；后者从教育者的角度看全球公民教育的实施主体、实施途径与方法等问题，即"如何教育"。

从受教育者的角度来看，全球公民教育实践在教育目标上存在着厘清培养国家公民与培养全球公民之间的关系问题。"'全球公民'概念从未像'国家公民'或'公民身份'那样具有清晰的内涵和外延界定，这是由于'全球公民'概念完全缺乏当把公民身份这一概念用于描述个人与国家之间关系时所具有的法律和政治准确性[3]。"一般认为，全球公民身份归属于人类共同体，传统公民身份归属于民族主权国家。从地方到全球，存在公民身份推衍的困难。推己及人在地方层面和国家内部都很难做到，推己到他国、他文化就更加困难。没有归属群体的公民身份是空洞的，而不同层次群体之间的深沟壁垒使得公民身份被分割成互无联系的若干成分。"传统公民教育对国家公民的关注与全球性的视角相比，构成了一种国家—全球困境中的约束。传统公民教育本身就是以国家为中心的，强调关于政府知识的教与学。这种途径是在民族国家构建时期、冷战时期、前全球化时期得以确认的。全球公民教育不是传统公民教育的扩展，而是对所有21世纪公民提出的要求的逻辑发展。它应该帮助学生发展文化的、国家的和全球的认同（identification），也显著地促进了公民民主的发展[4]。"当代民主国家大致能够解决国内的公民身份问题，即不同阶层、宗教、地域的群体能够相对公平地分享共同利益，但在国家界限之外就很难做到这一点。全球公民教育的任务是让个体逐步扩展自己的公共参与范围，逐渐超越自己所在的阶层、宗教、社区、国家，走向人类共同体。这无疑是艰难的，甚至是不可能的。从国家公民到全球公民的身份推衍的国家界限是全球公民教育实践的第一个困境。

从教育者的角度来看，全球公民教育在实施上受主权国家的教育能力和价值意识两个因素制约。有价值意识没有实施能力，或者有实施能力没有价值意识，都不足以落实全球公民教育理念。

首先，主权国家的教育能力是全球公民教育有效实施的重要基础。现代大规模的制度化教育体系是教育国家化的结果，只有国家才有能力提供大规模教育所需的成本。全球公民教育的"在地实施"，不仅体现在培养"全球思考、在地行动"的公民这一目标上，更体现为全球公民教育实践是在一个个民族主权国家的学校进行。如果没有民族国家框架里的学校教育，全球公民教育就难以落实。这也是为什么人们大都在高等教育层面谈全球公民教育的原因[5]。虽然许多国际组织或非政府组织也在实施全球公民教育，但是这些组织的教育实践最终要依赖公民所在的国家或政府。教育的社会制约性与现代教育的国家化决定了全球公民教育实践的力度与效果因国而异。

其次，主权国家的价值意识是全球公民教育有效实施的关键因素。从全球公民教育政策与实践来看，国家重视全球公民教育，实施力度大，则效果好，反之则效果差[6]。"重视"表明了国家对全球公民教育的价值意识。全球公民教育的价值意识是指个体、社会和国家等以什么态度、什么道德准则去对待全球公民教育。全球公民教育对于不同国家具有不同的意义。对发达国家而言，全球公民教育更多是一种新自由主义途径，即基于单一全球市场的支配和自由跨国贸易原则，认为全球公民是由资本主义和技术驱动的自由经济的参与者[7]。发达国家的全球公民教育实践有着一种全球主宰者或救世主的潜意识。而对发展中国家而言，全球公民教育既要培养能够参与全球经济竞争的全球公民，也要培养抵御由发达国家主宰的全球政治、经济、社会体系的国家公民。对发展中国家来说，国际关系视野下的全球公民教育存在着"既要学习西方，又要反对西方"的一种矛盾。由此可见，无论发达国家还是发展中国家，全球公民教育一旦由主权国家加以实施，便不可避免地被赋予了维护国家利益的价值。全球公民关注"全球共同利益"[8]，而传统公民关注国家利益。但是，全球公民教育在国家化教育制度下实际上被转换成了国家公民教育。换句话说，全球公民教育只是国家教育的一种手段而已。这种"异化"也许是全球类教育的普遍命运。其实，各国政府对全球公民教育这一概念均持谨慎态度。美国人承认："与欧洲和东亚国家相比，美国教育工作者对全球公民教育比较谨慎，甚至持怀疑态度，他们还认为这会冲击爱国主义[9]。"在美国，"虽然全球公民这一概念已经在学术会议、各种教育话语中被越来越广泛地使用，但是在课堂上却很少听到这些术语"[10]。

全球公民教育"在地实施"的"异化"后果让全球公民教育的可能性成了问题。全球公民身份的归属问题质疑了全球公民教育的价值和教育目标的可行性，而全球公民教育的能力与范围问题则直接质疑了全球公民教育实施的可行性。全球公民教育政策的落实不容乐观。全球公民教育大多停留在教育理念层面，为不同国家、不同组织的教育机构有选择性地使用。对此，《庆州行动计划》提出"敦促"联合国与会员国在政策实践中优先重视教育，要求作为全球公民教育主体的非政府组织增强游说政府的能力[11]。Robert C. Paehlke 说"全球公民运动未必紧迫，而且实施也很困难，因为它没有明确的责任主体"，即全球公民没有一种全球政府做依托[12]。没有"全球政府"，且各种国际组织又是松散的，全球公民孤立无依[13]，全球公民教育自然无力、低效。

二、国际环境政治与全球公民教育的可能

全球公民教育的实践困境彰显了主权国家是全球公民教育政策落实中的关键因素，主权国家把全球公民教育转变成了维护本国利益的国家公民教育。在这种情况下，我们可以从两个方面着手推动全球公民教育的在地实践：一是将各国共同关注的问题作为全球公民教育的内容，这样各国在实施关于共同关注问题的国家公民教育的同时，也就等于在实施全球公民教育；二是寻求社会力量的支持，通过自下而上的努力，推动主权国家政府把全球全人类共同关注的问题纳入学校课程并予以实施。这两个方面都基于"各国共同关注的问题"。这一思路实际是从全球公民教育内容的角度来解答其可能性问题。

前述全球公民教育实践中"全球目标与在地实施"并没有谈及全球公民教育的课程内容，而指出全球公民教育的内容应该注重探讨那些超越国界、影响全球的基础性问题。现有全球公民教育实践大都依托于多元文化教育、国际理解教育、人权教育等来展开其活动。这些活动固然有其价值，但是大都体现在教育目标上，而不是具体内容，比较空洞，更重要的是这些内容的政治性与文化性过强，难以超越国界，为主权国家政府所警惕。价值层面与制度层面的文化差异是根本的文化差异，而各个国家的政治与文化差异非常大，即使在"世界是平的"全球化时代也很难改变。因此，全球公民教育中偏重政治、文化方面的内容难以为各国政府所认同。但是，如果把全球公民教育的内容侧重于物质文化、自然环境方面的问题，那么各国政府的认同程度就会增加，从而对全球公民教育的支持力度就会增强。

世界各国共同面临的最具生存性和基础性的问题非环境问题莫属。环境问题是一个关系人类生存空间的底线问题，还是一个全球性和普遍性的问题。全球性意味着环境恶化的影响是自然的、客观的，它没有政治界限与地理界限；普遍性意味着环境问题无人能够逃脱，丧钟为每个人奏鸣。

但是，如果环境问题只是一个无关政治与社会的问题，自然也就没有公民教育的价值。虽然各国共同面临环境问题，但是，解决环境问题也要考虑国家的治理能力和价值意识。环境问题本身是经济生产与消费的不可持续模式造成的结果。可持续发展是一个"全球共同利益"问题。近年，有研究者主张，全球公民教育需要根据可持续发展来加以重塑，因为当前由新自由主义主导的那些被动的、工具化的教育模式正在塑造或维持当今世界那些备受关注的价值观念和思维方式，如环境不正义[14]。围绕环境问题的治理责任认定产生了国际环境政治。而这正是全球

公民教育的重要教育目标之一。因此,本文从国际环境政治角度探讨全球公民教育的可能性问题。

国际环境政治是环境问题突破了国家边界而产生的政治问题。两对基本矛盾构成了国际环境政治的核心问题。

第一,国际环境政治的主体困境。国际环境政治的第一对矛盾为环境问题的普遍化与环境治理的国家化之间的矛盾。国际环境政治涉及世界各国如何解决气候变化治理、自然资源管理(水、空气、捕鲸、生物多样性、森林与荒漠化等)、环境污染治理等具体问题。"在解决全球环境问题上存在着一个最基本的矛盾,即地球在生态上是一体的,而在政治上却是分裂的[15]。"因此,环境问题的解决超出了民族国家的范围,需要各国通力合作。

第二,国际环境问题是主权国家的利益冲突问题。虽然全球环境问题穿透了国家边界,但是全球环境治理仍然固守着民族主权国家的界限。各国大都选择了非合作博弈的行为方式,从而让全球环境治理陷入"集体行动的困境"。当前各国关于解决气候变化问题的马拉松式的谈判历程鲜明地体现这一点。在1979年第一次世界气候大会上,气候变化首次作为一个引起国际社会关注的问题被提上议事日程。但是,直到1990年联合国大会建立了政府间谈判委员会,各国才开始进行气候变化框架公约的谈判。1992年制定了《联合国气候变化框架公约》。1997年,《京都议定书》对主要发达国家在2012年以前减排温室气体的种类、减排时间表和额度等做出了具体规定。《京都议定书》的签订开启了漫长的谈判历程,持续至今。各国讨价还价,以美国为首的发达国家不仅不断阻挠,还常常直接退出。2015年12月通过的《巴黎协定》放弃了《京都议定书》所遵循的"发达国家"和"发展中国家"两分法格局,更多地强调世界各国按照各自能力和自愿原则进行国家自主贡献减排模式[16]。《联合国气候变化框架公约》的艰难谈判凸显了国际环境政治的主体困境。国际"碳政治"的"生态帝国主义"逻辑或本质鲜明地表达了国际环境政治中的不平等国际关系。这种主体困境也间接证明了主权国家才是全球环境治理最为重要的行动主体。英国社会学家安东尼·吉登斯认为,实施应对气候变化方案这一重任还是只能靠国家来完成。在全球化时代,"世纪之交以为即将出现的基于国际机构而非国家的、基于国与国之间的合作而非传统主权的新世界秩序的澎湃热情,似乎已经黯然消退"[17]。民族国家还和以前一样强大,而大国之间的竞争也逐步加剧。气候谈判从气候问题演化为全面的大国博弈。虽然全球化日益削弱个体的国家意识,但是全球环境治理仍然要依赖民族主权国家之间的合作才能实现。

第三,国际环境政治的损益错位。国际环境政治强调在国家关系的视角下看待环境治理的集体行动困境。各国对于全球环境治理的不配合更多是出于保护国家核心利益的考虑。国家这一行为主体的自利意识本无可厚非,但从损益的角度来看,却存在富国受益与穷国受损的不平等问题,即发达国家享有丰富的环境资源,而发展中国家承受了环境污染的恶果。我们称之为"损益错位"。经济全球化过程即生产、流通、消费的世界化。在这一经济格局中,获取能源、生产原料、劳动力、倾倒废弃物场所都在发展中国家完成,但是高额利润却回归发达国家,而高附加值的产品又以高价被销售到发展中国家,留给发展中国家的还有些生产废料或废弃物[18]。这是发达国家对发展中国家的经济剥夺和环境剥夺,是"环境殖民主义"的体现。

一般认为,西方发达国家在过去两百多年的资本主义经济扩张中,凭借科技和军事优势大肆掠夺发展中国家的自然资源,造成严重的全球环境污染、生态恶化和气候变暖,已危及人类的生存。面对全球性环境问题,这些国家不肯承担相应的环境治理责任,在对发展中国家进行资源掠夺的同时转嫁污染的恶果。"首先,发达国家通过不平等的贸易体制掠夺资源,输出污染,给发展中国家造成严重的土壤流失、水污染、动植物死亡及其他生态破坏危害。其次，发达国家将肮脏的'夕阳产业'转移到发展中国家，不仅对发展中国家的环境造成严重危害，而且从根本上破坏了发展中国家进一步发展的资源基础和环境基础，致使不计其数的人处于疾病与死亡的无尽痛苦之中，大多被污染的环境至今没有得到恢复。再次，发达国家进行'生态倾销'，将垃圾、有毒废弃物作为贸易向不发达国家转移[19]。"

发达国家不仅转嫁污染的恶果给发展中国家，而且在全球大肆宣传绿色政治，推销他们的环境治理技术，对发展中国家进行二次掠夺。发达国家以保护全球环境为名，一方面要求发展中国家同发达国家一起承担量化的减排义务，另一方面大搞碳政治，灌输绿色意识形态，以绿色名义扩张全球资本。有研究者指出："今日，绿色价值观已经成为泛道德化的象征符号，同时也享有了普遍真理的意义。事实上，气候变暖、减碳、绿色都可以成为一种'工具'——领导人的政治资本、企业树立自身形象的筹码、个人对地球的良心的体现与追求区隔的心理需要。绿色意识形态正在被塑造为一种人类终极追求的目标，绿色意识形态俨然成了道德与真理的双重化身……在清洁发展机制（CDM）下，发达国家与发展中国家间的技术转移开展有限。投行、碳基金公司作为市场中介，赚取了碳排放权贸易中的大部分利润。业内称21世纪二氧化碳将从废气变为黄金，正反映了其中巨大的商业诱惑。同时，国际资本谋求增殖的目的并不包括对技术转移的关注，国际资本追逐下的碳贸易、碳金融可能独立并脱离于'减缓气候变暖'的原始出发点，成为一个纯粹的商业、金融活动[20]。"这样，发达国家既给发展中国家制造"毒药"，又给他们提供"解药"，而这两种"药"都需要付费。通过这个过程，发达国家在发展中国家赚取了多倍利润。

国际环境政治的上述两对矛盾也可以归结为一个问题，即环境领域的南北问题。从国家边界的角度来看，国际环境政治问题主要表现为西方发达国家和发展中国家在环境治理问题上的合作和冲突。主体困境呈现的是南北国家在全球环境治理上的不合作，损益错位则是南北国家在全球环境问题及其治理上的不平等。不公平产生的是冲突与不合作，不合作加剧了不公平。因此，在某种意义上说，主权国家尤其是少数西方国家是全球环境治理的障碍。

全球环境问题及其治理为全球公民教育提供了绝佳的教育内容，而从中产生的国际环境政治的上述两对矛盾又分别对应于全球公民教育的教育目标和教育实施两个方面，因而能够为解答全球公民教育实践的可能性问题提供可能的路径，即在全球与地方的辩证互动中实施批判生态教育学，培养生态公民。

三、全球公民教育的批判路径：批判的生态教育学

国际环境政治解释了全球环境治理中发展中国家与发达国家的不合作与不平等状况。这意味着，如果在发展中国家通过国际环境政治来解答全球公民教育的可能性问题，那就表明全球公民教育具有了批判性。如前所述，国际关系视野下发展中国家实施的全球公民教育存在着"既要学习西方，又要反对西方"的一种矛盾。这体现在国际环境政治上，就要求全球公民教育不仅需要生态公民以及公民组织积极参与全球环境治理以走出主体困境，更需要批判来揭示国际环境政治问题的负面影响，抵制国际环境政治中的环境不平等，维护弱势群体包括发展中国家的利益。也就是说，在全球化时代的发展中国家，环境问题上的全球利益与国家利益紧密联系。

批判的生态教育学成为致力于全球环境治理的全球公民教育的新路径。

（一）环境正义与批判的生态教育学

国际环境政治中的不平等现象促使国际社会产生对环境正义的要求。"国际环境正义呼声的高涨主要是因为国际资本转移背后污染产业及有毒废物的转移，产业发展造成的全球气候变化问题给发展中国家带来了严重的发展问题。国际环境正义主张，各国不论大小、强弱，均享有免遭环境迫害的权利，同时负有保护和改善环境，不侵害他国和后代环境利益的义务[21]。"具体而言，环境正义有两个要点。第一，在性质上，环境正义属于分配性正义，即"对于环境利益和环境危害、风险与成本在不同人之间进行平等分配"[22]。这属于谁受益的问题。国际环境政治中存在的"损益错位"就是典型的不平等。第二，在内容上，环境正义强调保护弱势群体的环境利益。这属于谁受保护的问题。环境正义意味着关注弱势群体和最不利群体，因为无论是发达国家还是发展中国家，都承受着环境污染所带来的不利后果。其实这两点也可以归为一点，因为"损益错位"意味着在全球环境问题及其治理中弱势群体和弱小国家受损而强势群体和发达国家受益的不平等分配。

依据环境正义对国际环境治理中的推卸责任、转嫁后果的做法提出强烈批判，成为全球公民教育议题中的应有之义。全球公民教育的全球视野使全球公民教育对国际环境问题中的环境平等不能视而不见。国际环境政治已经说明，环境问题不是一个纯粹的科学技术问题，归根结底是一个政治问题和社会问题。但是，当前的环境教育常常忽视理论批评与政治分析的严格培训，学习者所获得的只是一些落后的、简化的、片面的认识。"在这个教育过程中缺少强烈的批判意识和道德思考，而这恰恰是当今逐渐严重的全球生态危机所要求的重要内容[23]。"因此，基于批判理论的生态教育学成了环境教育新的发展路向。

生态教育学把环境问题与社会正义、国家关系联系起来思考，认为环境破坏行为是政治性的，即一些人受益而另外一些人受损[24]，如国际环境政治中的"损益错位"。环境与社会之间的关系经常被那些从特定环境灾难中受益的人所掩盖。生态教育学就是致力于通过批判性地学习环境问题，揭示这一被掩盖的关系，以终结或减弱社会压制[25]。正是对产生环境不正义的社会根源即政治经济不平等的揭示，批判的生态教育学才成为全球公民教育的重要实践形态。

（二）批判的混合行动主义：全球与地方的辩证互动

批判的生态教育学首要的是一种行动批判。全球公民教育实践的"全球目标与在地实施"在生态公民参与环境治理行动中整合起来。全球环境治理需要一种为人类共同生存环境负责的新型公民，即生态公民。全球意识是生态公民的应有之义[26]。

生态公民需要全球视野，但是在地行动更重要。全球视野有助于揭示环境问题的深层次原因和长距离结果[27]。国际环境问题的改变从全球公民所在国家内部的改变开始。全球公民教育要引导个体改变自身行为，更新生活方式，如有学者批判发达国家民众的帝国式生活方式[28]，强调以自己的方式参与到全球环境问题治理中来。越是地方化的行动，就越接近全球公民的理想目标。环境保护从我做起，改革个体的生活方式，是最直接和简单的参与方式。批判的生态教育学应该"让许多人意识到自己在破坏环境中所起的作用，从而在社会活动中逐渐变得积极起来，共同参与建立生态和谐与可持续发展的世界"[29]。如果能够做到这一点，那么他就已经是全球公民了。也许这种作用很微小，但是"重要的是国家里的个人像全球公民那样思考，并寻找一起行动的方式"[30]。解决全球性环境问题必须要从地方环境问题着手，而对地方环境问题的解决要有全球视野。因此，全球环境治理需要全球与在地的共同努力、联合斗争。"来自全球行动者的意义和实践被地方行动者所效仿或适应，地方行动者又把修正过的意义和实践反馈回来。在这连续的适应与效仿行动中，产生了一种混合的地方行动主义（hybridactivism）[31]。"混合的地方行动主义让全球与地方成为一个硬币的两面。这也正是奥康纳针对绿色主义者（还有行动主义者）所说的："不仅要全球性地思考、地方性地行动，而且要地方性地思考、全球性地行动，最终，既是全球性地又是地方性地思考和行动[32]。"

生态公民的这种混合行动主义需要一种批判性。第一，批判主权国家内部的环境治理问题。生态公民在全球与地方的混合行动不仅直接参与全球环境治理与维护，还借助国际组织对民族主权国家施加压力，影响国家相关政策，利用国家这种"必要的恶"，通过权力与资本的力量，达到改善环境的结果，最终穿透国际环境政治的国家壁垒。第二，批判生态公民及其组织的南北等级关系。在巴西环境运动中，来自发达国家的公民社会组织与来自发展中国家的公民社会组织之间存在一种等级关系。由于基金主要来自欧美组织，形成了一种北方捐赠、南方接受的附庸关系[33]。第三，批判生态公民的精英主义。全球化强化了既有的公民社会组织成员之间的国家等级性，形成了地方普通公民与全球化的专业行动主义者之间的隔阂。生态公民参与需要较高的素质要求，例如教育程度高、人脉资源丰富、阅历广泛、通晓多种语言，能够穿梭于全球与地方，能够获得运用国际会议、国际谈判协定等全球机会，获得跨国合作所必需的经费和文化资源，等等。因此，生态公民往往是地方精英，是地方社区的专家与代表，也是地方环境项目的实施者[34]。这种全球环境治理中的精英主义在某种程度上会削弱混合行动主义在全球与地方的整合效应。全球环境治理需要大众参与。如前所述，只要每个人像全球公民那样"在地行动"，从日常生活中的环境保护做起，就已经是全球生态公民了。

（三）批判生态教育学的深层意识批判

批判生态教育学的生态批判既包括对发达国家与发展中国家之间不平等关系的批判，即维护弱势群体的利益，更有解殖（decolonize）公民的认知殖民化[35]，揭示被隐藏、被宣传的虚假意识形态。深层意识批判是批判生态教育学最重要的批判任务。

从当代国际环境政治实际来看，发展主义的意识形态是批判生态教育学急需解殖的深层意识。"所谓'发展主义'（严格地说，应该是'开发主义'），指的是一种源于西欧北美特定的制度环境，并在 20 世纪 60 年代之后逐步扩张为一种为国际组织所鼓吹、为后发社会所遵奉的现代性话语和意识形态。它通过对工业化、城市化、现代化等的许诺，对广大的'第三世界'产生了极其深远的影响，包括贫富悬殊拉大、环境—生态恶化，等等[36]。"发展主义将发展简单地还原为经济增长，将经济增长又简单地等同于国内生产总值或人均收入的提高。但是，它隐瞒的事实是，发达国家的成功乃至所谓的幸福生活方式是建立在"一种不均衡的经济格局和不合理的交换—分配体系"[37]的基础之上的。发达国家掠夺发展中国家的资源，把污染的环境留给发展中国家，而发展中国家在获得发达国家的资金与过时科技的同时，也付出了资源日益减少、环境严重破坏、生态脆弱的代价。但是，最可怕的不在于发达国家赤裸裸地掠夺和破坏，而在于这种"发展主义"思维被发展中国家接受并内化。运用现代化理论，一些西方发达国家趋于灌输这样一种理念：环境灾难是人类生存与进步的必要代价[38]。因此，批判生态教育学最重要的是生态公民对自我内在意识被殖民的解殖。

就全球公民教育而言，这种自我解殖尤其重要。康奈尔指出，现有的全球公民教育实践也许强调了参与和责任，但是在理论建构上不具有全纳性（non-inclusive），因为该领域大部分知识的生产由西方学者主导和控制。这些人拥有更多的制度性研究能力，而这种优势是源于几个世纪来对南方国家在观念、理论和实践方面的边缘化和强有力的剥夺。虽然南方国家取得了经济发展和社会进步,但是也付出了生命灾难与生态破坏的代价。对于南方国家来说,更需要在意识上对现有公民和公民教育在实践与精神方面存在的单一维度、单向的习惯化问题做出批判的理解和回应[39]。

因此,致力于培养生态公民,全球公民教育实践通过批判的生态教育学,在既有的国家边界限制下,通过全球与在地的混合行动主义,获得了一种新的可能性。

参考文献:

[1][7] SHULTZ L. Educating for Global Citizenship: Conflicting Agendas and Understandings[J]. The Alberta of Educational Research, 2007, 53(3): 248-258.

[2][11] 庆州行动计划:开展全球公民意识教育:共同实现可持续发展目标[DB/OL]. http://www.un.org/sustainabledevelopment/zh/2016/06/, 2016-06-01.

[3][6] 姜英敏. 韩国"全球公民教育"的发展及其特征[J]. 比较教育研究, 2013(10): 49-54.

[4][9][10] RAPOPORT A. A forgotten concept: global citizenship education and state social studies standards[J]. The Journal of Social Studies Research, 33(1): 91-112.

[5] GREEN M F. Global citizenship: what are we talking about and why does it matter?[J]. International Educator, 2012, 21(3).

[8] UNESCO. Rethinking education: towards a global common good?[DB/OL]. (2015)[2017-01-20]. http://unesdoc.unesco.org/images/0023/002325/232555e.pdf.

[12][13][30] PAEHLKE R C. Hegemony and global citizenship: transitional governance for the 21st century[M]. New York: Palgrave Macmillan, 2014: 1, 169-170, 188.

[14] ELLIS M. The critical global educator: global citizenship education as sustainable development[M]. New York: Routledge, 2016. ix.

[15] 刘湘溶, 张斌. 国际环境正义实践的伦理困境及其化解[J]. 湖南师范大学社会科学学报, 2009(2): 10-14.

[16] 祁悦, 李俊峰. 《巴黎协定》将推动全球合作应对气候变化[J]. 环境经济, 2016(9): 42-44.

[17] 安东尼·吉登斯. 气候变化的政治[M]. 北京: 社会科学文献出版社, 2009: 231-232.

[18][22][32] 詹姆斯·奥康纳. 自然的理由——生态学马克思主义研究[M]. 唐正东, 藏佩洪, 译. 南京: 南京大学出版社, 2003: 205, 535, 476.

[19] 苑银和. 环境正义论批判[D]. 青岛: 中国海洋大学, 2013: 270-271, 271.

[20] 翟一达. 气候暖化、意识形态与资本[J]. 天涯, 2010(2): 26-39.

[21] 刘轩溢. 国际环境正义的探寻[J]. 法制与社会, 2009(10): 216-217.

[23][29] Richard Kahn. 批判教育学、生态扫盲与全球危机:生态教育学运动[M]. 张亦默, 译. 北京: 高等教育出版社, 2013: 6-7, 4.

[24][25][27][38] MISIASZEK G W. Ecopedagogy in the age of globalization: educators perspectives of environmental education programs in the Americas which incorporate social justice models[D]. Los Angeles: University of California, 2011: 1, 9, 7-8, 5-7.

[26]徐梓淇. 生态公民[M]. 南京：江苏人民出版社, 2014：74-78.

[28]乌尔里希·布兰德, 马尔库斯·威森文. 全球环境政治与帝国式生活方式 —— 复合危机中国家 - 资本关系的表达[J]. 李庆, 郇庆治, 译. 鄱阳湖学刊, 2014（1）：12-20.

[31][33][34]ALONSO A. Hybrid activism：paths of globalisation in the Brazilian environmental movement[R]. IDS（Institute of Development Studies）, Working Paper, volume 2009, number 332：43, 42, 42-43.

[35]ABDI A A, SHULTZ L, PILLAY T. Decolonizing global citizenship education[M]. Boston, MA：Sense Publishers, 2015：3.

[36][37]李少君. 南山纪要：我们为什么要谈环境 — 生态?[J]. 天涯, 2000（2）：154-161.

[39]CONNELL J. Southern theory：social science and the global dynamics of knowledge[M]// ABDI A A, SHULTZ L, PILLAY T. Decolonizing global citizenship education. Boston, MA：Sense Publishers, 2015：2.

（作者郑富兴系四川师范大学教育科学学院副院长，教授，博士生导师，教育学博士。）

全球公民教育：困惑及其澄清

饶舒琪

导读：全球公民教育的理念备受争议，究其原因，与人们对全球公民概念存在的三重困惑有关。从公民身份即地位的角度而言，虽然全球政治共同体的缺失造成全球社会的难以想象，但全球公民的合法地位源自紧密人际关系的保障，全球公民教育具备合法性；从公民身份即权利的角度而言，虽然全球政治共同体的缺失导致公民身份实质意义的空洞，但权利和义务更新了内涵版图，最基本的人权和义务充实全球公民教育的内容；从公民身份即认同的角度而言，虽然全球认同潜藏着消除国家认同的风险，但多元认同话语已获认可，全球认同需建立在国家认同的基础上。对全球公民教育的理解不应囿于传统的民族国家框架，它也并非国家公民教育的替代性存在。

作为一股不可阻挡的潮流，全球化已通过经济、政治、科技、文化等领域的综合作用蔓延至社会生活的各个方面，影响了民族国家的秩序和权力发挥的形态，并进一步给公民身份研究带来了新课题。自20世纪后期起，旨在培养公民全球观念及行为能力的全球公民教育引发了世界各国的广泛关注。尽管学界围绕其展开了如火如荼的研究，并将理念追溯至古希腊犬儒学派的"宇宙公民"主张[1]，但却未就概念界定达成一致意见。作为一个"复数概念"，全球公民教育被认为可以通过多重方式实现，如国际理解教育、可持续发展教育和多元文化教育等。源远流长的思想根基和百花齐放的操作路径营造了一派繁荣景象，却无法掩盖全球公民教育理念备受质疑的事实，并且"在课堂中也很少能听到这些话语"[2]。究其根本，源于学界对基础性概念——全球公民身份的混沌理解。一般来说，学界对公民身份的界定主要基于三个维度：公民身份即地位、公民身份即权利和公民身份即认同[3]。三者相互区别而又紧密联系，无论从哪个视角出发，全球公民身份概念都有被误解的嫌疑。因此，本文旨在从学理层面回归原点，对公民身份及全球公民概念进行再审视，系统分析人们对全球公民教育存在的三重困惑并做出澄清。

一、全球公民教育的合法性

公民身份的含义虽然在各历史时期有不同的侧重，但均指个人与政治共同体之间的关系。由于当前尚未出现所谓统一的全球政治共同体，全球公民的合法地位无法保障，全球公民教育的合法性自然遭受质疑。但是既然受全球化的影响，公民身份的内涵与外延发生了变化，那么全球公民教育就无法置身事外，基于关怀的紧密人际关系就是保障其合法性的基石。

（一）困惑：全球公民教育的合法性何以保障

作为公民身份研究的领军人物，托马斯·汉弗莱·马歇尔（Thomas Humphrey Marshall）曾指出，公民身份"是一种地位，一种共同体的所有成员都拥有的地位"[4]。虽然此后的不同学派对此展开了立场各异的讨论，但基本围绕马歇尔的观点达成了共识，即公民身份是政治共同体内所有成员合法享有的平等地位。

首先，"公民身份中的政治共同体总是隐晦地或是明确地被界定为存在一定的边界"[5]。边界的划定不仅意味着将在此范围内的成员无差别地纳入公民的范畴并使其享有合法地位，同时还意味着对外界人员的"排斥"及对其公民地位的"否认"。本尼迪克特·安德森（Benedict Anderson）曾言，"没有任何一个民族会把自己想象为等同全人类"[6]，虽然成员"也不可能认识他们大多数的同胞，和他们相遇，甚至没有听说过他们"[7]，但由于疆域的界定及相互联结的意向，国家具备"想象"的可能性。其次，公民身份的合法地位通常以拥有一国的国籍为标志。现代公民一般都是民族国家的成员，甚至"国际法不承认国籍与公民身份之间的任何区别，国籍决定了公民身份"[8]。换言之，公民身份的合法地位不仅以民族国家的构建为前提，同时也必须在民族国家的框架内讨论才有意义。

既然公民身份被理解为个人与政治共同体之间的相互关系，在当前的语境下，政治共同体又特指民族国家，那么从公民身份即地位的视角出发，全球公民的提法似乎就存在两点漏洞。首先，全球社会缺乏清晰的边界。迈克尔·沃尔泽（Michael Walser）就强烈宣称："我不是一个世界公民……我甚至不知道存在着一个我们可以是其公民的世界[9]。"我们并非质疑全球化的发展现实，但作为一个把地球上生活的所有人都纳入其中的共同体，全球社会过于宽泛且模糊，因而无可避免地陷入"难以想象"的境地。其次，全球公民身份的合法地位难以保障。在当前的语境下，民族国家仍然在权力体系中占据中心地位。没有人生活在"世界国家"，也没有出现一个享有主权的全球政体赋予公民以国籍，那么"全球公民就是一个不严谨或不合法的概念"[10]。全球公民"完全缺乏把公民身份这一概念用于描述个人与国家之间关系时所具有的法律和政治准确性"[11]，那么自然无法被视为学校教育的宗旨。

（二）澄清：基于关怀的紧密人际关系作为全球公民教育的合法性保障

如若不存在全球国家和相应的政治结构，全球公民的提法就缺乏逻辑支撑，也谈不上全球公民教育的合法性。这不仅是在研究领域被反复提及的话题，而且也是反对者质疑全球公民教育最常用的论点。仔细推敲其立场就不难发现，他们对全球公民的理解建基于公民身份的传统框架——民族国家。然而我们必须正视，在过去半个多世纪以来，公民身份的概念一直处于变化和发展的过程中。有学者就曾断言，全球化已使公民身份概念在某些方面"显得多余和过时"[12]。尽管其思想带有一定的极端色彩，但也揭示了公民身份在全球化时代的复杂和难解。

最直观的表现就是"公民身份的去神圣化（de-sacralized）和弱民族主义化（less nationalistic）"[13]。在大规模移民浪潮背景下，公民身份不仅可以通过出生地或血统原则而先赋享有，也可基于属地主义而后天获得。民族主义等坚实环节不断弱化，公民身份与民族国家之间的紧密联系也在逐渐被消解，"再仅仅以民族国家和在民族国家层次上分析公民身份，已经远远不够了"[14]。公民身份逐渐走向多元结构，不仅可以在不同层级的政治共同体（亚国家、国家和超国家）中构建，也可以在其他类型的非政治共同体中形成。包括女性公民身份、文化公民身份、环境公民身份、亲密公民身份等如雨后春笋般涌现的话语就是最鲜明的佐证。作为一种"情境性"概念，公民身份所蕴含的内容随时都可能依社会、政治和文化的情境而变化。既然如此，全球公民的提法就无悖逻辑合理性。

那么，如何实现对全球社会的想象以确保全球公民的合法地位？传统适用于民族国家的基于"想异"而"构同"的想象方式，难以推衍至全球层面，对于全球社会的想象必然要另寻他法。苏格兰哲学家约翰·麦克默里（John Macmurray）关于社会团结和个人身份的理论就为我们提供了思考的视角：与其强调模糊的地球四海一家意识，不如倡导"一种思维倾向，关怀一切与自身相关联的人群"[15]。因为只有加强人类相互之间无差别的社会情感联系，才能真正建立起对全球社会的概念性认知。当然我们必须承认，学界尚未就全球公民的定义达成一致意见，对于其内涵与外延的讨论也一直众说纷纭。但是，无论是能力导向、意识导向、政治导向，还是批判导向的全球公民主张，其出发点都在于"不仅仅将自己看作是本地区、本群体的公民，并且最重要的是，看作通过认知和关爱的纽带与其他所有人紧密联系在一起的公民"[16]。换言之，全球公民的合法地位并非由政治共同体授予，而是源自基于关怀的紧密人际关系的保障。

随着公民身份及全球公民内涵的发展，全球公民教育也应获得重新审视。其宗旨就是帮助学生超越由地域或特定社群所带来的狭隘排他心态，将视野置于全球，建立起对全人类的理解和关怀，这种情感态度还应推衍至人类共同生存和发展的自然与社会环境。包括意识、能力及价值观的培养，一切能达成上述目标的内容和方式都在全球公民教育的框架中。

二、全球公民教育的充实性

如果说政治共同体确保了公民身份的形式意义，那么权利和义务就规范着公民身份的实质意义。形式载体的缺失直接导致实质内容的匮乏，全球公民教育难以避免陷入空洞。然而受社会发展和学术研究的推动，权利和义务延伸出了新的内涵版图，以最基本的人权和义务为核心的内容体系充实着全球公民教育。

（一）困惑：全球公民教育的内容何以充实

受自由主义传统的影响，马歇尔尤为关注公民身份的权利体系，他认为公民身份权利由三个部分组成：公民权利，是"由个人自由所必需的权利组成，包括人身、言论、思想和信仰自由，拥有财产与订立有效契约的权利和司法权利"；政治权利，是"指公民作为政治权力实体的成员或这个实体的选举者，参与行使政治权力的权利"；社会权利，是"从某种程度的经济福利与安全到充分享有社会遗产并依据社会通行标准享受文明生活的权利等"[17]。马歇尔的观点不仅引发了学界的广泛关注，同时给现代公民身份理论的发展打下了坚实的烙印。

当然，作为一体两面的权利和义务本难以分离，以马歇尔为代表的自由主义者所倡导的公民身份因为过于凸显个人权利和自由，忽视了其在公共生活中所应承担的义务和责任，自20世纪中后期起备受批判。因此，当代公民身份研究开始吸收共和主义传统，公民的义务、责任与德性等逐渐受到重视。基于对自由主义和共和主义的融合与反思，权利与义务被稳定地视为公民身份的构成内容："公民身份是个人在民族国家中，在特定的水平上，具有一定普遍权利和义务的被动与主动的成员身份[18]。"

那么，对全球公民而言，他们所享有的权利和义务是什么？"从来没有人授予我世界公民权，或向我描述过归化入籍的手续；从来没有人将我招募登记进世界的制度结构，或给我描述过决定的程序[19]。"从公民身份即权利的视角出发，全球公民的理念难以自圆其说。就全球层面的公民社会而言，没有赋权机构及相应制度能够倡导、授予并维护公民的权利[20]。民族国家依然是人类生存与发展的基本单位：人身、思想及言论自由等受国家法律保障；选举权及被选举权等在国家政治机构内实现；医疗健康、劳动就业及受教育权等在国家公共服务体系中享受。即便国际法和联合国已经建立，其宗旨仍在于处理民族国家间的争端，人们的公民、政治及社会权利难以脱离民族国家的框架而推演至全球层面。由于"个人自由的范围同时也是个人责任的范围"[21]，全球公民的义务也无从谈起，全球公民似乎就成了一个空洞概念。公民教育以合格公民的培养为目的，其重要一环就是帮助学生理解及维护自身合法权利，并积极履行公民义务。既然全球公民的权利及义务界定不清，全球公民教育就难以避免落入内容空洞的境地。

（二）澄清：最基本的人权和义务构成全球公民教育的核心内容

公民的权利和义务是在变迁的社会结构中不断被建构起来的，正如前文所述，以往的公民身份理论都假定了民族国家的政治结构。然而，无论是政治和社会环境，还是权利和义务的理念阐释均有所变化。当代公民权利及义务的内涵也已经超越了传统范式。

马歇尔公民身份理论中最重要的一环就是对社会平等的假设。他将公民身份特别是公民的权利视为与资本主义阶层结构相对抗的理念[22]。具体而言，公民权利保障人身自由平等，政治权利保障参与政治决策的机会平等，社会权利则保障社会地位平等。因此，传统的公民身份理论实际上表达了一种对社会平等的诉求。然而当前公民身份的叙事环境已不同以往，大规模移民浪潮使民族国家内部充斥着多元文化。正如法国当代政治思想家皮埃尔·罗桑瓦隆（Pierre Rosanvallon）所言："多元社会的核心价值观是宽容而非一致，公正而非平等。一个好的社会应当允许差异的存在，而非一味强调融合[23]。"当然这并不意味着对社会平等理念的推翻，而是指只有保证公民享有维持差异的权利，才能实现真正的平等和正义。受政治及社会环境变化的影响，围绕权利话语展开的学术研究也经历了深刻变革。一方面，学者们开始将视角由公民的权利转向非公民的权利。另一方面，尽管移民可基于属地原则入籍以获得公民身份，但因为种族、语言和文化差异难以享受全面的公民权利，因此，如何维护少数群体的权利就引发了学界的广泛关注。在纷繁复杂的提法中，全球公民思想所倡导的超越公民权的最基本的人权就具备有效机制。

"在全球化的年代里，一个人的呼吸，足以使世界另一半球的人打喷嚏。人类的苦难没有国界，人类的团结也应同样不分国界"[24]，那么人类所享有的权利也不应当被国界所限制。事实上，早在1948年颁布的《世界人权宣言》就提到了人权的价值：作为人之为人的权利，人权无关个体的种族、肤色、性别、语言、宗教信仰、国籍或社会阶级等，是所有人都应当享有的，是有尊严的生活的前提[25]。具体而言，人权的内容分为两大类：公民权利和政治权利，包括生命权、财产所有权、宗教自由权、选举权和被选举权等；经济、社会和文化权利，包括工作权、受教育权、社会保障权和参与文化生活权等。当然，作为全球公民，在享受人权的同时也肩负着全球社会的责任和义务，具体包含："意识到自己身处广阔的世界，理解自己的全球公民身份；尊重并重视多样性；懂得身处的世界是如何运作的；积极致力于实现社会正义；从各个层面，由当地到全球范围参与社区建设；同他人合作促进世界和平与可持续发展；对自我的行为负责[26]。"

如果说国家公民享受的是受国家法律与机构保障的公民权利和义务，那么全球公民所享受的就是超越国界限制的最基本的人权和义务。作为传递和培养社会文化的重要渠道，全球公民教育的责任就在于使学生知晓有关最基本的人权和义务的知识，同时使其有意识、有能力维护和尊重自身及他人的人权，积极承担作为全球公民的一系列责任。

三、全球公民教育的融合性

除了与特定制度结构相联系以获得合法地位,拥有并践行一系列权利和义务,公民身份还意味着对政治共同体的归属感。由于对全球文化和价值观的传播潜藏着消除公民国家认同的风险,全球公民教育的融合性面临拷问。但是学界已经就"多元公民身份"(multiple citizenships)[27]或"多层公民身份"(multi-layered citizenships)[28]等话语达成了基本的共识。作为全球公民教育的思想源泉,世界主义本就承认国家认同的重要性。

(一)困惑:全球认同对国家认同的潜在威胁

自20世纪90年代以来,随着少数及弱势群体自我表达的诉求日益强烈,认同问题在当代公民身份研究中逐渐居于中心地位。学界认为,公民身份"既与社会结构的制度特性联系在一起,也与行动者的观念联系在一起"[29]。作为共同体的成员,公民不仅享受权利并履行义务,同时也会基于群体特性和仪式,产生对共同体的认同。作为认同的公民身份包含两层含义:一是公民个体对共同体的主观认同;二是由共同体规范并传播的官方认同[30]。

如前所述,现代公民一般都是拥有国籍的民族国家成员。无论是源自血脉关系的继承,还是在参与国家经济、政治、文化、历史活动的过程中形成,国家认同"乃是他们个人安身立命最基本而不可或缺的认同所在,是他们赖以为生的社会价值体系"[31]。尽管国家认同深藏于内心且难以直接论述其核心意义,却无损其重要性。从国家层面出发,国家认同的意义更为深远:"认同在经济激励上实现经济福利生产和再生产,政治价值上确立内向的合法性,制度组织上确定国家的符号边界[32]。"因此,国家必然通过多重方式规范并传播统一的公共文化,以确保公民的忠诚和归属感。学校教育就是其最重要的途径,尤其是在20世纪六七十年代的西方世界,教育系统一直被视为促进青年社会化,使其拥护国家价值观的重要工具。

既然国家认同在个体的主观话语和国家的官方话语中均占据主导地位,那么全球认同又是如何谋求其发展空间的呢?"当今世界的主要矛盾并非源自人们读写能力的缺失,而是由拥有不同文化、种族、信仰等背景的人们无法有效沟通协作引起的[33]。"在全球化时代,公民个体应当尊重并理解不同的种族、宗教和文化群体,以构建对全球社会的主观认知和情感联系。但是,将认同的焦点转移至全球范围,严重威胁了民族国家作为公民构建身份认同的唯一参照物的地位。换言之,公民主观的国家认同难免被全球认同所阻碍。"只有当人们认为自己同属一国时,国家才会存在[34]。"国家认同的弱化乃至消失不仅会弱化公民个体的归属感,还会导致其对国家经济、政治、社会和文化制度的否定与怀疑,从而严重威胁国家的秩序稳定与权力行使。正是由于全球认同与国家认同之间的这种紧张关系的存在,"各国政府对全球公民教育这一概念均持谨慎态度"[35]。落实到学校及课堂层面,教师也因担心培养全球认同会侵蚀学生的爱国情感,而对全球公民教育三缄其口。

(二)澄清:多元认同中的全球认同及世界主义对融合性的倡导

认同可依据不同的环境而改变,"认同对象可以是个人的,也可以是集体的,如组织、集体与共同体"[36]。既然当前的公民身份可以在多元、多层次的社会结构中构建,公民也可以灵活地拥有不同类别与层次的认同[37]。

需要指出的是,尽管均受文化、社会以及政治等要素的推动,但个体的全球认同与国家认同的构建路径并不相同。正如前文所述，民族国家拥有明确的疆域界限而将"他者"排除在外。通过对本国独特且有别于他国的特征的认知，公民可以建立起与国家的情感联系。在构建国家认同的过程中，"多元"与"统一"潜在地被认为是两种相互对立的存在。但是全球社会的范围宽广且不存在与外部世界分割的清晰界限。公民只有通过感知、尊重不同的群体，才能实现对整个人类社会的理解和关怀。换言之，全球认同追求的是一种"多元"与"统一"的融合。因此，全球认同和国家认同虽均为重要的共同体认同，但构建路径的差异意味着两者所遵循的思维方式不发生在同一层面，它们之间并不具有"排他性"。既然公民可以拥有多重认同，全球认同和国家认同并非互斥，那么两者之间的关系到底是怎样的？世界主义的倡导者早已给出了答案。

"记住你是一个世界公民[38]。"这句话经常出现在当代著名政治哲学家奎迈·安东尼·阿皮亚（Kwame Anthony Appiah）的著作中，并成了其构建世界主义思想的起点。作为一种处世伦理，世界主义关注的是全球化背景下个体的价值及与他人之间的关系。受约翰·密尔（John Mill）个体自由观点的启发，阿皮亚认为，每个人都有权利为自己的生命和生活负责，他们可以选择归属于不同的群体并受多重义务和责任的约束。但是将个体视为伦理关怀的最重要对象并不意味着利己主义，个体还应当通过对话加强与他人之间的联系。由于"人类有多重值得探究的可能性，我们不期待也不希望所有的个体和社会在生活方式上趋同"[39]，因此对话的目的不在于达成共识，而在于实现个体之间的关心和相互适应。当然，对于不同层级群体中的他人发展出的关心有一定的逻辑次序："只有关心家人和朋友的人才会关心陌生人，只有热爱国家的人才会关心国家边界外的他人[40]。"

世界主义不仅不要求个体抛弃所属的共同体而成为世界漂泊者，而且在其理念体系中，民族国家的作用举足轻重，仍然被视为"尊重和满足公民需求最基本和最重要的组织"[41]。全球社会是民族国家社会的延伸，人们对全球范围内的其他群体和国家成员的尊重与理解，也是对待本民族国家成员的态度的延伸。只有建立在爱国主义基础之上的世界主义才是"有根的世界主义"[42]。全球认同不是国家认同的替代性选项，反而需要建立在国家认同的基础之上。詹姆斯·班克斯（James A. Banks）的观点则更为直接："一个不拥有国家认同的个体不能被称为全球公民[43]。"因此，全球公民教育原本就是具有高度融合性的存在，虽然其名义上是为达成对全球社会的认同，但对地方性共同体和国家的认同，也在其目标范围之内。

综上所述，公民身份的内涵有所更新，公民教育也开始超越国家界限来构建新的意义版图。无论是培养基于关怀的人际关系、传达最基本的人权和义务，还是实现对全球共同体的认同，其最终指向均为促进学生在全球化社会中的生存与发展，而非取代传统的国家公民教育。在全球化的背景下，全球公民教育不仅可能而且必要。

参考文献：

[1][39][41] APPIAH K A. Cosmopolitanism: Ethics in a world of strangers[M]. New York: Penguin, 2007: 163, xiii, 163.

[2] RAPOPORT A. We cannot teach what we don't know: Indiana teachers talk about global citizenship education[J]. Education, Citizenship and Social Justice, 2010, 5(3): 179-190.

[3][13][30] JOPPKE C. Transformation of citizenship: Status, rights, identity[J]. Citizenship Studies, 2007, 11(1): 37-48.

[4] T.H. 马歇尔. 公民身份与社会阶级[C]//T.H. 马歇尔, 安东尼·吉登斯等. 公民身份与社会阶级. 郭忠华, 刘训练, 编. 南京: 江苏人民出版社, 2008: 23.

[5] 夏瑛. 当代西方公民身份概念批判[J]. 武汉大学学报(哲学社会科学版), 2013(6): 72-76.

[6][7] ANDERSON B. Imagined communities: Reflections on the origin and spread of nationalism[M]. London: Verso, 2016: 7, 6.

[8] 戴维·米勒, 韦农·波格丹诺. 布莱克维尔政治学百科全书[M]. 邓正来, 译. 北京: 中国政法大学出版社, 2002: 122.

[9][19] 恩斯·伊辛, 布雷恩·特纳. 公民权研究手册[M]. 王小章, 译. 杭州: 浙江人民出版社, 2007: 434.

[10] BATES R. Is global citizenship possible, and can international schools provide it?[J]. Journal of Research in International Education, 2012, 11(3): 262-274.

[11] 德里克·希特. 何谓公民身份[M]. 郭忠华, 译. 长春: 吉林出版集团有限责任公司, 2007: 139.

[12] TURNER B S. Outline of a theory of citizenship[J]. Sociology, 1990, 24(2): 189-214.

[14] ROCHE M. Citizenship, popular culture and Europe[M]//STEVENSON N. Culture and citizenship. London: Sage, 2001, 74-98.

[15] MACMURRAY J. Conditions of freedom[M]. Toronto, Canada: Mission Press, 1977: 62.

[16] 乔治·H. 理查森, 大卫·W. 布莱兹. 质疑公民教育的准则[M]. 郭洋生, 邓海, 译. 北京: 教育科学出版社, 2009: 127.

[17] MARSHALL T H. Sociology at the crossroads: and other essays[M]. London: Heinemann, 1963, 74.

[18] 托马斯·雅诺斯基. 公民与公共社会[M]. 柯雄, 译. 沈阳: 辽宁教育出版社, 2000: 11.

[20] WOOD P B. The impossibility of global citizenship[J]. Brock Education Journal, 2007, 17(1): 22-37.

[21] 弗·哈耶克. 自由宪章[M]. 杨玉生, 冯兴元, 陈茅, 等译. 北京: 中国社会科学出版社, 1999: 108.

[22] BANKS J A. Diversity, group identity, and citizenship education in a global age[J]. Educational Researcher, 2008, 37(3): 129-139.

[23] ROSANVALLON P. The new social question[M]. Princeton, NJ: Princeton University Press, 2000: 36.

[24] 联合国秘书长科菲·安南在清华大学演讲[EB/OL](2004-10-12)[2021-06-11]. http://www.ce.cn/xwzx/gjss/gdxw/200410/12/t20041012_1966610.shtml.

[25] United Nations General Assembly. Universal declaration of human rights[M/OL].(1948-12-10)[2018-10-12].http://www. verklaringwarenatuur.org/Downloads_files/Universal%20 Declaration%20of%20Human%20Rights.pdf.

[26] OXFAM. Education for global citizenship: A guide for schools[M/OL].(2015-09-01)[2021-06-11]. https://oxfamilibrary.openrepository.com/bitstream/handle/10546/620105/edu-global-citizenship-schools-guide-091115-en.pdf?sequence=11&isAllowed=y.

[27] HEATER D. The reality of multiple citizenship[M]// DAVIS I, SOBISCH A. Developing

European citizens. Sheffield: Sheffield Hallam University Press, 1997: 21-48.

[28] BOTTERY M. The end of citizenship? The nation State, threats to its legitimacy, and citizenship education in the twenty-first century[J]. Cambridge Journal of Education, 2003, 33(1): 101-122.

[29] 冯建军. 公民身份认同与公民教育[J]. 中国人民大学教育学刊, 2012（1）: 5-20.

[31] 埃里克·霍布斯鲍姆. 民族与民族主义[M]. 李金梅, 译. 上海: 上海人民出版社, 2000: 5.

[32] 金太军, 姚虎. 国家认同: 全球化视野下的结构性分析[J]. 中国社会科学, 2014(6): 4-23, 206.

[33] BANKS J A. Introduction: Democratic citizenship education in multicultural Societies[M]// BANKS J A. Diversity and citizenship education: Global perspectives. San Francisco: Joeesy-Bass, 2004: 3-15.

[34] 塞缪尔·亨廷顿. 我们是谁？——美国国家特性面临的挑战[M]. 程克雄, 译. 北京: 新华出版社, 2005: 90.

[35] 郑富兴. 国际环境政治与全球公民教育的批判路径[J]. 比较教育研究, 2017（8）: 64-71.

[36] 林尚立. 现代国家认同建构的政治逻辑[J]. 中国社会科学, 2013(8): 22-46, 204-205.

[37] OSLER A. Citizenship and the nation-state: Affinity, identity and belonging.[C]// REID A, GILL J, SEARS A. Globalization, the nation-state and the citizen: Dilemmas and directions for civics and citizenship education. London, England: Routledge, 2010: 216-222.

[38][40] APPIAH K A. The ethics of identity[M]. Princeton: Princeton University Press, 2005: 213, 246.

[42] APPIAH K A. Cosmopolitan patriots[J]. Critical Inquiry, 1997, 23(3): 617-639.

[43] BANKS J A. Teaching for social justice, diversity, and citizenship in a global world[J]. The Educational Forum, 2004, 68(4): 296-305.

（作者饶舒琪系英国格拉斯哥大学教育学院博士研究生。）

西方关于全球公民教育内涵、价值和途径的争论

李健，刘宝存

导读：20世纪末期，为了应对全球化带来的挑战，欧美发达国家开始关注培养学生的全球公民意识，全球公民教育逐渐成为世界教育改革的一个热点话题。但是，关于全球公民教育的内涵、价值和途径等核心问题却存在着广泛的争论。在全球公民教育的内涵上，存在能力导向和价值导向的争论；在全球公民教育的价值上，存在爱国主义和世界主义的争论、国家利益和全球利益的争论、全球教育和公民教育的争论、文化统一和文化多样的争论；在全球公民教育的途径上，存在世界研究和发展教育研究的争论、认知教学和实践教学的争论。

20世纪末期，为了应对全球化带来的挑战，欧美发达国家开始关注培养学生的全球公民意识，全球公民教育（Global Citizenship Education）逐渐成为世界教育改革的一个全球性议题。特别是2015年11月14日联合国教科文组织通过并发布了《教育2030行动框架》，要求加强全球公民教育，"全球公民教育"成为在国际教育文献中出现频率很高的一个概念，成为教育研究的一个全球性热门话题。全球公民教育旨在培养各国公民成为在全球社区中生活、交流、学习和工作领域具有全球能力与全球竞争力的世界公民，尊重文化多样性和差异性，理解和接受不同宗教与信仰的独特性，认同全球公民的普遍价值。从本质上来说，全球公民教育的核心理念在于打破国别和地域间的隔阂与界限，提倡站在世界公民的全球立场，对民族、文化、政治、宗教和信仰的多样性与差异性保持尊重和包容的人本关怀与普遍价值，建设和谐稳定的全球社区共同体。但是，全球公民教育也是一个见仁见智的话题，关于全球公民教育的内涵、价值和途径等核心问题，存在着广泛的争论。本文拟从内涵、价值和途径三个方面梳理和分析西方关于全球公民教育的争论，以期更加全面和深入地理解全球公民教育。

一、西方关于全球公民教育内涵的争论

"全球公民教育"产生于20世纪末，是教育全球化发展的产物。关于何谓全球公民教育，亦即全球公民教育的内涵，学术界的认识并不一致，其中最有代表性的观点是能力导向的全球公民教育和价值导向的全球公民教育。

（一）能力导向的全球公民教育

一些学者坚持能力导向的全球公民教育（Competence-based Global Citizenship Education），认为全球公民教育应该培养学生在全球环境中的生存、学习和工作的跨文化能力，主要代表人物包括诺丁斯·伯顿（Noddings Borden）、邓恩·威廉（Dunn William）等。英国著名公民教育学者诺丁斯·伯顿把全球公民教育定义为："全球公民教育就是培养学生的全球公民身份认同

感和全球学习能力，不是效忠于一个不存在的全球政府，而是应该培养人们可以生活和工作在世界上任何一个国家的综合性能力[1]。"美国著名全球公民教育学者邓恩·威廉认为："全球公民教育就是要培养知道并且了解世界范围内和当代事件的全球公民角色[2]。"

（二）价值导向的全球公民教育

也有一些学者强调价值导向的全球公民教育（Value-based Global Citizenship Education），从价值导向探析全球公民教育的内涵，认为全球公民教育应该重点培养学生的全球意识、全球责任感、全球道德和全球使命感，主要代表人物和组织有马萨·努斯鲍姆（Martha Nussbaum）、奈杰尔·道尔（Nigel Dower）、麦金托什·萨顿（McIntosh Sutton）、阿姆斯特朗·邓恩（Armstrong Dunn），以及英国的教育非营利组织乐施会教育（Oxfam Education）等。美国芝加哥大学法律和道德研究院著名教授马萨·努斯鲍姆和英国阿伯丁大学著名学者奈杰尔·道尔认为："全球公民教育是培养学生具有道德责任感，并且对人类世界发展具有全球性道德意识的教育[3]。"英国教育非营利组织乐施会教育把全球公民教育定义为："培养学生成为具有全球意识、全球责任感、社会正义的全球学习者和全球公民，进而促进全球社会的可持续发展与进步[4]。"英国教育学者麦金托什·萨顿则强调："全球公民需要建立心理、思想、身体和灵魂的适应性习惯，维持全球身份的认同感，同时保持国家民族身份认同感[5]。"美国著名公民教育学者阿姆斯特朗·邓恩把全球公民教育看作"在新兴的全球公民社会中，使人们获得全球公民文化身份和全球公民政治身份相结合的学习过程"[6]。

（三）能力导向和价值导向相结合的全球公民教育

当上述学者就能力导向的全球公民教育和价值导向的全球公民教育争执不下时，也有一些学者试图把能力导向的全球全民教育和价值导向的全球公民教育内涵要素结合起来，关注全球公民教育的能力培养和价值引导，主要代表人物有菲儿·班博（Phil Bamber）、班克斯·科里（Banks Corry）、哈里特·马歇尔（Harriet Marshall）、大卫·希克斯（David Hicks）、德瑞克·西特（Derek Heater）等。例如，英国利物浦大学著名教育学教授菲儿·班博认为："全球公民教育是以培养全球公民的世界性身份认同为核心的公民教育，培养学生作为全球公民的行动和思考能力[7]。"英国公民教育学者班克斯·科里将全球公民教育定义为："关注全球公民的知识、技能和价值的全面综合性发展[8]。"英国巴斯大学教育学院著名教授哈里特·马歇尔认为："全球公民教育是关于全球公民的知识、技能和价值观的教育教学过程，虽然公民教育的兴起在一定程度上促进了对学校的全球问题的探索，但它是适应和应对进一步全球化而建立的一种新的教育，而不是成为一个混合的公民教育和全球教育的总称，应该体现全球公民教育的全球的独特性内涵[9]。"英国巴斯斯巴大学教育学院教授大卫·希克斯认为，全球公民教育就是"培养公民具有全球知识、全球能力和全球价值观"[10]。英国布莱顿大学著名社会文化研究学者德瑞克·西特把全球公民教育定义为，"培养学生对地球状况负责，服从道德法则，促进世界各国政府发展的教育"[11]，认为全球公民教育需要以道德责任为中心，但他同时又指出："在全球政治中，全球公民教育的概念需要从一个模糊性的全球社区范围向个人与集体参与式的范围缩小，因此，全球公民教育是指培养学生在全球教育环境中的跨文化学习技能[12]。"

综上所述，能力导向的全球公民教育和价值导向的全球公民教育，是西方关于全球公民教育内涵的争论中具有代表性的两个派别，反映了不同学者比较话语立场和实践探索上的差异，体现了不同话语立场的利益诉求。通过上述关于全球公民教育内涵的阐述可以发现，"全球公民教育"的内涵包含不同的话语立场和话语体系,而不同的话语立场和话语结构代表着不同的理论及思想立场与分歧。能力导向的全球公民教育反映了"新自由主义"(Neo-Liberalism)思潮下以实用工具主义为核心的全球公民教育的倾向;价值导向的全球公民教育体现了"新共和主义"(New Republicanism)以意识形态为导向的全球公民教育的诉求。目前,能力导向和价值导向相结合的全球公民教育逐渐被越来越多的西方国家学者所接受。从实践探索的角度看,关于全球公民教育内涵的争论体现了全球公民教育作为一个历史较短、缺乏共识、实践模式多样的教育领域的现状。20世纪末期,为了应对全球化给世界各国带来的挑战,欧美发达国家对如何培养学生的全球公民意识进行了不同的实践探索,实践探索的多样化是西方对全球公民教育内涵理解差异的现实原因。进入21世纪以来,全球公民教育越来越多地受到西方欧美国家和国际教育机构的关注和重视。在联合国教科文组织的2001年大会上,成员国代表一致通过了关于发展全球公民教育的决议,要求以具有"包容和容忍价值"为核心的全球公民价值观作为联合国教科文组织的核心价值取向,以普遍性认同、相互理解、尊重文化多样性和促进和平文化发展作为联合国教科文组织的共同使命。联合国教科文组织在2016年提出"人类需要学习如何生活在一起这一命题已经成为21世纪人类面临的最大挑战,我们需要培养世界各国的公民具有全球公民意识"[13]。但是,关于全球公民教育的内涵仍然众说纷纭。

二、西方关于全球公民教育价值的争论

在全球公民教育的价值取向上,在西方存在着更多的争论,主要包括爱国主义和世界主义的争论、国家利益和全球利益的争论、全球教育和公民教育的争论、文化统一和文化多样的争论。全球公民教育的价值争论反映了西方国家不同思想和话语范式的冲突。

(一)关于爱国主义和世界主义的争论

爱国主义和世界主义的争论是全球公民教育的价值争论之一,也是全球公民教育的价值争论的典型性代表。

以爱国主义为核心价值取向的全球公民教育关注培养学生在全球公民教育学习过程中对爱国主义和民族主义的习得和理解,主要代表人物为德瑞克·西特和克劳福德·琼斯(Crawford Jones)等。1999年,为了倡导全球公民教育,英国布莱顿大学著名社会文化研究学者德瑞克·西特指出:"全球公民教育以爱国主义作为核心价值取向,以维护国家力量和培养爱国主义为根本目标,这是倡导全球公民教育的重要意义[14]。"在他看来,全球公民教育的价值不能违背以爱国主义为核心的公民教育价值观,全球公民教育要以爱国主义作为首要的教育核心价值。1998年,英国著名教育专家克劳福德·琼斯指出:"爱国主义价值是全球公民教育的重要价值构成[15]。"他认为:"教育是具有民族性的,全球公民教育与国家的爱国主义教育密切相关。因此,全球公民教育要以提倡'国家认同'的爱国主义作为其核心价值观念[16]。"

以世界主义为核心价值取向的全球公民教育提倡在全球公民教育教学中,培养学生具有世界性公民特征,主要代表人物有爱斯因·伍德(Isin Wood)、福克斯·库博(Faulks Kubow)、科根·海伦(Cogan Helen)、凯姆利卡·卡伦(Kymlicka Callan)等。早在1999年,英国巴斯大学教授爱斯因·伍德就指出"世界主义"是全球公民教育的核心价值取向,它体现了社会当代性的现实感知,体现了全球公民在日益交互的世界环境中的价值认同。美国印第安纳大学国际与比较教育学教授福克斯·库博认为:"在全球化背景下,全球公民教育要以世界主义作为

核心价值取向[17]。"美国明尼苏达大学领导力与政策学教授科根·海伦认为:"世界主义是提倡和传播全球公民教育的关键组成要素,以世界主义作为全球公民教育的价值取向,有利于促进世界范围的政治、经济、文化的融合与统一[18]。"美国公民教育学者凯姆利卡·卡伦也坚持把"'世界主义'作为全球公民教育的核心价值取向,有利于培养学生全球公民的价值观"[19]。

以爱国主义为核心价值取向的全球公民教育和以世界主义为核心价值取向的全球公民教育的争论,反映了爱国主义教育的历史传统和全球化时代的现实挑战在全球公民教育中的影响。以爱国主义为核心价值取向的全球公民教育主张把爱国主义作为全球公民教育的核心价值,具有一定的历史阶段合理性和必要性。在18世纪以来的欧洲政治背景下,存在四个主要的教育价值理念:"世界主义"(Cosmopolitism)、"公民主义"(Civism)、"爱国主义"(Patriotism)和"民族主义"(Nationalism)。在德瑞克·西特等人看来,为了提高国家和民族的凝聚力和忠诚度,在一定的社会背景下国家主义与公民主义是具有相同性的,民族主义和爱国主义在社会文化和政治经济中具有同等的内涵和意义,公民应该以服从国家作为公民道德的重要组成部分。在国际背景下,对于全球公民的价值认同不能出现地域性的分裂,全球公民教育不能割裂个人作为公民的爱国主义情怀、国家身份认同感和民族价值归宿感。以爱国主义为核心价值取向的全球公民教育也经常从亚里士多德那里寻求依据。亚里士多德曾经指出:"一个国家的公民应该接受教育以适应国家需要的诉求,国家的公民教育应该以国家立场作为公民教育的发展基础[20]。"同时,全球化是全球公民教育的内驱动力和根本溯源,经济全球化和全球技术的发展客观上促进了世界主义思想的发展和传播。因此,以世界主义为核心价值取向的全球公民教育主张,全球化要求我们避免狭隘的国家主义和民族主义观点,培养具有"世界意识"(World Awareness)的全球公民。全球公民教育应该从国际社会的利益出发,在跨国社区中培养学生的全球公民身份意识。在全球化进程中,国家的一体性很难保持,在国籍和公民之间建立纽带本身存在很多问题和限制,全球公民教育的出现与发展有利于民族国家思想和文化的融合。但是,在全球化时代,爱国主义和世界主义仍然是交织在一起的,以爱国主义为核心价值取向的全球公民教育和以世界主义为核心价值取向的全球公民教育分别反映了现实挑战的一个方面,而不是全部。

(二)关于国家利益和全球利益的争论

全球公民教育在价值取向方面的又一个争论是全球公民教育应该服从国家利益还是全球利益。以国家利益为核心的全球公民教育主张把捍卫国家根本利益作为全球公民教育的核心价值取向。早在英国早期的教育改革法案中,就体现了培养学生维护国家利益的意识。英国在《1988年教育改革法》中要求国家课程(National Curriculum)"培养学生的全球公民教育必须以国家利益作为出发点,实施以国家利益为根本导向的全球公民教育"[21]。此外,1996年,法国巴黎第一大学社会学教授奥尔德里奇·莱文森(Aldrich Levisohn)也指出:"服务国家利益是全球公民教育的基本利益出发点,同时也是全球公民的价值基础[22]。"

与之相反的是以全球利益为核心价值取向的全球公民教育,强调培养学生的全球公民意识和世界大同思想。德瑞克·西特是主张以全球利益为核心价值取向的全球公民教育的主要代表者,他指出:"全球公民教育的本质是坚持全球利益,从全球利益出发是全球公民教育的根本诉求[23]。"他认为,"世界""全球"和"世界主义"的公民身份存在着逻辑上的连贯性和一致性。因此,全球公民教育应该站在世界主义的立场,从逻辑范式上突破国家民族意识的保守界限,从普世价值观出发,培养具有世界意识的全球公民[24]。美国著名教育学者奥尔勒·文森特（Osler Vincent）也倡导全球利益是全球公民教育的核心价值取向[25]。以全球利益为核心价值取向的全球公民教育在21世纪初被越来越多的西方教育研究者所接纳和认可。

总体来讲，以国家利益为核心的全球公民教育和以全球利益为核心的全球公民教育的争论反映了国家利益和全球利益在理解全球公民教育的目标、手段、过程中存在着的冲突和对立。坚持以国家利益为核心的全球公民教育的倡导者认为，全球公民教育是具有集体性理念的公民教育，国家利益是倡导全球公民教育的基本前提和基础。值得注意的是，坚持以国家利益为核心的全球公民教育的倡导者坚信，教育应该服务于民族国家的发展，作为一个恒久的主题在世界历史上维持着长久性的生命活力。

与之相反，坚持以全球利益为核心的全球公民教育的倡导者认为，全球公民教育应该以全球性的"人本关怀"作为其价值诉求和逻辑起点，彰显全球化时代对全球公民教育的现实诉求。21世纪初，"全球利益"（Global Interest）的价值取向产生于全球化的背景中，全球化思潮在世界各个国家的蔓延和渗透使民族国家长期建立的国家组织框架与教育内部组织关系产生了离合性效应，拆解了民族国家主义与教育之间的紧密纽带，使全球利益逐渐取代民族国家利益，成为世界各国信守的"共同契约"。

（三）关于全球教育和公民教育的争论

从组成要素看，全球公民教育包含着"全球"和"公民"两个核心要素，因此，关于全球公民教育的又一个争论发生在两个核心要素的关系上："全球教育为主，公民教育为辅"（Global Education + Citizenship）的全球公民教育和"公民教育为主，全球教育为辅"（Citizenship Education + Global）的全球公民教育。

"全球教育为主，公民教育为辅"的全球公民教育强调培养学生的全球学习素养和能力。英国的《1988年教育改革法》充分体现了英国全球公民教育的全球教育取向。该法案在讨论国家课程关键阶段三（Key Stage 3，11~14周岁）时明确规定："全球教育是全球公民教育课程设置的核心价值取向。学生需要了解世界作为一个全球共同体的特征，理解国际政治、国际经济和国际文化对欧洲联盟和联合国成员国家发展的重要性和必要性，学生需要了解全球社会作为一个共同体是相互依存的，学生需要面对全球化带来的更广泛和更复杂的世界性问题和挑战，学生需要思考如何促进全球社会的可持续发展和践行地方责任等[26]。"

"公民教育为主，全球教育为辅"的全球公民教育则重点关注培养学生的公民素养，主张"全球公民教育"的价值观以"爱国主义"为核心内容，以国家的历史和社会文化作为全球公民教育的价值取向，着重培养学生的公民价值观。其主要代表性学者包括奇蒂·蓝森（Chitty Ranson）和劳纳·兰姆（Rauner Rum）。值得注意的是，美国著名教育学者奇蒂·蓝森认为："公民教育是全球公民教育的核心组成要素，教师对'良好公民'一词的理解影响着国家'公民教育'的具体教学行为，从而促进地方行动的社会道德责任进一步发展[27]。"美国公民教育学者劳纳·兰姆指出："'公民教育'作为全球公民教育的重要构成部分，反映了人类对普遍价值的关切，尽管富裕国家更有可能强调面向全球的'公民教育'，但是'公民教育'仍然是欧美国家重要的核心教育教学价值取向[28]。"他还指出，越来越多的人开始关注"公民教育"的关键原因在于公民身份对国家认同更有意义，公民教育更加注重人作为政治性个体的价值存在。他认为，欧美国家的政治教育主要通过国家课程的教学来实现，同时"公民教育"可以防止社会分裂和维持社会稳定，西方的公民教育课程主要关注社会发展的道德责任、社区参与和政治素养三个主要方面的内容，因此，"公民教育"是西方国家机器维持社会稳定发展的核心价值[29]。

"全球教育为主，公民教育为辅"的全球公民教育和"公民教育为主，全球教育为辅"的全球公民教育，两者看似冲突，实则既相互差异也相互重合。从差异来看，与"公民教育"不同，"全球教育"更关注"后民族国家"（Post-national Country）的治理模型，更加具有普世性和全球认同的特点，更加关注全球性热点和难点问题，如婴儿潮、性别平等、种族隔离等问题。从历史角度来看，20世纪80年代中期以追求公正的社会需要和平等的立法权利为宗旨的英国教师罢工运动，是英国早期全球教育意识崛起的"导火线"[30]。20世纪90年代以后，国际组织逐渐成为支持"全球教育"的核心阵地，联合国教科文组织和欧洲委员会（The Council of Europe）是"全球教育"的主要支持和提倡者。与"全球教育"相比，"公民教育"的推行和传播主要是由各个国家承担和负责完成，具有独立性和封闭性的特点。从重合来看，全球公民教育同时包含"全球教育"和"公民教育"两个价值取向。例如，1990年英国国家教育委员会国家课程委员会（National Curriculum Council）的报告指出："构建'公民教育社区'（Citizenship Education Community）是将全球教育和公民教育系统地整合在一起，形成具有整合性的全球公民教育[31]。"在英国国家课程中，"全球教育"与"公民教育"的课程目标和课程内容紧密联系在一起，"全球教育"和"公民教育"，"有机整合"和"互相嵌入"，形成了兼顾全球教育和公民教育的融合性课程体系。

（四）关于文化统一与文化多样的争论

在有关"全球公民教育"的价值取向的讨论中，都无法回避不同文化的差异。我们经常区分自己的文化与他人的文化，在"我们"与"他们"之间形成了一个复杂的双重认知或者是综合性的认知。因此，全球公民教育应该遵从"文化统一认知"还是"文化多样性认知"成为"全球公民教育"价值的又一个重要争论。

以文化统一为核心的价值取向强调文化统一在全球公民教育中的重要性。例如，英国中西部地区全球公民委员会（The West Midlands Commissionon Global Citizenship，WMCGC）指出："文化统一应该作为英国推广和传播全球公民教育的价值基础之一，'全球公民身份'对我们很重要，是因为全球公民意识形成了区别于国家意识和国家利益的'文化共同体'（Cultural Community），因此文化统一是全球公民教育的核心价值追求之一[32]。"

以文化多样为核心的价值取向则关注学生多元文化意识的培养。2002年，英国阿伯丁大学著名学者奈杰尔·道尔指出："全球公民教育要坚持文化多样性的价值追求，促进人们对文化多样性的尊重和理解，形成具有文化多样性的全球公民社区和全球公民社会[33]。"另外，经济合作与发展组织（OECD）在2015年还指出："全球公民教育的价值追求应该坚持和维护文化多样性和文化多元性，全球公民教育的使命是帮助学生形成文化多样性的全球公民价值意识[34]。"

总体来看，文化多样和文化统一是全球公民教育价值争论的又一个焦点，它反映了以学生为中心的"个体利益"和以国家为核心的"整体利益"的区别。基于学生个体利益的以文化多样为核心的全球公民教育，强调帮助学生了解自己与他人的共同性和差异性，培养学生对"多重身份"（Multiple Identities）和"动态文化"（Dynamic Cultures）的包容心与同理心，使之尊重文化多样性，养成世界关怀意识，成为具有批判精神和独立思考能力的年轻人。基于国家整体利益的全球公民教育则主张"文化统一"的价值取向，要求培养学生作为全球公民对"我们"的文化统一思想的理解和认知。全球公民思想作为"我们"这样一个新兴的文化统一载体，需要在国际范围内广泛传播。全球公民教育的"文化统一"意识是建立在共同权利和共同意识的基础上，帮助民族国家之间达成全球性社会发展的共识。

三、西方关于全球公民教育的途径的争论

关于全球公民教育途径的争论主要围绕着两个问题展开：全球公民教育的理论溯源是来自于"世界研究"还是"发展教育研究"；全球公民教育的教学途径应该以"认知教学"为主还是以"实践教学"为主。

（一）关于世界研究和发展教育研究的争论

关于全球公民教育理论基础的争论，主要围绕着全球公民教育理论基础是"世界研究"（World Studies）还是"发展教育（Develop Education）研究"展开。

一些学者认为，"世界研究"是全球公民教育研究的理论基础，全球公民教育的理论研究应该从"世界研究"理论出发，主要代表人物有奈杰尔·道尔和菲儿·班博。2002年，英国阿伯丁大学著名学者奈杰尔·道尔指出："世界研究是全球公民教育研究的理论基础，全球公民教育的理论基础植根于世界研究理论[35]。"另外，英国利物浦大学著名教育学教授菲儿·班博也指出："世界研究是研究全球公民教育的理论基础和理论溯源，世界研究和全球公民教育研究具有理论的一致性和连贯性[36]。"

也有一些教育组织认为，发展教育研究是全球公民教育的理论溯源，具有代表性的教育组织是英国教育非营利组织乐施会教育。2006年，乐施会教育指出："发展教育研究应该是全球公民教育研究的理论基础，并且指导全球公民教育的方向和实践[37]。"该机构在全球教育研究领域中使用"全球公民"一词，并制订行动导向的全球公民教育框架，认为青年人作为全球公民需要具备全球的知识、技能和价值观。发展教育研究中包含全球公民教育中的"公民教育"（Citizenship Education）和"全球维度"（Global Dimension）两个重要概念，因此发展教育研究应该作为全球公民教育的理论基础。

实际上，世界研究和发展教育研究都是全球公民教育的理论源泉。从纵向时间维度来看，世界研究的发展促进了全球公民教育研究的产生。最早的"世界研究"项目是由英国著名教育家罗宾·理查德森（Robin Richardson）和其伦敦大学教育学院的同事为研究全球问题，开发出的世界研究的理论模型。在罗宾·理查德森的思想的基础上，美国著名学者费舍尔·希克斯（Fisher Hicks）与派克·塞尔比（Pike Selby）在世界研究的项目中探讨了公民教育延伸到全球范围的理论构建，这也反映出美国教育界在试图构建一个"全球公民教育"的理论体系，并且更加精确地涵盖世界研究的范畴[38]。从横向研究内容来看，"发展教育研究"的内容促进了全球公民教育研究内容的深化和扩展。全球公民教育的研究内容与"发展教育"的研究内容密切相关。总体来讲，早期的"发展教育"起源于西方国家的非政府教育机构的具体教育援助活动。例如，上文我们提到的英国非政府教育组织乐施会教育的全球公民教育活动和西方基督教识字援助活动等。最早提出"发展教育"理念的是英国的发展教育中心（Development Education Centers，DECs），该中心主要依托国际发展部（Department for International Development，DFID）的"媒介"作用，与英国各地学校直接合作，通过公众对海外援助的支持，促进发展中国家的教育实践和拓展。顾名思义，"发展教育"的研究重点是发展中国家的发展问题，最为突出的是发展中国家的贫困问题或者被称为"全球南方"（Global South）的教育问题。全球公民教育研究以"发展教育"作为研究"骨髓"，重点关注气候变化问题、社会贫困问题、社会正义问题和人权问题等。

（二）关于认知教学和实践教学的争论

随着全球公民教育思想在世界发达国家逐渐蔓延，越来越多的欧美国家开始参与全球公民

教育的具体教学实践活动，并产生了以课程设置为主的认知教学和以出国访问交流为主的实践教学的争论。

一些教育机构认为，全球公民教育应该以认知教学为核心，具有代表性的是英国伊夫林社区学校。伊夫林社区学校将培养学生的全球公民意识纳入其学校的使命宣言中，提出"在不断变化的社会中，伊夫林社区学校有义务为学习者提供成为全球公民的教学课程和理论指导"[39]。该校"以全球公民教育课程作为提升学生全球公民教育的重要途径，丰富和规范全球公民教育的课程体系设置，加强全球公民教育课程的多样性和丰富性"[40]。为了培养学生的全球公民意识，该校开设了以创意生活技能为基础的全球公民教育课程。另一些教育机构认为，全球公民教育应该以实践教学为核心，具有代表性的是英国的利物浦希望大学（Liverpool Hope University）。作为一所新兴大学，利物浦希望大学把培养学生的全球公民意识作为人才培养的目标之一，把发展全球公民教育作为其核心使命。该校以全球公民教育作为其教学实践的基础课程，并提出："培养学生的全球公民意识，鼓励学生积极参与跨国交流活动，通过与国际学校建立合作伙伴关系，培养具有全球公民意识的人[41]。"利物浦希望大学将全球公民教育纳入其具体教学实践中，并通过丰富多样的跨文化交流活动，增强学生的全球公民意识和全球公民视野[42]。总体来看，以课程设置为主的认知教学和以出国访问交流为主的实践教学的争论，在一定程度上反映了全球公民教育实施途径的"一般性"和"特殊性"。以课程设置为主的全球公民教学实践可以增强学生对全球公民教育的综合性认知，使学生获得关于全球公民教育的具有一般性特征的认知性知识，这也是欧美很多大学设立了很多丰富多样的介绍全球公民教育概念的选修课程，或者将全球公民教育作为核心必修课程的一个组成部分的重要原因。例如，英国利物浦、谢菲尔德、伦敦的一些高校经常联合举办关于全球公民教育和社会公正主题的讲习班，通过知识传授加深学生对当代全球公民教育问题知识的理解。以实践教学为核心的全球公民教育可以给学生提供了解和欣赏世界文化和价值观多样性的机会，帮助学生通过融合不同文化背景的知识和经验，了解社会和文化的复杂性，增强学生的"全球公民"意识和"全球参与者"意识，加快完成"全球公民"的转变。只有把以课程设置为基础的认知教学和以出国访问交流为基础的实践教学有机结合起来，才能反映在不同国家、地域、文化背景下全球公民教育的共同性、差异性和复杂性，提高全球公民教育的效果。

四、结束语

全球公民教育是在全球化日益深入的大背景下应运而生并不断发展起来的，并在联合国教科文组织等国际组织的推动下成为一种具有国际影响力的教育理念和实践模式。全球公民教育在内涵、价值和途径方面的争论，反映了不同利益主体和话语主体对全球公民教育的不同理解和价值诉求，也反映了在本土和全球、国家和世界、理论与实践之间的冲突与矛盾面前全球公民教育理论本身的不成熟。全球公民教育的内涵既应该关注培养学生的全球交流能力和全球学习能力，又应该关注培养学生成为具有全球意识、全球责任感、全球道德和全球使命感的全球公民。全球公民教育的价值应该包含多维度价值，是爱国主义和世界主义、国家利益和全球利益、全球教育和公民教育、文化统一和文化多样的有机整合，培养全球公民、国家公民与地方公民相统一的三位一体的世界公民。全球公民教育的理论途径植根于"世界研究"，升华于"发展教育研究"之中，是"世界研究"和"发展教育研究"的共同产物。全球公民教育的教学途径应该整合以课程设置为主的认知教学和以出国访问交流为主的实践教学,形成具有完整性的全球公民教育的教学途径。

参考文献:

[1] ALEXANDER R. Essays on Pedagogy [M]. Abingdon: Routledge. 1998 (2): 12-19.

[2] ANDREOTTI V. Soft Versus Critical Global Citizenship Education [J]. Policy and Practice: A Development Education Review, 2006 (3): 40-51.

[3] BROWN E. 'Attitudes to Teaching Global Citizenship: Student Teachers Perceptions of Teaching Complex Global Issues' [R]. University of Nottingham CCCI 2009 Conference papers, 2009 (7): 23-39.

[4] DAVIES I, EVANS M, REID A. Globalizing Citizenship Education?A Critique of 'Global Education' and 'Citizenship Education' [J]. British Journal of Educational Studies, 2005 (1): 66-89.

[5] Development Education Association (DEA/Ipsos Mori). 'Our Global Future: How Schools can meet the Challenge of Change. Teachers' Attitudes To Global Learning [M]. London: DEA. 2009 (4): 33-48.

[6] Department for International Development (DfID). Developing the Global Dimension in the School Curriculum [J]. East Kilbride: DfID. 2005 (2): 11-26.

[7] DOWER N. Global Ethics and Global Citizenship [M] //DOWER N, WILLIAMS J. Global Citizenship: A Critical Reader. Edinburgh: Edinburgh University Press, 2002 (5): 146-157.

[8] DOWER N. 2003 An Introduction to Global Citizenship [M]. Edinburgh: Edinburgh University Press, 2003 (1): 128-265

[9] FISHER S, Hicks S. World Studies 8-13: a Teacher's Handbook [M]. Edinburgh: Oliver and Boyd. 2006 (8): 11-28.

[10] [14] [15] [16] [17] HICKS D. Responding to the World [M] //HOLDEN H D. Teaching the Global Dimension: Key Principles and Effective Practice. London: Routledge, 2007 (3): 33-49.

[11] BOURN D. Global Learning and Subject Knowledge [M]. London: Development EducationResearch Centre, Institute of Education, 2012 (3): 23-36.

[12] [13] BANKS J, et al. Democracy and Diversity: Principles and Concepts for Educating Citizens in a Global Age [M]. Washington: Centre for Multicultural Education, University of Washington, 2005 (2): 156-163.

[18] HICKS D. 'Ways of Seeing: The Origins of Global Education in the UK [R]. London: Background Paper for UK ITE Network Inaugural Conference on Education for Sustainable Development/Global Citizenship, 2008: 66-98.

[19] [20] NIXON J. Interpretive Pedagogies for Higher Education: Arendt, Berger, Said, Nussbaum and Their Legacies [M]. London and New York: Bloomsbury, 2012: 11-57.

[21] NUSSBAUM M. For Love of Country?A New Democracy Forum on the Limits of Patriotism [M]. Boston: Beacon Press, 1996: 3-17.

[22] Oxfam Education for Global Citizenship: A Guide for Schools [EB/OL]. (2011-10-13) [2019-2-28]. http://www.oxfam.org.uk/educa-tion/gc.

[23] [24] [25] [26] [27] [28] [29] RANSOM L. Sowing the Seeds of Citizenship and Social Justice: Service-Learning in a Public Speaking Course[J]. Education, Citizenship and Social Justice, 2009(3): 211-24.

[30] [31] [32] [33] [34] [35] [36] [37] [38] [39] [40] [41] [42] BAMBER P. Educating for Global Citizenship[M]//BULLIVANT G H. Global Learning and Sustainable Development. London: Routledge. 2011: 22-49.

（作者李健系北京师范大学中国教育与社会发展研究院助理研究员，教育学博士；刘宝存系北京师范大学国际与比较教育研究院院长，教授，博士生导师。）

（本书主编——付燕，北京师范大学《比较教育研究》编辑，2012年硕士毕业于北京师范大学国际与比较教育学院。）

后记

  21世纪以来，经济全球化的深入发展，信息技术与智能革命的快速进步，都极大程度地催生了世界各国的教育改革，特别是在人的发展和人才培养中具有奠基性作用的基础教育改革受到格外重视。《比较教育研究》以其"立足中国、放眼世界"的办刊宗旨，积极关注各国基础教育改革与发展态势，及时组织刊发学者们的学术研究成果。由于这些学术研究成果散见期刊各期，读者查找多有不便，所以我们将2015—2020年发表的相关文章分主题整理，汇集成册。

  "世界基础教育改革与发展最新研究"丛书由4本构成：《21世纪核心素养与课程教学改革》《基础教育治理模式创新与学校变革》《考试招生制度与教育评价新趋势》《青少年价值观培养与德育变革策略》。每本既有不同国家、国际组织的教育政策取向和实践策略，又有学者的理论思考，可谓教育政策、教育实践与教育理论思考相统一。所以，它不仅对学者学术研究有重要的参考价值，而且对基础教育行政管理者、中小学校长、教师等亦有重要的开拓视野和创新实践的借鉴价值。

  本丛书是《比较教育研究》编辑部集体工作的成果，也是教育部人文社会科学重点研究基地与教育部国别和区域研究基地北京师范大学国际与比较教育研究院的成果。顾明远先生专门为丛书作序。在丛书即将出版之际，我们要感谢辽宁师范大学出版社把该丛书作为重点选题出版。同时，我们要感谢北京师范大学教育学部研究生黄秦辉、吴桐、修宪如协助我们做了许多具体工作。

  本丛书如有疏漏之处，敬请读者批评指正。

《比较教育研究》执行主编　鲍东明
2021年6月8日